国家出版基金项目
NATIONAL PUBLICATION FOUNDATION

中国航天技术进展丛书

吴燕生　总主编

航天器智能装配技术与装备

易旺民　著

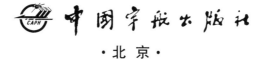

中国宇航出版社

·北京·

图书在版编目(CIP)数据

航天器智能装配技术与装备 / 易旺民著 . -- 北京：
中国宇航出版社，2019.3
　　ISBN 978 - 7 - 5159 - 1602 - 6

　　Ⅰ. ①航… Ⅱ. ①易… Ⅲ. ①航天器—装配(机械)
Ⅳ. ①V465

　　中国版本图书馆 CIP 数据核字(2019)第 023706 号

责任编辑 赵宏颖　　　**封面设计** 宇星文化

出　版
发　行 **中国宇航出版社**

社　址 北京市阜成路 8 号　**邮　编** 100830
　　　　(010)60286808　　(010)68768548
网　址 www.caphbook.com
经　销 新华书店
发行部 (010)60286888　　(010)68371900
　　　　(010)60286887　　(010)60286804(传真)
零售店 读者服务部　　　　(010)68371105
承　印 河北画中画印刷科技有限公司

版　次 2019 年 3 月第 1 版
　　　　2019 年 3 月第 1 次印刷
规　格 787×1092
开　本 1/16
印　张 21.25
字　数 517 千字
书　号 ISBN 978 - 7 - 5159 - 1602 - 6
定　价 98.00 元

本书如有印装质量问题，可与发行部联系调换

总　序

　　中国航天事业创建 60 年来，走出了一条具有中国特色的发展之路，实现了空间技术、空间应用和空间科学三大领域的快速发展，取得了"两弹一星"、载人航天、月球探测、北斗导航、高分辨率对地观测等辉煌成就。航天科技工业作为我国科技创新的代表，是我国综合实力特别是高科技发展实力的集中体现，在我国经济建设和社会发展中发挥着重要作用。

　　作为我国航天科技工业发展的主导力量，中国航天科技集团公司不仅在航天工程研制方面取得了辉煌成就，也在航天技术研究方面取得了巨大进展，对推进我国由航天大国向航天强国迈进起到了积极作用。在中国航天事业创建 60 周年之际，为了全面展示航天技术研究成果，系统梳理航天技术发展脉络，迎接新形势下在理论、技术和工程方面的严峻挑战，中国航天科技集团公司组织技术专家，编写了《中国航天技术进展丛书》。

　　这套丛书是完整概括中国航天技术进展、具有自主知识产权的精品书系，全面覆盖中国航天科技工业体系所涉及的主体专业，包括总体技术、推进技术、导航制导与控制技术、计算机技术、电子与通信技术、遥感技术、材料与制造技术、环境工程、测试技术、空气动力学、航天医学以及其他航天技术。丛书具有以下作用：总结航天技术成果，形成具有系统性、创新性、前瞻性的航天技术文献体系；优化航天技术架构，强化航天学科融合，促进航天学术交流；引领航天技术发展，为航天型号工程提供技术支撑。

　　雄关漫道真如铁，而今迈步从头越。"十三五"期间，中国航天事业迎来了更多的发展机遇。这套切合航天工程需求、覆盖关键技术领域的丛书，是中国航天人对航天技术发展脉络的总结提炼，对学科前沿发展趋势的探索思考，体现了中国航天人不忘初心、不断前行的执着追求。期望广大航天科技人员积极参与丛书编写、切实推进丛书应用，使之在中国航天事业发展中发挥应有的作用。

雷凡培

2016 年 12 月

前　言

　　航天器装配是一项复杂的系统性很强的工作，它是按照设计要求将各分系统/部组件装配成完整航天器的过程。装配在航天器研制中占有极其重要的地位，一方面，装配是航天器产品功能和性能实现的最终阶段和关键环节，是影响航天器研制质量和服役性能的重要因素；另一方面，对于复杂航天器而言，由于其具有单件生产及结构复杂、机电热耦合等特点，装配工作量占总劳动量的30％～40％。因此，装配的技术水平和研制能力直接影响了航天器研制的质量、效率，甚至产品的成败。

　　航天器产品具有结构复杂、部组件数量多、机—电—热相互耦合等特点，航天器装配具有鲜明的特点，系统性强，涉及专业多。首先，航天器装配属于单件生产，要求装配方法及工艺设备具有良好的柔性，能够适应不同种类的航天器的装配需求。其次，航天器装配对质量、安全性和可靠性要求高，且在轨服役过程中不可维修，必须确保地面装配过程中无任何质量隐患。再次，航天器需要适应空间真空、失重等特殊环境，在地面装配过程中，需要考虑机构产品的微重力装配、敏感器的防静电控制、多余物控制等问题。最后，航天器需要通过主动或被动的控温措施适应太空的冷热交变环境，航天器单机和整星均需要进行热控装配，包括温度传感器、加热片、多层组件、导热脂等组件的装配工作。

　　本书是作者在多年航天器装配技术研究和工程经验的基础上归纳总结完成的，主要包括航天器数字化协同与装配仿真、数字化装配、总装工艺技术、微重力模拟与试验技术、机器人装配技术、装配检测技术、工艺装备技术、过程环境控制技术、智能总装车间技术以及技术展望等几方面内容，依循"协同设计—数字化仿真—工艺设计技术—智能装配—装配检测—环境控制—智能车间"的脉络，从技术原理、工艺方法、检测手段、工艺设备等角度阐述航天器智能装配技术与装备，并通过应用实例进行说明，从而将航天器装配技术与装备相关知识和经验完整清晰地展现给读者。本书是对我国航天器智能装配技术与装备的提炼与总结，也是对今后智能装配技术发展的规划与指导。

　　本书是作者团队共同智慧的结晶，易旺民负责整体策划、全书统稿，并参与各章节的撰写，陈畅宇负责第2章撰写，贺文兴负责第3章撰写，冯伟负责第4章撰写，孟凡伟负责第 5 章撰写，胡瑞钦负责第 6 章撰写，杨再华、师立侠负责第 7 章撰写，刘广通、徐奕柳负责第 8 章撰写，张彬负责第 9 章撰写，孟少华负责第 10 章撰写。在此，对作者团队各位成员的辛勤付出表示衷心的谢意。

　　本书在撰写过程中力求做到概念精准、阐述明确、逻辑清晰、具有良好的可读性和实用性。由于水平有限，书中难免有不妥之处，恳请专家和读者批评指正。

目　录

第 1 章 绪 论

1.1 先进制造技术

1.1.1 先进制造技术的产生与发展

先进制造技术（Advanced Manufacturing Technology，AMT）是指在传统制造技术的基础上，不断吸收机械、电子、信息、现代管理等方面的科技新成果所形成的一类综合应用于产品开发、设计、制造、检测、管理过程的新制造技术。具体而言，就是指集机械技术、电子技术、自动化技术、信息技术等多种技术于一体的技术、设备和系统的总称，主要包括计算机辅助设计、计算机辅助制造、集成制造系统等。

人类漫长的历史发展中，使用工具、制造工具进行产品制造是基本生产活动之一。直到 18 世纪中叶产业革命以前，制造都是手工作业和作坊式生产。产业革命中诞生的能源机器（蒸汽机）、作业机器（纺织机）和工具机器（机床），为制造活动提供了能源和技术，并开拓了新的产品市场。经过 100 多年的技术积累和市场开拓，到 19 世纪末制造业已初步形成，其主要生产方式是机械化加电气化的批量生产。20 世纪上半叶，以机械技术和机电自动化技术为基础的制造业空前发展。以大批量生产为主的机械制造业成为制造活动的主体。20 世纪中叶（1946 年）电子计算机问世。在计算机诞生不久，由于飞机制造（飞机蒙皮壁板、梁架）的需要，美国发明了数字控制（Numerical Control，NC）机床。随着计算机性能不断增强以及机床技术、自动控制技术的不断发展，逐步形成了计算机数控技术（Computerized Numerical Control，CNC）、计算机辅助设计/制造技术（Computer Aided Design/Manufacture，CAD/CAM）、柔 性 制 造 系 统（Flexible Manufacturing System，FMS）、管 理 信 息 系 统（Management Information System，MIS）、计算机集成制造系统（Computer Integrated Manufacturing System，CIMS）、企业资 源 管 理（Enterprise Resource Planning，ERP）、产 品 数 据 管 理（Product Data Management，PDM）等制造技术，并在制造业中进行了广泛应用。进入 21 世纪，随着人工智能发展以及环保意识的增强，逐步形成了智能制造（Intelligence Manufacturing，IM）、云制造（Cloud Manufacturing，CM）以及绿色制造（Green Manufacturing，GM）等技术和理念，将现代先进制造技术带入了另一个新的时代。

1.1.2 先进制造技术的内涵与组成

制造技术是制造业所使用的一切生产技术的总称，是将原材料和其他生产要素经济合理地转化为可以直接使用的具有较高附加值的产品或技术服务的技术群。随着制造业生产规模的变化以及工业技术的发展，制造技术沿着"手工、机械化、半自动化、刚性流水线自动化、柔性自动化、智能化"的方向发展，从而促进制造业的不断发展进步。

随着全球市场化、经济一体化进展的加快，制造业的竞争越来越激烈，为了提升企业的核心竞争力，制造领域提出了一些先进的制造理念和模式，这些是当前制造领域的研究重点，包括成组技术、并行工程、敏捷制造、快速成型制造、虚拟制造、柔性制造、智能制造、绿色制造及云制造等。

（1）成组技术（Group Technology，GT）

成组技术是揭示和利用事物间的相似性，将事物按照一定的准则分类成组，对同类事物采用同一方法进行处理以提高效益的技术。在机械制造工程中，成组技术是计算机辅助制造的基础，将成组理念用于设计、制造和管理等整个生产系统，可以改变多品种、小批量生产方式，获得最大的经济效益。成组技术的核心是成组工艺，它将结构、材料、工艺相近似的零件组成一个零件族（组），按照零件族制造工艺进行加工，扩大批量、减少品种，以便于采用高效方法，提高劳动生产率。零件的相似性是广义的，以几何形状、尺寸、功能要素、精度、材料等方面的相似性为基本相似性，以基本相似性为基础。在制造、装配等生产、经营、管理等方面所导出的相似性，称为二次相似性或派生相似性。

（2）并行工程（Concurrent Engineering，CE）

并行工程是一种对产品设计以及相关过程（包括制造过程及集成过程）进行并行、一体化设计的系统化工作模式。传统的串行开发过程中，在加工、集成装配中分别发现设计中的问题或不足，然后再修改设计，改进加工再集成装配。与之不同的是，并行设计将设计、工艺和制造结合在一起，利用计算机互联网并行作业，从而大大缩短生产周期。例如，在航天器系统集成装配的设计阶段并行开展装配工艺性审查和设计，将发现的设计和工艺问题及时反馈给设计部门，从而有效避免将设计缺陷或装配工艺问题流入航天器系统集成装配实施阶段。对比并行工程设计流程和传统串行设计流程的不同，其中最大变化是将原来反复迭代的"设计-协调"模式变成"设计中协调"的模式，简化了中间环节，提升了系统集成装配效率。

（3）敏捷制造（Agile Manufacturing，AM）

敏捷制造，是指制造企业采用现代通信手段，通过快速配置各种资源，快速响应用户需求，实现制造的敏捷性。敏捷制造是在具有创新精神的组织和管理结构、先进制造技术（以信息技术和柔性智能技术为主导）、有技术有知识的管理人员三大类资源支撑下得以实施，即将柔性生产技术、有技术有知识的劳动力与能够促进企业内部和企业之间合作的灵活管理集中在一起，通过所建立的共同基础结构，对迅速改变的市场需求和市场进度作出快速响应。敏捷制造比起其他制造方式具有更灵敏、更快捷的反应能力。敏捷制造的优点主要有：生产更快，成本更低，劳动生产率更高，机器生产率加快，质量提高，生产系统可靠性提高，库存减少，适用于 CAD/CAM 操作。敏捷制造主要包括生产技术、组织方式和管理手段三个要素。

（4）快速成型制造（Rapid Prototyping Manufacturing，RPM）

快速成型制造技术，是根据零件的三维模型数据，迅速而精确地制造出零件。它是在 20 世纪 80 年代后期发展起来的，被认为是最近几十年以来制造领域的一次重大突破，是目前先进制造领域研究的热点之一。快速成型制造技术是集 CAD 技术、数控技术、激光加工、新材料科学、机械电子工程等多学科、多技术于一体的新技术。传统的零件制造过程往往需要车、钳、铣、磨等多种机加工设备和各种夹具、刀具、模具，制造成本高，周期长，对于一个比较复杂的零件，其加工周期甚至以月计，很难适应低成本、高效率的加工要求。快速成型制造技术能够适应这种要求，是现代制造技术的一次重大变革。随着 CAD 建模和光、机、电一体化技术的发展，快速成型技术的工艺方法发展很快。目前已有光固法（Stereo Lithography Apparatus，SLA）、层叠法（Laminated Object Manufacturing，LOM）、激光选区烧结法（Selected Laser Sintering，SLS）、熔融沉积法（Fused Deposition Modeling，FDM）、掩模固化法（Solid Ground Curing，SGC）、三维印刷法（Three Dimension Printing，TDP）等 10 余种。RPM 技术既可用于产品的概念设计、功能测试等方面，又可直接用于工件设计、模具设计和制造等领域，RPM 技术在汽车、电子、家电、医疗、航空航天、工艺品制作以及玩具等行业有着广泛的应用。

（5）虚拟制造（Virtual Manufacturing，VM）

虚拟制造是指仿真、建模和分析技术及工具的综合应用，以增强各层制造设计和生产决策与控制。虚拟现实（Virtual Reality，VR）技术是使用感官组织仿真设备和真实或虚幻环境的动态模型生成或创造出人能够感知的环境或现实，使人能够凭借直觉作用于计算机产生的三维仿真模型的虚拟环境。基于虚拟现实技术的虚拟制造技术是在一个统一模型之下对设计和制造等过程进行集成，它将与产品制造相关的各种过程与技术集成在仿真的实体数字模型之上。其目的是在产品设计阶段，借助建模与仿真技术及时地、并行地、模拟出产品未来制造过程乃至产品全生命周期的各种活动对产品设计的影响，预测、检测、评价产品性能和产品的可制造性等，从而更加有效地、经济地、柔性地组织生产，增强决策与控制水平，有力地降低前期设计给后期制造带来的回溯更改，实现产品的开发周期和成本最小化、产品设计质量的最优化、生产效率的最大化。虚拟制造也可以对想象中的制造活动进行仿真，它不消耗现实资源和能量，所进行的过程是虚拟过程，所生产的产品也是虚拟的。虚拟制造技术的应用对未来制造业的发展产生深远影响，虚拟制造技术的广泛应用将从根本上改变现行的制造模式，对制造业有着巨大影响和意义。

（6）柔性制造（Flexible Manufacturing，FM）

柔性是相对于刚性而言的，传统的"刚性"自动化生产线主要实现单一品种的大批量生产。柔性制造要有适应内部和外部变化的能力，第一方面是系统适应外部环境变化的能力，可用系统满足新产品要求的程度来衡量；第二方面是系统适应内部变化的能力，可用有干扰（如机器出现故障）情况下系统的生产率与无干扰情况下的生产率期望值之比来衡量。柔性制造的模式其实广泛存在，比如定制，这种以消费者为导向的、以需定产的方式对立的是传统大规模量产的生产模式。在柔性制造中，考验的是生产线和供应链的反应速度。柔性制造的主要特征是机器柔性、工艺柔性、产品柔性、生产能力柔性、维护柔性、扩展柔性等。

（7）智能制造（Intelligent Manufacturing，IM）

智能制造是一种由智能机器和人类专家共同组成的人机一体化智能系统，它在制造过程中能进行智能活动，诸如分析、推理、判断、构思和决策等。通过人与智能机器的合作共事，去扩大、延伸和部分地取代人类专家在制造过程中的脑力劳动。它把制造自动化的概念更新，扩展到柔性化、智能化和高度集成化。智能化是制造自动化的发展方向。在制造过程的各个环节几乎都广泛应用人工智能技术。专家系统技术可以用于工程设计、工艺过程设计、生产调度、故障诊断等，也可以将神经网络和模糊控制技术等先进的计算机智能方法应用于产品配方、生产调度等，实现制造过程智能化，而人工智能技术尤其适合于解决特别复杂和不确定的问题。纵览全球，虽然总体而言智能制造尚处于概念和实验阶段，但各国政府均将此列入国家发展计划，大力推动实施。

（8）绿色制造（Green Manufacturing，GM）

绿色制造也称为环境意识制造（Environmentally Conscious Manufacturing，ECM）、面向环境的制造（Manufacturing For Environment，MFE）等，是一个综合考虑环境影响和资源效益的现代化制造模式。其目标是使产品从设计、制造、包装、运输、使用到报废处理的全生命周期中，对环境的影响（负作用）最小，资源利用率最高，并使企业经济效益和社会效益协调优化。绿色制造这种现代化制造模式，是人类可持续发展战略在现代制造业中的体现。绿色制造模式是一个闭环系统，也是一种低熵的生产制造模式，即原料—工业生产—产品使用—报废—二次原料资源，从设计、制造、使用一直到产品报废回收整个寿命周期对环境影响最小，资源效率最高，也就是说要在产品整个生命周期内，以系统集成的观点考虑产品环境属性，改变了原来末端处理的环境保护办法，对环境保护从源头抓起，并考虑产品的基本属性，使产品在满足环境目标要求的同时，保证产品应有的基本性能、使用寿命、质量等。

（9）云制造（Cloud Manufacturing，CM）

云制造是在"制造即服务"理念的基础上，借鉴了云计算思想发展起来的一个新概念。云制造是先进的信息技术、制造技术以及新兴物联网技术等交叉融合的产品，是制造即服务理念的体现。采取包括云计算在内的当代信息技术前沿理念，支持制造业在广泛的网络资源环境下，为产品提供高附加值、低成本和全球化制造的服务。云制造是为降低制造资源的浪费，借用云计算的思想，利用信息技术实现制造资源的高度共享。建立共享制造资源的公共服务平台，将巨大的社会制造资源池连接在一起，提供各种制造服务，实现制造资源与服务的开放协作、社会资源高度共享。企业用户无需再投入高昂的成本购买加工设备等资源，通过公共平台咨询来购买租赁制造能力。在理想情况下，云制造将实现对产品开发、生产、销售、使用等全生命周期的相关资源的整合，提供标准、规范、可共享的制造服务模式。这种制造模式可以使制造业用户像用水、电、煤气一样便捷地使用各种制造服务。

1.2　航天器先进装配技术

1.2.1　装配技术的发展

装配是产品制造过程中的一个重要环节。机电产品的可装配性和装配质量不仅直接影响着产品性能及可靠性，而且机电产品的装配通常占用的手工劳动量大、费用高且属于产品生产工作的后端，提高装配生产效率和装配质量具有重要工程意义。据统计，在现代制造中，装配工作量占整个产品研制工作量的 20%～70%，装配时间占整个制造时间的30%～40%。

装配技术是随着对产品质量的要求不断提高和生产批量增大而发展起来的。机械制造业发展初期，加工与装配往往还没有分开，相互配合的零件都实行"配作"，装配多用锉、磨、修刮、锤击和拧紧螺钉等操作，使零件配合和连接起来。如果某零件不能与其他零件配合，就必须在已加工的零件中去寻找适合的零件或者对其进行再加工，然后再进行装配，因此生产效率很低。18 世纪末期，随着产品批量增大，加工质量提高，互换性生产提到日程上来，逐渐出现了互换性装配。1789 年，美国惠特尼公司制造了1 万支具有可以互换零件的滑膛枪，依靠专门工夹具使不熟练的工人也能从事装配工作，工时大为缩短。最早的公差制度出现在 1902 年英国 Newall 公司制定的尺寸公差的"极限表"，1906 年英国出现了公差国家标准。公差和互换性的出现使得零件的加工和装配可以分离开来，并且这两项工作可以在不同的工厂或不同的地点进行。19 世纪初至中叶，互换性装配逐步推广到武器、纺织机械和汽车等领域，互换性所带来的装配技术的一个重大进步是美国福特汽车公司提出的"装配线"，20 世纪初，福特汽车公司首先建立了采用运输带的移动式汽车装配线，将不同地点生产的零件以物流供给的方式集中在一个地方，在生产线上进行最终产品的装配，同时将工序分细，在各工序上实行专业化装配操作，使装配周期缩短了约 90%，大幅降低了生产成本。互换性生产和移动式装配线的出现和发展，为大批量生产中采用自动化装配开辟了道路，国外 20 世纪 50年代开始发展自动化装配技术，60 年代发展了自动装配机和自动装配线，70 年代机器人开始应用于产品装配中。

但是，长期以来机械加工与装配技术的发展并不平衡，机电产品装配技术方面的进展与工程实际期望相比还存在很大的差距。一方面，与机械加工机床等工艺装备不同，装配工艺装备是一种特殊的机械，其通常是为特定的产品装配而设计与制造的，因此具有较高的开发成本和开发周期，在使用中的柔性也较差，导致装配工艺装备的发展滞后于产品加工工艺装备。另一方面，装配具有系统集成和复杂性特征，装配不仅要保证产品的装配精度（包括相互位置精度、相对运动精度和相互配合精度等），有时还需保证其功能物理指标和服役运营指标，装配问题的复杂性导致装配的工艺性基础研究进展与机械加工相比，也相对滞后。通常机电产品的性能来源于设计、加工与装配等环节的共同保证，其中装配对产品性能有很大影响。相同的零部件，如果装配工艺不同，其装配后的产品性能也存在差异；另外，如果装配质量不好，即使有高质量的零件，也会出现不合格的产品。例如卫星总装具有产品结构复杂、精度高、零部件繁多等特点，即使在单机零部件满足指标的情况下，在实际系统级装配中也需要进行多次试装、装调及返修。因此，装配过程不仅要考虑如何保障产品的初始装配性能，也要考虑如何在产品服役过程中保持产品装配性能（即装配性能的保持性问题）。随着卫星、火箭、飞机、高端数控机床等机电产品向着复杂化、轻量化、精密化和光机电一体化等方向发展，服役环境越来越恶劣化和极限化，装配精度要求越来越高、装调难度越来越大，产品装配性能保障也越来越困难。装配技术逐步引起世界各国的广泛关注与重视。

1.2.2　航天器装配技术发展现状

随着现代先进制造技术的不断发展，航天器装配也进入了快速发展时期。航天器装配技术的发展水平主要体现在以并行设计技术为代表的先进设计模式和以自动化装配、数字化装配技术为代表的先进装配手段，国内外均有了较大的发展。

（1）并行设计技术

并行设计技术是并行工程在航天器装配方面的一个重要应用。并行设计是一种对产品设计以及相关过程（包括制造过程及集成过程）进行并行、一体化设计的工作模式。传统的串行开发过程中，在加工、集成装配中分别发现设计中的问题或不足，然后再修改设计、改进加工、集成装配。与之不同的是，并行设计将设计、工艺和制造结合在一起，利用计算机互联网并行作业，从而大大缩短生产周期。在航天器装配的设计阶段并行开展装配工艺性审查和设计，将发现的设计和工艺问题及时反馈给设计部门，从而有效避免将设计缺陷或装配工艺问题流入航天器装配实施阶段。对比并行工程设计流程和传统串行设计流程，如图 1-1 所示，其中最大变化是将原来反复迭代"设计-协调"模式变成"设计中协调"的模式，简化了中间环节，提升了系统集成装配效率。

波音公司的波音 777 飞机研制和 NASA JPL 的项目设计中心的 TEAM-X、TEAM-I 团队研发都是航空航天领域实施并行工程的成功案例。据 NASA JPL 及 ESA ESTEC 的报道，由于采用了并行工程技术，卫星方案设计的效率提高了 4～10 倍，JPL 从原来一年只能做 4～5 个型号方案设计提高到每年完成 40～50 个型号的方案设计。从 1992 年 1 月美国国防部导弹防卫局与 NASA 商谈计划开始到 1994 年 1 月 25 日上天，克莱门汀探月器项目仅耗时 24 个月。并行技术的应用，大大提高了系统集成装配的效率。

中国空间技术研究院通过 AVIMD 系统，建立了以北京为中心，院属各厂所和发射试验基地的 CASTNET 网，创造了异地协同设计硬件环境，实现了各类航天器分系统人员、总体人员、工艺人员的协同设计，不仅提高了航天器研制的质量，同时缩短了研制的周期。

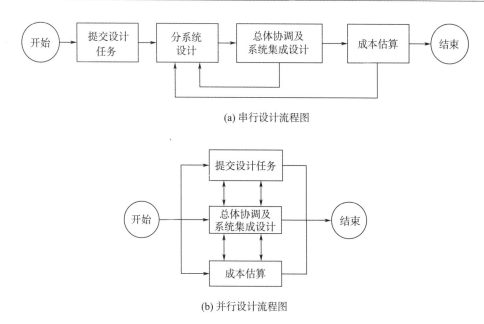

(a) 串行设计流程图

(b) 并行设计流程图

图 1-1 串行设计与并行设计流程对比

（2）自动化装配技术

随着新型航天器不断研制，尤其是航天器载荷配置上不断出现大质量、高精度的设备或机构，如大型可展开天线、空间机械臂等，自动化装配技术是保证这些设备装配位置精度和安全性的一条重要途径。

国外在航天器装配过程中，对于大部件的装配普遍采用机械臂辅助装配。以空间站组装为例，组装需要对质量为 816.5 kg 的机柜进行装配，机柜通过通道后精确地对准与舱段的连接位置。机柜插入设备能够在不到一个小时的时间内，将机柜由移动转运车上拿起并且将之插入，这样一来大大节省了机柜的装配时间，从而保证按时发射。不过节省时间并不是设计机柜插入设备的主要目的，降低装配过程中对硬件产品和人员的操作风险才是需要优先解决的。早期机柜装配的时候需要技术人员将机柜推到一个装配有滚轮的地板上，操作的安全性有赖于技术人员的力量和协调性，而机柜插入自动化设备的引入大大降低了人为导致的操作风险。

国内航天器自动化装配技术方面，近些年也取得了快速发展，逐步形成了以质心自动调节吊具、并联调姿平台、机器人装配系统为代表的自动化装配工艺装备，基本满足了航天器研制的需求。

（3）数字化装配技术

在数字化装配方面，国外各大航天公司开展了大量的研究，从不同角度对建模、工艺规划、系统规划、人机工效分析、装配过程仿真等虚拟装配技术开展了一系列研究，建立了不少原型系统。美国 Northrop 公司研制的自动飞机机身装配程序（AAAP）采用三维立体显示仿真装配过程，应用于美国空军 F18 战斗机的改进型。波音公司在设计波音 777 飞机的过程中，采用了基于虚拟装配的数字样机技术，减少了 94% 的花费和 93% 的设计更改，制造周期缩短了 50%。希腊 Patras 大学制造系统实验室开发了虚拟装配工作单元，并以快艇螺旋桨的装配为例，对影响装配时间的因素（如装配者的力量、工作单元布局等）进行了分析评价，并建立了半经验式的时间模型。

目前，航空航天领域的数字化虚拟装配技术正在迅速发展并广泛应用。NASA 采用了数字化技术进行太阳翼装配，提高了装配精度。国内数字化系统集成装配技术也有了很大的发展，以虚拟装配过程仿真与验证技术为主要研究方向，包括厂房级、车间级的装配、集成、测试（Assembly，Integration，Test，AIT）全流程仿真，基于工艺路线规划的产品全要素数字样机的系统集成装配过程仿真，基于虚拟现实的人机交互式仿真，柔性电缆虚拟布线仿真以及人机工效学分析。月球着陆探测器等航天器系统集成装配中全面实现了全要素数字样机的装配过程仿真，在数字化装配技术上取得了一定的成果和经验。

（4）制造执行系统（Manufacturing Execution System，MES）技术

面向装配的 MES 技术，简称装配 MES 技术，通常包含装配车间作业计划编制、装配质量分析、装配成本控制、物料动态跟踪与管理、车间设备能力管理等功能，可以有效提高装配车间生产效率，并保障产品装配质量。目前装配 MES 的研究对象，多为自动化装配流水线，比较典型的应用行业包括汽车、印制电路板、家用电器等，研究内容主要包括基于无线射频识别（Radio frequency identification，RFID）的装配现场实时数据采集，实时信息（Real time information）驱动的物料配送与管理，装配生产线的平衡与排序等。另外，部分学者对离散型装配 MES 技术进行了研究与应用，例如北京理工大学提出了基于流程的复杂产品离散装配过程控制方法，研究了面向离散装配过程的数据实时采集、动态实时可视化监控、生产调度、物料动态跟踪与管理、实做工艺等技术，开发了计算机辅助复杂产品装配过程管理与控制系统并开展了工程应用。

（5）装配连接工艺技术

在航天器产品装配中需要广泛地使用各种连接方式将分离的零部件连接到一起，最为常用的连接方式包括机械部件之间的螺纹连接、铆接以及胶接等；电子装联的电缆绑扎固定、电连接器插接、焊接等。由于可以获得很大的连接力，便于重复拆装，同时又具有互换性、易于大批量生产、造价低等优点，螺纹连接和电连接器插接是机电产品中应用最广泛的连接方式之一。据统计，普通家用轿车上螺纹连接可以达到 3 000 多个，占汽车制造装配总作业量的 30% 以上。

螺纹连接的最终目的是在被连接件间获得可靠的夹紧力，即螺纹连接件内部产生可靠的预紧力。由于在拧紧过程中预紧力通常都不易直接测量和控制，只能通过其他手段间接控制，于是针对不同的预紧力控制手段，产生了不同的拧紧方法。《螺纹紧固件通则》中规定了 3 种典型的螺纹拧紧方法，包括扭矩法、转角法和屈服点控制法。扭矩法具有操作灵活、工具简单、成本低等优点，应用范围最广，特别适合单件、小批量产品，比如航天器这些产品受限于操作成本和装配空间，普遍采用扭矩法；转角法是建立拧紧过程中的拧紧角度和螺纹预紧力之间的关系，通过控制拧紧转角来达到控制预紧力

的目的；屈服点控制法是利用材料屈服现象，把螺栓拧紧至屈服点后停止拧紧的一种高精度预紧方法。

电连接器插接也是航天器等相关产品线缆连接的最为普遍的一种方式，近年来各航天器新型电连接器的应用层出不穷，如 Airborn、J30JH、D – Sub 等。不同类型电连接器的插接、拔离方法都不相同，均已经通过试验或者在使用说明中确定插接和拔离过程中的一些工艺参数，如锁紧螺钉的拧紧力矩。电连接器插接后的防松处理同样关键，相对量化要求较少，为了保证航天器产品电连接器插接后具有高可靠的防松，需要更加细化、量化通用的工艺规范，以规范总装操作、降低操作风险，提高航天器总装电连接器的防松效果，保证产品质量。

电装手工焊接普遍应用于各个行业，由于航天器更为复杂、手工焊接也不可避免地广泛涉及。手工焊接主要要素：手工焊接的工艺参数、工艺方法；细化的工艺流程和方法，操作实施规范性；手工焊接的工具、手段。为此，需要针对目前情况，逐步梳理，形成较为规范的手工焊接标准作业程序（Standard Operating Procedure，SOP），同时，针对航天器电装焊连工况，有针对性地开展基础工艺试验、焊点失效分析、焊点疲劳试验等，逐步提升手工焊接操作的效率和质量，以及手工焊接的技术水平和工具先进程度。

（6）航天器先进测量与检测技术

测量与检测是保障装配质量的关键方法，有的测量设备已经作为工艺装备的一部分，参与到产品装配中。按照测量对象的不同，装配测量与检测技术主要分为三类：1）产品几何量及其精度的测量，即产品坐标系及位置的测量；2）物理量的检测，即装配力、变形量、残余应力、质量特性等检测；3）产品状态量的检验，包括产品装配状态、干涉情况、密封性能等的检验。上述检测对象涉及的测量与检测方法及工具各异，分为接触式测量和非接触式测量。

接触式测量是通过测量头与被测物发生接触，从而获得被测物几何信息的测量手段，主要测量设备有三坐标测量仪和关节臂式测量仪，主要检测对象是机械产品几何量。近年来，三坐标测量仪的测量精度和效率得到了极大提高，在产品三维几何估计、测量点的分布和数量、分步式测量方法等技术方面取得了重要进展，同时关节臂式三坐标设备以其量程大、体积小及使用灵活等优点被广泛关注，然而其研究主要集中在机器人运动学及其精度补偿领域，对于接触式测量原理并未有新的突破。

非接触式检测手段主要有视觉测量、激光测量等。其中视觉测量使用单台或多台相机对被测物体进行照相后，再通过图像识别与数据处理等手段对被测物进行测量。在视觉测量建模方面，对传统的模型进行改进，形成了众多先进模型，如基于知识的视觉理论模型、主动视觉理论框架和视觉理论集成框架；在测量系统研发方面，国内外都开发出精度较高的视觉测量系统，天津大学、上海交通大学在单目视觉检测、大范围视觉坐标测量系统、三维激光视觉检测系统开发等方面取得了突破性的进展；基于深度学习的视觉识别是近年来的研究热点，其核心是深度学习卷积神经网络，相应有 DPM、R – CNN、SPP – net 等算法。激光检测技术通过对被测物表面进行扫描，获得表面点云数据，再通过逆向工程得到产品表面信息，主要检验对象是产品形状精度。主要基于三角测量原理，应用于焊接线检测、磨损测量、三维表面快速测量等。在产品内部结构检测技术方面，主要成果包括数字射线成像技术（Digital Radiography）、计算机层析成像技术（Computer Tomography）、CT 检测等。中北大学研发了国内首套复杂产品内部结构装配正确性 X 射线在线自动检测系统，成功应用于汽车的多种复杂结构产品的快速自动检测。

除了上述测量手段外，还有一些专用传感器，以及面向特殊装配过程的检验设备。如面向装配力、变形测量的电阻应变片测量、光测力法、磁敏电阻传感器、声弹原理测量方法等，面向飞机大部件对接定位的激光跟踪仪、室内 GPS 等，以及面向飞机舱体、油箱等的密封性检测技术等。

目前，检测智能化已逐渐成为产品装配检测的重要发展趋势，智能化检测不仅体现在研发更加精确的智能化检测设备和检测系统，同时体现在通过更加准确、高效的算法对检测数据进行分析，依据检测结果反馈指导装配过程，形成装配过程的闭环控制。目前智能检测技术的发展重点有：1）研发多场融合的智能测量设备及微型传感器；2）开发智能测量、识别、评估算法；3）基于人工智能手段对测量数据进行二次利用，开发其"剩余价值"等。

1.3　航天器先进装配技术的内涵及特点

1.3.1　航天器装配技术的内涵

航天器装配是一项复杂的系统性很强的工作。从专业方向上看，装配包括工艺仿真与规划、装配工艺、地面机械支持设备、装配检测等；从操作对象上看，装配包括仪器装配、电缆装配、管路装配、热控元器件装配、产品吊装、产品转运及运输等。航天器总装实施包括总装工艺设计及操作实施。装配工艺设计过程需要系统地考虑各方要求以及各专业的接口，结合总装具体实施人员的技能水平、工装设备能力、装配场地功效、装配物流资源等要素，将总体设计的要求（装配要求、安装精度、漏率、质量特性等）和研制管理要求（进度要求、质量要求等）全面准确地分配到各个装配实施单元中，形成严谨、详细的装配工艺技术流程、工艺规程以及各类物料配套文件，并提供给装配实施部门，以此作为装配具体操作、装配实施计划编排、装配实施物料组织和装配实施质量监控管理的依据。因此，航天器装配具有系统性强、涉及专业多、覆盖流程长的特点。

航天器装配技术具体包括数字化装配技术、装配工艺与装备技术、机构装调与低重力模拟试验技术、装配检验技术、装配环境控制技术等方面。

（1）数字化装配技术

在航天器数字化装配技术方面，主要是指数字化装配协同设计模式研究，结合航天器系统集成技术特色，配置数字化三维协同中心，即以三维模型为主、文件为辅的三维协同审查技术；以三维仿真分析为主的工艺布局设计、生产流程设计技术。在虚拟装配方面，采用自动实时跟踪（Automatic Runtime Tracing，ART）光学动作捕捉系统与 Delmia 系统进行实时人机交互，通过用户体验交互对装配关键过程实现了集操作者、航天器产品、工艺装备（Mechanical Ground Support Equipment，MGSE）于一体的三维仿真分析，实现从几何层面仿真分析到物理层面仿真验证的提升。

（2）装配工艺与装备技术

装配基础工艺主要包括机械连接工艺技术、柔性产品装配工艺技术、高可靠电子装联技术、分布式自动化测试技术、多余物控制技术、静电防护技术等；针对航天器的特殊需求，包括可覆盖长寿命通信卫星的高可靠需求、深空探测器特殊在轨服役环境、载人飞船密闭空间及载人环境为典型代表的装配工艺基础技术。在装备技术方面，包括通用吊具自动水平调节、六自由度并联调姿装配、三轴转台、机械臂辅助装配集成系统、自动化大型舱段对接系统等关键装备技术，为我国探月工程、载人航天工程等国家重大专项的顺利实施提供了重要的支撑。

（3）机构装调与低重力模拟试验技术

航天器大型机构装调与低重力模拟试验，是主要针对特殊机构和环境需求的展开和试验技术，包括大型平板 SAR 天线气浮展开与测试技术、大型机械臂多自由度悬吊零重力补偿技术、机构展开动态测量技术、机构展开虚拟仿真技术、舱体分离试验技术等，也是航天器产品装配最复杂、风险最高的环节。

（4）装配检验技术

装配检验技术主要包括装配几何量精度检验技术、装配密封性能检验技术、导线绝缘性能检验技术等。装配检验是对装配质量的参数化测量和评价，是航天器智能化装配技术的关键环节。

（5）装配环境控制技术

航天器装配环境控制直接影响着航天器产品的性能与可靠性，控制不当可造成产品的潜在损伤或性能下降。总装过程环境控制按控制技术分为温湿度控制技术、洁净度控制技术、微生物控制技术、静电防护技术、多余物防护技术及盐雾防护技术等。

1.3.2 航天器装配技术的特点

航天器具有结构复杂，分系统以及单件数量多，机、电、热耦合等特点，同时，航天器研制具有单件生产、可靠性要求高等特点，因此，航天器装配技术与其他行业装配相比，具有显著特点，具体如下：

1）航天器装配属于单件生产，要求装配技术及设备具有良好的柔性，能够适应不同种类的航天器装配的需求。

2）航天器装配对质量、安全性和可靠性要求高。航天器属于复杂系统，且不可维修，因此，对航天器装配研制提出了严格的要求。

3）航天器在太空特殊环境下服役，因此，航天器装配过程中，需要使产品满足服役环境的要求，如微重力装配要求、静电防护要求、多余物控制要求等。

4）航天器具有特殊的热控设计，因此，航天器装配技术除了包含传统的机械装配、管路装配、电缆装配外，还包含柔性热控组件的装配。热控组件具有柔性、面膜导电等特性，在装配过程中有一些特殊的方法及要求。

5）航天器装配过程关键环节多、工艺路线复杂。需要在装配过程中，统筹考虑人、机、料、法、环之间的关系，制定合理的工艺方案及流程。

6）航天器具有结构轻量化以及设备安装精度高的特点，因此，在航天器装配过程中，需要考虑装配变形以及装配精度控制等问题。

参 考 文 献

［1］ https：//baike. baidu. com/item/先进制造技术.

［2］ 何胜强. 大型飞机数字化装配技术与装备［M］. 中航工业首席专家技术丛书. 北京：航空工业出版社，2013.

［3］ https：//baike. baidu. com/item/成组技术.

［4］ https：//baike. baidu. com/item/并行工程.

［5］ https：//baike. baidu. com/item/敏捷制造.

［6］ https：//baike. baidu. com/item/快速成型制造.

［7］ https：//baike. baidu. com/item/虚拟制造.

［8］ https：//baike. baidu. com/item/柔性制造.

［9］ https：//baike. baidu. com/item/智能制造.

［10］ https：//baike. baidu. com/item/绿色制造.

［11］ https：//baike. baidu. com/item/云制造.

［12］ 张铁，李旻. 互换性与测量技术［M］. 北京：清华大学出版社，2010.

［13］ 于登云，等. 月球软着陆探测器技术［M］，“十二五”国家重点图书出版规划项目. 北京：国防工业出版社，2016.

［14］ 刘检华，宁汝新，万毕乐，等. 面向虚拟装配的复杂产品装配路径规划技术研究［J］. 系统仿真学报. 2007.19（9）：2003 - 2007.

［15］ 刘检华，侯伟伟，张志贤，刘伟东，蒋科. 基于精度和物性的虚拟装配技术［J］. 计算机集成制造系统，2011，17（3）：595 - 604.

［16］ 刘国青，向树红，易旺民，等. 继往开来，开拓创新，努力打造国际一流的航天器 AIT 中心［J］，航天器环境工程，2015，32（2）：135 - 146.

第 2 章　航天器数字化协同与装配仿真

2.1　引言

航天器是机、电、热、光高度耦合的复杂系统，产品布局和电缆网结构复杂，装配集成难度大，涉及专业多，覆盖流程长，任务分工界面复杂。随着航天器功能要求不断提升，有效载荷规模越来越大，包含的仪器、管路、电缆等部组件的数量也不断增加，在有限的航天器舱内夹杂着仪器、电缆、管路、电连接器、接地线、热敏电阻等，填充密度越来越大，航天器装配实施的繁杂程度不断加大，装配过程中需要考虑的因素越来越多，既要考虑装配顺序、装配路径、装配可操作性，还要考虑安全防护、装配过程可见性、装配多余物控制等问题。

随着航天器产品复杂性的快速提升，以及更多学科领域参与到研制过程中，来自不同的组织、专业领域和文化圈的协同人员数量大大增加。在大规模并行工作展开的同时，航天器研制人员需要同时与来自多种信息源的信息进行交互，从大规模的协同信息中辨识协同活动与对象状态，并获取自身活动所需的决策信息。共享信息的建立与分享是当前数字化研制模式已经解决或正在解决的重要问题。数字样机和虚拟仿真技术作为共享信息管理与分享的重要使能技术，极大地推动了航天器总装协同研制能力的提升。

本章立足于航天器总装的协同研制环境，对基于数字化协同环境的总装研制模式及相关技术进行介绍，主要包括如下几个方面的内容：1）航天器总体装配的协同活动；2）航天器总体装配的协同技术；3）航天器总体装配的数字化协同模式。

2.2　航天器总体装配的协同活动

2.2.1　航天器总体装配过程简述

在航天器型号研制项目中，一般将航天器技术状态划分为论证阶段、方案阶段、初样阶段（一般包括结构初样研制和电性初样研制）、正样阶段等。航天器总装阶段包括结构初样总装、电性初样总装以及正样总装，其在航天器整体研制流程中的位置如图 2-1 中灰色部分所示。本章讨论的内容将仅限于航天器总装阶段。

图 2-1　航天器整体研制流程

图 2-2 为通用航天器总体装配与测试流程，包括了各类零部件装配与检验、精度测量、漏率检测、质量特性测试、振动试验、热真空试验等内容。区别于飞机、火箭等复杂产品总装，当前航天器总装过程存在如下 3 个生产特征：1）长链条协同生产：正样型号总装过程长达 1～2 年，涉及专业多、任务分工界面复杂；2）手工作业主导式生产：单件生产模式下，进行管路、线缆、设备等零部件装配测试时，人类对复杂环境的认知适应性和手工作业的灵活性难以被自动化机械手段取代；3）强随机性生产：星上设备研制或交付时出现的时间偏差、装配测试时因系统问题而返工以及大系统协调引起的时间节点压缩等问题可使任务完成时间表现出极强的随机性。

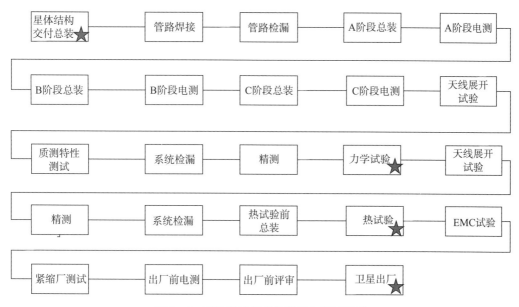

图 2-2 通用航天器总体装配与测试流程

——关键节点。

针对上述特征，并借鉴于复杂系统工程的通用管理方法，当前的航天器总装过程主要依托于基线式组织方法，该方法将航天器总装过程划分为若干阶段，对到达某阶段时产品应具备的状态进行详细设定；总装实施开始后，通过设计成员单位、供应链成员单位与总装实施单位的协调作业，确保产品在预定的时间能够达到对应阶段所定义的状态目标。在实现各阶段目标的过程中，大量问题的解决依赖于多专业、多部门人员间的紧密协作与配合。

2.2.2 航天器总体装配的相关角色

（1）工艺设计与实施相关角色

航天器总装由设计单位与总装实施单位共同完成（如图 2-3 所示）。设计单位负责制定并发放以非结构化文档为主体的航天器总装技术路线和各阶段技术要求，并通过监测工艺实施过程中出现的问题，实时判断阶段要求的实际可达性，适时进行技术要求的修订和发布；总装实施单位的工艺设计员识读并充分理解该类文档后，结合各阶段的具体技术要求，对技术路线进行细化设计，形成包括工艺分册、工序、工步三层结构的总装工艺，使总装按工艺实施至阶段基线所对应工序时，产品的技术状态能够完全符合设计单位发布的阶段技术要求，并通过监测工艺实施过程中出现的问题，适时修改或补充工艺内容，保证实施结果最终符合阶段技术要求。总装工艺实施人员负责根据总装工艺进行工艺实施，记录实施过程中的产品实际技术状态，实时反馈实施过程中出现的问题。由于总装过程的强随机性，航天器的实际技术状态时常偏离产品设计人员和总装工艺设计人员的预期，对阶段技术要求与总装工艺的修订无法有效避免。因此，在总装实施全过程中，产品设计人员、总装工艺设计人员、总装实施人员均需对彼此视角下的技术状态控制情况进行熟识与跟踪，以便于完成对产品总装技术状态的有效控制。

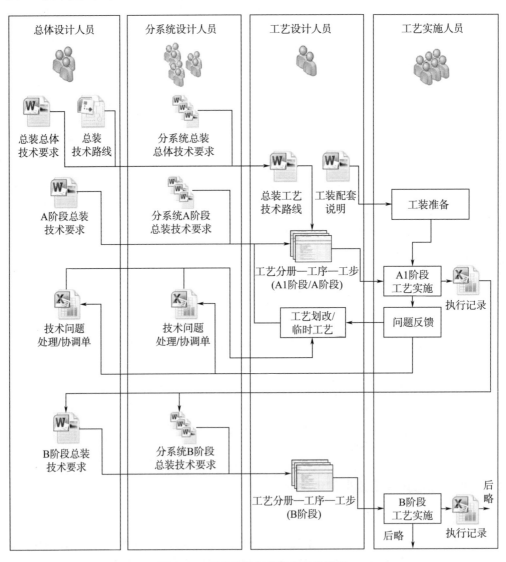

图 2-3　工艺设计与实施角色及关系

（2）工艺实施的工种与角色

除了针对产品设计、工艺设计、工艺实施围绕技术状态控制开展的协同工作，工艺实施人员作为总装任务的活动主体，包含了大量工种与角色，可以将角色划分为：1）总装操作；2）总装检验；3）精度测量、质量测试、漏率检测等专业测试；4）型号调度；5）库房管理、安全监察等其他角色。

总装操作是实施具体装配过程的角色，负责使产品的实际状态达到计划状态。为了实现该目标，总装操作需要按照总装工艺要求和型号调度计划，正确操作总装工艺装备与工具，完成零部件的组装；装配完成后，还需配合总装检验和专业测试人员完成装配质量检验。

总装检验是评估装配任务实施效果的角色，负责核查产品实际状态与任务计划的一致性。总装检验按照工艺要求，在总装操作人员完成装配操作后对结果进行检查，负责登记检测的量化数据和状态变化结果。总装检验形成的记录是确认或追溯航天器产品实际技术状态的法定依据。

专业测试当前包括精度测量、质量测试、漏率检测等三个专业。精度测量指采用专业化的精度测量手段，确认装配后的产品零部件精度是否达到产品设计要求的角度或位置精度；质量测试指按照工艺流程要求，对航天器的质量、质心位置、转动惯量等物理参数进行测量，确认是否满足产品设计要求，并把精确数据提供至航天器推进控制系统设计人员，服务于航天器轨道控制程序设计；漏率检测指对管路、贮箱、密闭舱体等的密封性能进行测试，确认是否满足产品设计要求。专业测试的测试结果也是确认或追溯航天器产品实际技术状态的重要法定依据。

现场调度负责生产现场进度计划与资源的协调。协调内容包括场地使用协调、工艺装备配置协调、各工种班组时间协调等。现场调度人员往往作为现场实施过程中的协同中枢，与产品设计、工艺设计、工艺实施过程中的其他角色有深入的交流，并在不同粒度上准确把握多个进度耦合型号的技术状态与工艺实施计划。

（3）性能测试相关角色

航天器是由多个分系统构成的复杂机电系统。在研制过程中的多个阶段，需要对各子系统及其集成效果进行统筹测试。测试内容可以简单看作两类：第一类是航天器机构与电子相关的子系统功能测试，以天线和太阳翼等结构部件展开测试、软件及信号调试、天线传输性能测试等为主；第二类是对发射及工作环境（包括真空在轨环境与地外天体探测环境）激扰的综合承受能力测试，统称为环境测试，包含振动测试、噪声测试、热真空测试、电磁兼容性测试等力、热、磁等学科的大量测试内容。这些测试任务与装配工作交替进行。测试所需要达到的性能指标由产品设计人员定义，各项测试的工艺设计和实施由专业的测试部门负责。测试工作开展前，设计部门向总装实施部门提出测量设备安装需求。总装操作人员负责对振动传感器、外热流等物理感应装置进行安装。测试结束后，再由总装操作人员进行拆除。测试过程中，测试部门也需要准确掌握航天器的技术状态，以便于对测试过程中出现的现象进行合理的分析与处理。

2.2.3　航天器总体装配的协同活动

在当前数字化研制环境下，航天器总装中的各项协同工作得以高效率开展，为了对航天器总体装配的协同活动进行论述，本节首先对数字化研制环境下的协同空间及协同活动的内涵进行阐述，然后对航天器总体装配所涉及的协同活动进行介绍。

2.2.3.1　协同空间

本文将对信息系统的依赖性作为一个评价维度，把航天器总装涉及的数字化协同活动划分为基于三种空间的协同：物理空间、界面空间以及数据空间。

基于物理空间的协同，即在现实中或等同于在现实中的，人类之间面对面或基于实物进行交流的协同方式。典型的物理空间有办公室、会议室、工作车间、沉浸式的虚拟现实环境等。在这样的场地中，参与者可以方便地采用日常生活中的沟通方式进行交流，通过全面的信息交换理解彼此的意图。Health 等学者对协同的经典研究表明，人与人之间的协同不仅限于语言、动作描述，还包括了更丰富的上下文信息。现有的计算机系统难以完全捕捉并传输沟通双方需要传递的全部交流信息，基于物理空间的协同不要求参与者学习维持交流所需的额外技能，也不需要在交流的同时分散注意力维持信息的传输，且表达方法与途径多样灵活，传递的信息更加全面。正是由于这些原因，物理空间的协同难以被其他方式的协同完全替代。

基于界面空间的协同，其界面指人类与计算机进行交互的系统界面。基于界面空间的协同即利用视频、音频以及其他交互设备，通过网络对协同参与者的活动情况和交流内容进行传输。该类协同多用于替代实物空间协同，其常见方式有电子邮件、视频会议、远程桌面、电子白板等。在界面空间中，参与者对彼此信息的了解途径受限于系统捕捉及传输的信息，往往仅限于参与者周围环境局部的图像与声音信息，且要求参与者具备一定的设备操作技能，并需要分配一定的注意力用于操作协同工具。相对于物理空间协同，界面协同支持异地的人员协同，可以支持大规模用户间的组合，满足灵活多变的协同需求。

基于数据空间的协同，该类协同基于参与者对信息系统内部的数据状态和内容的理解来组织协同活动，在产品研制中，数据空间协同的组织依据来自于项目管理和工作流管理两种流程管理方法。相较于实物空间和界面空间的协同，数据空间协同主要依赖于参与者对数据抽象的理解。协同过程中，参与者对彼此工作环境信息的接触受到更大的局限。

从物理协同到数据协同，协同活动对信息系统的依赖由浅至深，对辅助交流信息的感知途径由多至少，协同组织的灵活性由低至高，所能支持的协同规模由小至大。在信息化技术逐渐深入应用的今天，物理协同和界面协同以同步协同为主，更适用于存在并行关系的任务之间的协同。相对地，数据协同更加倾向于异步协同，利于协同任务的灵活组织。通过融合这三种层次的协同，可以有效地提升产品研制的效率。如图 2-4 中的综合协同环境所示，物理协同在界面协同和数据协同辅助下可以获得更好的效果。为此，许多航天器研制机构都在探索及实践并行工作环境的搭建，以期为工作人员创造更高效的综合性的协同环境。

物理空间　　　　　　　　　界面空间　　　　　　　　　数据空间

综合协同环境

图 2 - 4　物理空间、界面空间，以及数据空间示意

2.2.3.2　协同机理

当前，航天器总装任务是基于数字化协同研制平台完成的，研制人员的协同环境是现实环境与数字环境的有机组合。数字化协同研制平台主要为用户在数字环境下的协同提供服务，并维持数字环境与现实环境之间的连接。人员个体根据任务需求在信息交互环境中执行任务。可以将任务执行过程理解为加工处理信息的一系列过程。在信息处理过程中，包含了三种类型的信息处理操作：理解信息、创造信息、分享信息。其中，信息的有效分享是理解信息与创造信息的必要基础。在理解和创造信息的过程中，需要必要的协同机制支持人员对各种显性及隐性信息的获取。图 2 - 5 示意了两个用户（人员甲，人员乙）所处的信息交互环境，包括了如下几种元素：

（1）个人工作空间

信息系统向人员个体开放的部分，包括人员在任务中所使用的信息，该信息由数据空间中的数据，以及界面空间中的可视化信息构成。参与相同协同活动的人员，其所对应的个人工作空间中将存在重叠或关联的信息。

（2）数据管理系统

数据空间中的数据管理系统指对前述各级工作空间内容进行生成与管理的软件系统。

（3）界面协同系统

界面协同系统指用于建立人员间界面协同空间的软硬件系统。

（4）信息系统

信息系统包括协同研制中所涉及的所有软件，包括各种数据管理系统、产品设计平台系统、工艺设计平台系统、制造执行系统、协同管控系统等。信息系统通过界面层的人机交互接口接收人员的操作。

在总装航天器研制过程中，与三种空间对应，分别存在如下几种人员间信息分享机制：

1) 物理空间协同：图 2-5 中，信息流①为人员在物理空间中的信息分享。人员甲获取信息后，将需要的信息记录于自己的个人工作空间中②，或是根据与人员乙在物理空间中的协同结果对工作空间中的信息进行操作②；人员甲在协同过程中，可以对个人工作空间中的信息进行提取③，然后将其以物理形式向人员乙分享①。

2) 界面空间协同：在界面空间协同中，人员间利用界面协同系统进行信息分享。首先，人员甲将自己个人工作空间中的信息提取至界面协同系统⑦，然后通过协同系统传递给人员乙⑤。人员乙将反馈信息传回界面信息系统④，最后传回至发出人处⑥。在协同过程中，人员可以对个人工作空间中的信息进行操作②或读取③。一些情况下，界面协同系统本身就是对个人工作空间数据进行操作的工具（例如远程桌面协同，使不同用户可以直接对工作空间中的对象进行操作），此时可以通过界面协同系统对信息进行操作⑧）。

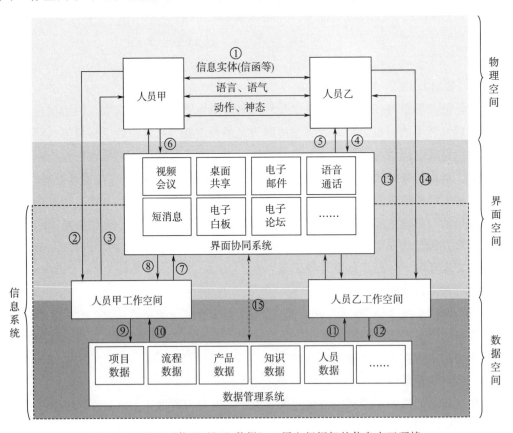

图 2-5　基于"物理-界面-数据"三层空间框架的信息交互环境

3) 数据空间协同：在物理空间协同中，人员甲通过信息系统对个人工作空间中的信息进行操作②，操作结果传递至数据管理系统中⑨。根据各种数据管理规则，系统将人员的操作结果传递至人员乙的个人工作空间中⑪，其访问自己的个人工作空间后⑬，对结果进行下一轮的反馈⑭。

一般情况下，界面协同系统的运行需要依托于数据管理系统⑮。界面协同系统需要从数据管理系统获取用于组织会议的用户组织信息和用户的操作权限等；数据管理系统则需要存储和管理界面协同系统给的使用计划和过程数据等。

2.2.3.3　协同活动

协同的主要目标是协调不同人员各自的工作，以避免冲突。不同工作间冲突的本质为行为主体对行为客体的操作冲突。当不同主体同时对客体的相同属性进行更改时，该属性的二义性必然会造成冲突。在数字化研制环境下，必须利用严格的时序规则来避免用户间的控制冲突。当不同用户可以在短时间内对客体进行频繁交替操作，且每次动作不通过预定的规划进行管理时，可以将这种协同看作同步协同。当两个用户对同一个对象的操作时间可以间隔较长，或是对操作顺序进行了约束，可以将这种协同看作异步协同。异步协同与同步协同互为补集。异步协同包括了产品研制相关的全部协同活动中除了同步协同以外的所有活动。航天器研制过程中的大部分同步协同依赖于物理空间或界面空间，且主要用于沟通不同人员间的思想。由于人员的地理分散性和研制活动本身的组织复杂性，管理层必须通过项目管理、基线管理、工作流管理等异步协同手段对各层级人员的活动进行协调；由于航天器结构的复杂性和涉及学科的多样性，研制人员必须借助于产品生命周期管理及其下所辖的产品数据管理、企业资源管理、供应链管理等数据空间协同框架进行异步协同研制。但是，由于数据空间缺乏对协同参与人员行为的上下文环境的充分描述，需要利用基于界面或物理空间的同步协同提高协同的效率和质量。相对地，由于基于界面协同和物理协同的同步协同需要占用更多设备或资源（网络带宽、大尺寸显示设备、会议室等），而且容易受到人员的位置与时间限制，需要利用基于数据空间的异步协同满足次要的协同需求。

2.3　航天器总体装配的协同技术

如前所述，协同依赖于物理、界面和数据协同空间的组合应用。除了物理空间中的直观沟通与交流，随着数字化、信息化技术的发展，界面空间和数据空间的协同技术得到了广泛发展，并应用于航天器总装过程中。已得到广泛应用的典型界面空间协同技术包括远程会议系统、虚拟远程桌面系统、电子邮件及电子论坛等，有效弥补了物理空间交流的时空局限性。在数据空间领域，首先，以数字样机为代表的单一数据源满足了总装任务对统一规范数据源的强烈需求，形成以技术状态控制为目的的协同方法；其次，以三维模型为基础的可视化与交互技术满足了总装人员对复杂的、大规模协同信息的表达需求，以虚拟现实为代表的人机交互技术正大跨度地改变传统的总装研制模式。本节对这两项技术在航天器总装过程中的应用理论方法进行详细阐述。

2.3.1　基于工艺数字样机的技术状态管理技术

通过分析可以发现，航天器总体装配任务的本质目的，是实现航天器产品由待装配状态向装配检测完成状态的转变。总装过程中存在多个状态基线，基线和基线间的产品状态可以由数量庞大的总装技术状态参数进行表述。航天器总体装配协同的本质，即集合众人之力共同完成总装技术状态转换的过程。围绕技术状态这一重要概念，本节将对航天器总体装配过程中应用的协同技术进行阐述。

2.3.1.1　总装技术状态内涵

技术状态指产品的功能特性和物理特性。技术状态管理是在产品寿命周期内，指定和保持/维持产品的功能特性、物理特性的管理活动。技术状态管理在大型工程管理中得到广泛应用，形成了一系列理论和方法。国内军工类产品技术管理的相关标准包括 GJB3206 — 1998《技术状态管理》、QJ3118 — 1999《航天产品技术状态管理》，以及 Q/QJA32 — 2006《航天产品技术状态更改控制要求》等。通过对技术状态的基本概念进行衍生，能够定义航天器总装技术状态为：在单个航天器产品的总装阶段，全部产品零部件及相关总装工艺装备的功能及物理特性。其中，零部件主要包括直属件、仪器、电缆、管路等；工艺装备主要包括停放、吊装、转运、检测等类型。表 2 - 1 为部分类型零部件的部分技术状态参数属性示例。航天器总装技术状态管理即对上述对象的所有可变功能及物理属性参数的状态进行控制。

表 2 - 1　技术状态参数示例

	类别	技术状态	取值	初始值
1		是否安装	是、否	否
2		位置状态		
3		是否精测	是、否	否
4		接地	是、否	否
5	仪器	热敏电阻粘贴	是、否	否
6		紧固件点胶	是、否	否
7		紧固测力	是、否	否
8		涂导热硅脂	是、否	否
9		开关状态	开、关	关
1		是否安装	是、否	否
2		位置状态		
3		是否精测	是、否	否
4		接地	是、否	否
5	直属件	热敏电阻粘贴	是、否	否
6		紧固件螺母点胶	是、否	否
7		紧固件螺钉点胶	是、否	否
8		紧固测力	是、否	否

结合 2.2.2 节的角色分析，将总装技术状态相关的人群划分为三种，航天器总装过程就是这三类人群围绕产品总装技术状态演进开展协同的过程：1）产品设计人员，负责制

定阶段技术状态要求，并通过监测工艺实施过程中出现的问题，实时判断阶段技术状态要求的实际可达性，适时进行技术状态要求的修订和发布；2）总装工艺设计人员，负责依据阶段技术状态要求进行工艺设计，并通过监测工艺实施过程中出现的问题，适时修改或补充工艺内容，保证实施结果最终符合阶段技术状态要求；3）总装工艺实施人员，负责根据总装工艺进行工艺实施，记录实施过程中的产品实际技术状态，实时反馈实施过程中出现的问题。

进一步地，针对产品设计、总装工艺设计、总装工艺实施这三个阶段，定义三种子技术状态：1）设计技术状态（Assembly Design Configuration，ADC），包括各阶段设计人员对产品全部零部件的技术状态参数要求；2）工艺技术状态（Process Design Configuration，PDC），包括任意工序所对应的工艺设计人员对产品全部零部件与相关总装工艺装备的技术状态参数要求；3）实做技术状态（Assembly Implementation Configuration，AIC），包括工艺人员所反馈的任意时刻下产品全部零部件与相关总装工艺装备的技术状态参数值。三种子技术状态实质为产品总装技术状态在工程计划和实施层面不同维度的映射。

图 2-6 以一个技术状态参数在不同技术状态视图下随装配流程的变化说明三种技术状态间的关系：工艺技术状态是实现设计技术状态的路径节点，当实做技术状态与工艺技术状态发生偏离时（例如：安装过程中出现了位置干涉导致不能按工艺装星），工艺人员优先利用增加临时性工艺的手段（例如：增加额外的修配），使实做技术状态能够迁回达到既定的工艺技术状态（图 2-6 中事件 1）；如果问题通过简单的装配操作无法解决（例如：待装设备不能按计划在工序执行时完成齐套），则需要工艺人员对工艺进行修订，使工艺技术状态与实做技术状态相符（图 2-6 中事件 2）；此外，还存在设计技术状态单方面修改，驱动工艺技术状态联动修改的情况（图 2-6 中事件 3）。

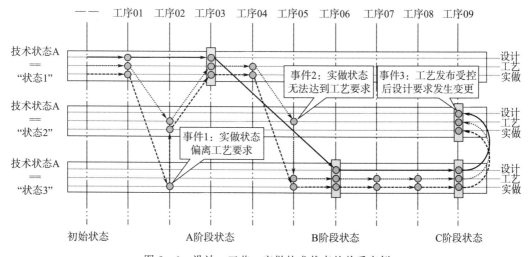

图 2-6　设计、工艺、实做技术状态的关系实例

基于前述三种技术状态的定义，可以将航天器总装阶段的协同需求分解为三个方面：
1）技术状态获取需求：需要通过沟通和信息化系统获取与自身角色相关的技术状态信息；

2）技术状态比对需求：能够在工艺设计、工艺实施、设计变更、工艺变更等多种情境下，通过协同手段实现设计、工艺、实做技术状态的比对，快速定位差异点及差异原因，作为各类角色自身行动决策的依据；3）技术状态传递需求：建立设计、工艺、实做技术状态三者间数据传递链条，保证总装协同各部门间技术状态的一致性、实时性、有效性。

前述三种子技术状态实质为产品总装技术状态在工程计划和实施层面不同维度的映射，可以基于同一种数据结构实现对三种技术状态的统一刻画和比对，以利于维持不同技术状态间的数据关联。应用模型驱动的系统工程管理思想能够将隐含于文档内部的管理要素和管理思想通过模型的方式进行显性化、固化、持久化，更好地实现一种精细化、连续可追溯的技术状态管理。数字样机作为一种理想的产品统一数据模型，非常适合以零部件为索引的技术状态管控。下面对基于数字样机的总装技术状态管理与应用方法进行介绍。

2.3.1.2　技术状态管理技术

（1）面向技术状态管理的数字样机

航天器总装工艺数字样机是一种基于产品结构构建的、添加了工艺产品（工装、工具、工艺件）等总装实施所需信息的数字样机，包含产品结构、三维模型和产品属性等三种要素（航天器总装工艺数字样机的构建过程详见后续章节）。作为一种理想的产品统一数据模型，数字样机非常适合以零部件为索引的技术状态管理，使参与协同的所有角色保持总装技术状态记录、查询与比对的一致性和有效性。

由于总装技术状态为零部件和工艺装备的可变属性，因此应该作为数字样机中产品属性的一种类别进行管理。由于有的技术状态涉及多个零部件间的相互关系状态变更，例如仪器安装状态同时涉及了仪器、紧固件、隔热垫等零部件的技术状态，因此需要采用合适的产品结构，支持各类技术状态的有效表达。基于对总装工艺中出现的技术状态控制项梳理，本书将零部件划分为接口和元件两种类型。其中，接口为具备多个零部件或工艺装备间物质、信息、能量等信号传输或隔离功能的标准件，包括电连接器、电缆、紧固件、接地组件、管路、管阀件、管接头、加热回路等类型；元件为具备物质、信息、能量信号处理或转换功能的零部件，包括仪器、直属件、加热片、热敏电阻等类型。总装工艺样机构建时，以元件作为结构树节点，接口件和工艺装备作为元件或其他接口（例如电缆可用于连接多个电连接器）的附属节点（仅能作为产品结构树的叶子节点）。规定元件、接口、工艺装备均为工艺对象。上述概念间的关系如图 2-7 所示。基于该种数字样机，可以有效开展设计技术状态、工艺技术状态、实做技术状态的管理技术研究。

（2）设计技术状态管理

基于总装工艺数字样机，可以将各项技术状态以元件、接口及工艺装备的属性方式进行定义。如图 2-8 所示，为了对不同阶段的设计技术状态要求进行区分，为每一个技术状态构造按阶段顺序排列的"阶段名-属性值"链表。当查询指定阶段的技术要求时，系统对样机的零部件结构树进行遍历，对具有该阶段技术状态要求的产品结构树节点进行标记，构建出该阶段下的产品技术状态要求视图。当新增阶段定义时，即在有增量要求的技术状态对应链表下插入新的"阶段名-属性值"数值对。

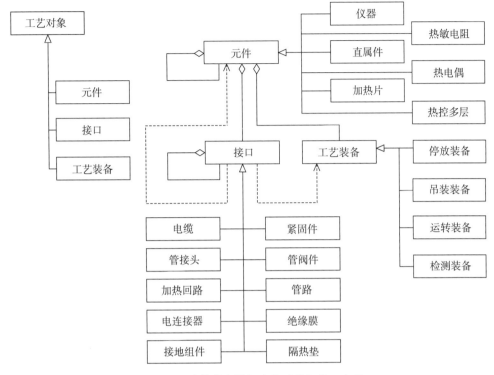

图 2-7　总装数字样机中的元件与接口定义

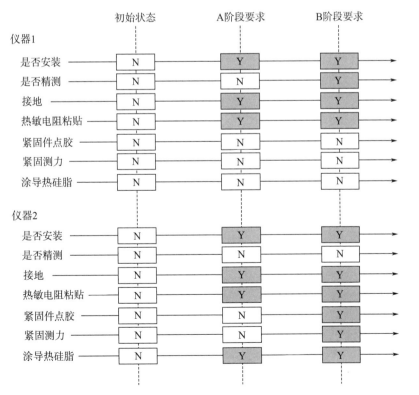

图 2-8　设计技术状态"阶段名-属性值"链表示例

（3）工艺技术状态管理

总装工艺设计的实质，即以实现设计技术状态为目的，制定产品技术状态的变更路径和方法。为了更清晰地建立总装工艺设计与工艺技术状态间的数据关联，本书将围绕一个元件或工艺装备，完成一次技术状态变更的工步集定义为一个技术状态活动，简称活动。将活动所围绕的元件或工艺装备称为活动主对象。一道工序可以包含多个活动。每个活动定义了实现该次技术状态变更所需的操作角色、对象、方法以及结果。根据工艺技术状态定义，某工序对应的工艺技术状态可以理解为该工序及之前所有工序所含活动按序执行时，产品技术状态变更的顺序累加结果。

基于该思路，通过活动内容模板实现工艺设计工作与技术状态变更的关联。活动内容模板包含了一个阐述由何种角色对何种对象进行何种操作的文字模板、一组活动主对象与其他对象及属性的关联关系，以及所涉类型对象在该活动后的技术状态变更规则。活动内容模板的内容及应用流程如图 2-9 所示。进行工艺设计时，首先，由工艺设计人员选择一个活动内容模板；然后，根据活动主对象与其他对象及属性的关联关系，搜索工艺数字样机并填充模板中的所有空缺项，生成与活动对应的工艺指令；最后，模板实例根据技术状态变更规则，生成具体变更内容。

统计工艺技术状态，即以总装数字样机的指定分支为对象，以指定工序的结尾活动作为统计终点，为分支上每个对象构建一个由"活动-技术状态"数值对构成的工艺技术状态统计列表，从活动序列开始遍历到终点活动为止的技术状态变更内容。

直属件螺母点胶安装活动内容模板										
基本属性		工艺文字模板		技术状态变更规则				其他对象关联关系		
主对象	直属件	角色	操作内容	对象	技术状态参数	参数值	执行签署	检索词	搜索主对象	取用属性
操作	安装	总装	在<直属件安装位置>安装<直属件名称>(<直属件代号>)，紧固件拧紧不测力，并在螺母处点420胶；	直属件	安装	Y		直属件代号	紧固件(螺钉)	规格
										数量
										标准
					测力	N			紧固件(弹垫)	规格
										数量
					螺母点胶	Y	√			标准
操作参数	螺母点胶		<紧固件数量><紧固件名称><紧固件标准><紧固件规格>；	紧固件	安装	Y			紧固件(平垫)	规格
										数量
										标准

直属件螺母点胶安装活动内容模板

分册号：Z5 工序号：01 工序名称：安装过渡插头支架(3G-12-05)						
序号	角色	操作内容	执行签署	一岗	二岗	检验
01	总装	在+Y板内表面安装过渡插头支架(3G-12-05),紧固件拧紧不测力，并在螺母处点420胶；	过渡插头支架(3G-12-05)安装螺母点胶□			
		4-螺钉 QJ2582—93 M4×12; 4-平垫 GB/T 97.1—2002 4; 4-弹垫 QJ2963.2—97 4;				

活动内容模板生成的工艺指令

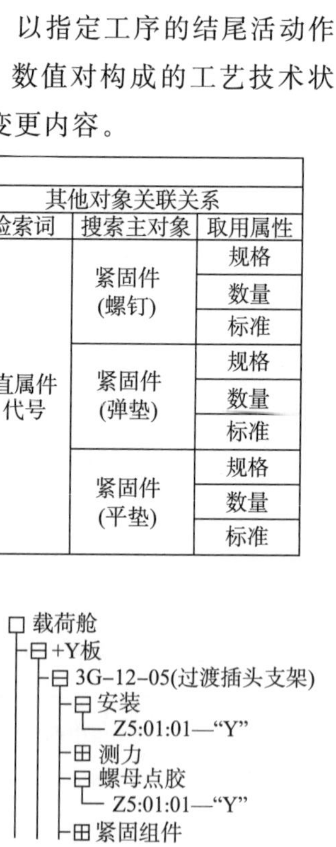

```
□ 载荷舱
 □ +Y板
  □ 3G-12-05(过渡插头支架)
   □ 安装
    └ Z5:01:01—"Y"
   ⊞ 测力
   □ 螺母点胶
    └ Z5:01:01—"Y"
   ⊞ 紧固组件
```

工艺技术状态记录(局部)

图 2-9　活动内容模板的内容及应用流程示例

（4）实做技术状态管理

从实践来看，需要提供一套有序的实做状态采集框架，以进行实做技术状态的采集。为了对实做技术状态数据进行管理，在活动内容模板的基础上增加与技术状态变更内容绑定的技术状态执行记录，随工艺一起发布。执行签署包括技术状态发生变更的工艺数字样机对象的编号、活动执行的时间、执行人员、检验人员，以及实施后的技术状态属性值，由总装工艺实施人员在工艺实施时进行填写。在工艺实施过程进行签署时，除了默认工步对应对象完成活动内容模板预设的技术状态转变，还可以记录"阻值""温度"等具有实际量值的实做状态。在此基础上，可以指定任意时刻，遍历工艺数字样机的所有对象，提取每个对象实做技术状态列表中指定时刻之前的最新节点，将该节点集合作为产品在该时刻的实做技术状态。

（5）总装技术状态比对

工艺数字样机为总装技术状态的刻画提供了良好的框架，支持了设计、工艺、实做三种技术状态视图的独立刻画。同时，以数字样机所包含的产品结构为对齐基准，易于实现不同技术状态视图间的比对，有效支持不同角色识别产品状态，为问题分析和协同攻关提供便捷的数据支持。

设计-工艺技术状态比对：将某工序的工艺技术状态与某阶段的设计技术状态进行比对（以图 2-10 为例），其结果表达了该工序执行后对该阶段设计要求的满足情况。基于该结果，可以对后续工艺内容的规划设计提出进一步需求，或评估该阶段下工艺内容的正确性和完备性。

设备α技术状态项	设计技术状态(ADC)	工艺技术状态(PDC)		
	A阶段	工序02	工序03	工序04
安装	是	否	否	是
粘贴热敏电阻	否	否	是	是

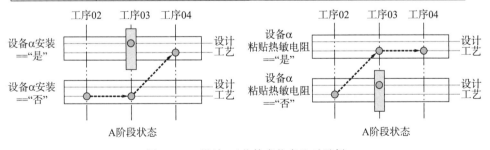

图 2-10　设计-工艺技术状态比对示例

设计-实做技术状态比对：通过实做与设计技术状态的比对，首先利于产品总装实施进度的直观分析；其次，快速定位设计要求相关结果，支持细粒度的总装质量分析。

工艺-实做技术状态比对：通过比对实做与相应工艺技术状态，可以对工艺设计结果的实施情况进行有效监测，利于后续工艺可实施性的预判，并为工艺修改提供依据。

（6）应用示例

如图 2-11 所示，以设备安装为例，按如下步骤进行：1）通过数字样机构建模块，实现工艺数字样机的搭建［图 2-11（a）］；2）对设备类技术状态参数进行定义；3）采用 Excel 表格，导入不同阶段对该设备的技术状态要求［图 2-11（b）］；4）定义动量轮相关的活动内容模板，并编制相应工艺［图 2-11（c）］；5）采用设计工艺技术状态比对方法，通过表格实现工艺对阶段要求的符合性检查［图 2-11（d）］。

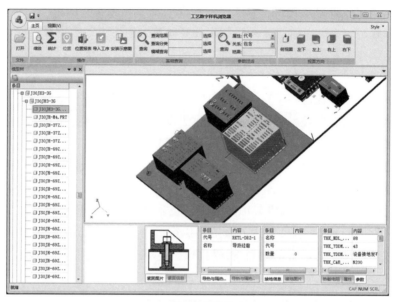

(a) 工艺数字样机构建

序号	设备代号	设备名称	技术状态项	阶段A	阶段B	阶段C
1	J30JH3-3G	中控机1	安装		Y	
			粘贴热敏电阻	Y		
			紧固测力			Y
			接地线安装			Y

(b) 使用Excel录入各阶段要求值

工序特性		工序阶段	
序号	工种		操作内容
1	总装		依据文件：TEST-1 南仪器板安装模型及说明文件 依据 TEST-1-03《TEST-1平台设备安装图》，在南仪器板+X侧安装中控机1（J30JH3-3G），共1个，紧固件拧紧测力，力矩 M6:25N;

(c) 工序示例

序号	设备代号	设备名称	技术状态项	阶段B	工序06
1	J30JH3-3G	中控机1	安装	Y	Y
			粘贴热敏电阻	Y	N
			紧固测力	N	N
			接地线安装	N	N

(d) 设计工艺技术状态比对示例

图 2-11　基于数字样机的技术状态管理技术应用示例

基于数字样机的技术状态管理技术能够精确展示技术要求内涵，同时贯穿于航天器总装全过程，帮助总装研制人员及时掌握三种技术状态，并基于各类技术状态及技术状态间比对快速开展各项协同工作（具体协同模式见 2.4 节）。

2.3.2　基于三维模型的装配过程仿真技术

数字化装配仿真技术指通过仿真手段，对产品可装配性、可拆卸性、可维修性和装配过程中的装配精度、装配性能等进行分析、预测和验证，并支持面向生产现场的装配工艺过程的动态仿真、规划与优化，从而有效减少产品研制过程中的实物试装次数，提高产品装配的一次性成功率和质量。数字化装配仿真技术应用在航天器总体装配领域具有不可替代的重要作用，对提高装配效率、保证航天器质量具有重要意义。在装配工艺仿真技术出现以前，装配人员只能依靠复杂的装配图纸对各种零件的相对关系进行分析判断，在工艺研讨时缺乏直观的交流依据，难以对形成的装配工艺操作的正确性进行快速判断。为了制定清晰正确的装配工艺方案，人们花费大量时间和成本建立木制或金属的物理样机，然后基于物理样机进行装配方案的规划或演练。该方法不仅耗时长、成本高，还难以灵活应对随时发现的新问题。相对于该种老式方法，基于三维模型的装配工艺仿真具备两个方面的革命性优势：首先，通过基于三维模型的仿真，人们可以低成本地快速预示工艺执行结果，提前发现问题并考虑问题的解决方法；可以假想出现质量问题情况下的应对方法。人们甚至可以同时仿真多套总装方案的执行过程，然后通过比较选择最佳的方案执行。其次，基于三维模型的工艺过程图形化展示为所有工艺参与者提供了一套直观的交流工具。人们通过三维模型及其运动就能清晰地明白装配工艺执行的装配部件、操作工具、辅助装备、执行步骤、与外围环境的关系等内容。当人们展开装配工艺研讨时，不再需要基于复杂的图纸堆进行彼此认知一致性的确认，在三维模型或动画上所标注的内容意图能够快速传达给其他人，进而大幅度提高了协同效率。围绕上述两方面优势，随着仿真应用技术的突破与发展，以及系统工程研制模式的实施深化，航天器装配工艺过程仿真已经成为航天器产品研制协同的有机组成部分，形成了其独特内涵和应用模式。本节立足于航天器总装的协同研制环境，对基于虚拟现实技术的装配仿真方法进行介绍。表 2 - 2 为传统模式与数字化仿真模式特点比较。

表 2 - 2　传统模式与数字化仿真模式特点比较

验证方法	传统模式	数字化仿真模式
试验对象	木制或金属样模	虚拟三维模型
试验对象制作时间	长	短
装配工艺模拟时间	长	短
模拟准确性	一般	精确
应用成本	高	极低
灵活性	低，修改可能需要重制模型	高，修改便捷
结果可视性	一般	好，可分层多角度浏览
局部结果复用	不能复用，需重新制作模型	可复用，直接复制粘贴

2.3.2.1　航天器装配仿真需求

　　航天器装配工艺过程仿真的应用实施围绕航天器总体装配过程展开。作为一类典型复杂产品，航天器所含的零部件数量大，分系统结构复杂且各分系统间耦合关系多，导致航天器总体装配过程周期长、工序多、操作难度大。目前的绝大部分航天器型号均属于单件生产产品，即使是基于同一平台系统研制的系列型号，彼此之间也存在巨大差异，使既有的装配工艺指令难以复用。该种单件生产模式要求装配操作的执行主体具有极高的柔性，能够兼容多个产品的生产需求。在当前技术条件下，虽然智能机器人作为一类执行主体已经开始参与到复杂精密的航天器装配工艺过程中，但大量工艺指令的执行还必须依赖于装配工人的手工操作实施。此外，航天器产品总体装配是一种装配与检验相互交织的过程，在不同实施阶段需要完成部分或整体航天器的各项测试，涉及质量测试、振动测试、热平衡测试、漏率测试、设备状态测试等多个专业测试领域，兼容各类测试操作的需求进一步增加了装配工艺设计和过程实施的难度。具体来看，对装配仿真的需求来自于如下几个方面：

　　1）航天器运行在复杂的太空环境中，需在地面进行充分的测试与验证。产品装配过程与密封检漏测试、精度测量、质量特性测试、力学试验、热真空试验、磁试验等穿插进行，工艺流程与技术状态复杂，以舱段对接、吊装、翻转、转运为代表的关键工序多。

　　2）航天器产品采用手工装配形式，星上关重、易损仪器设备多（如太阳翼、蓄电池、发动机等），工艺装备相对落后，操作风险大。通过对近年卫星装配过程中发生的低层次质量问题的分析发现，由于风险识别不到位、操作不当造成的磕碰、划伤、挤伤等质量问题占总装质量问题总数量的 41.94%，影响了整个研制流程的进度及成本，如发动机磕碰问题、蓄电池打火问题等，都造成了严重的后果。

　　3）航天器整体处于研制模式，单机产品成熟度尚存差距，装配集成阶段发现问题后的紧急排故、逆流程操作多。据不完全统计，某新研型号的单机产品在总装阶段的返修率为 11%。不同于常规的装配流程，逆流程操作除需考虑拆卸顺序、拆卸路径外，还需考虑逆流程操作对航天器研制周期、流程及产品状态的影响，如尽量不拆已精测过的仪器、不破坏已完成密封检漏的管路或不更改舱体的状态等。因此，逆流程操作方案的合理与否对航天器装配具有重要的意义。

　　4）航天器研制多型号并举、大范围协作。特有的协作模式一方面提升了航天器的技术水平，但在另一方面也给航天器的装配集成带来了一定难度。由于信息传递不畅导致的装配接口不协调问题在总装阶段时有发生。

　　源于上述航天器总体装配特点，在当前研制周期不断压缩、产品并行研制数量显著上升、国际行业竞争压力愈演愈烈的生产状态下，数字化仿真技术应用是航天器研制效率提高的前提条件。该种迫切需求确立了数字化装配仿真技术在航天器研制领域的重要地位。为了进一步了解航天器装配仿真的具体内涵，下面分别从产品全生命周期中的装配仿真应用与装配仿真类型两个方面梳理装配仿真技术在航天器研制领域的技术体系和内容。

2.3.2.2　航天器总体装配仿真的内容

（1）装配仿真应用

航天器装配仿真是航天器产品研制过程中所应用的多种仿真之一，一旦定义航天器产品零部件结构的边界模型，就可以从可装配性角度展开各阶段的研制工作。在航天器产品研制的不同阶段，仿真的可执行条件发生不断变化，需要围绕各阶段的潜在需求，发掘装配仿真的应用价值。

①产品可装配性设计阶段

在航天器产品设计阶段需要开展面向装配的设计（Design for Assembly，DFA）工作，在早期阶段尽可能多地解决航天器装配过程潜在的装配性设计和装配技术问题。在该阶段，装配仿真首先将用于验证装配车间的产品资源配置能力，根据装配大纲对产品在车间各工位的流转方式和步骤进行初步验证，并确认车间布局的合理性，以及产品与工装进出关键性工位时的姿态；其次，应由工装设计部门确认目标产品与现有工装的匹配性，修改产品结构使其最大程度地适用于已有工装，同时确定新增工装的设计需求，并通过仿真手段向产品设计人员展示工装使用过程；最后，针对影响产品关键功能的相关装配环节，开展多装配方案的初步仿真和结果对比与研讨，进而确认产品功能经由不同装配方法实现的可行性。

②装配工艺方案设计阶段

当航天器完成详细设计后，产品各系统的结构和耦合连接方式等已被确认。装配工艺方案设计阶段的主要工作内容为完成所有工步级操作的工艺指令编制。由于已具备详细的零部件三维模型，在该阶段生成的装配仿真结果会更为准确，可以在工艺实施时直接用于指导现场工人的操作。该阶段的装配仿真主要用于验证装配过程中产品各项姿态变化及相关工装操作，包括确认产品吊装转场、部件安装对接等过程的合理性。其次，装配仿真应用于验证线缆等柔性材料的具体用量和布局方式，避免线缆走向和过大的线束体积与设备仪器实际安装路径发生几何干涉。与此同时，对各零部件的安装路径和运输、紧固等操作进行仿真，确认工艺实施的可行性，包括人员参与的可视性与可达性。此外，利用人机工效分析手段，对大量人员参与的装配操作仿真进行分析，验证人员从事该操作时的舒适性和可持续性，避免人体承受过大力负载以造成损伤。该阶段完成后，生成与工艺指令配套的仿真文件，作为工艺指令制定的法定依据。

③装配工艺实施阶段

进入装配工艺实施阶段后，现场操作工人根据既定的工艺指令进行操作，将工艺设计阶段生成的仿真视频或场景文件作为作业指导资料。在该阶段，由于航天器产品自身的复杂性，还可能存在各种可装配性问题。在解决问题时，需要对后续工艺进行补充或修改，进而也产生了相应的仿真需求。该阶段仿真的目的为验证工艺方案更改的合理性和可行性，以及向现场实施人员提供相应的示教资料。仿真内容相较于工艺方案设计阶段，可能额外包含已安装设备仪器拆卸的操作。由于发现问题时已经具备了被仿真的实物对象，因而有条件使用测量方法得到更加准确的产品结构尺寸参数，实现对现场实物及场景的精确建模，进一步提高仿真的准确性，保证仿真结果的可信度。

（2）装配仿真类型

航天器装配仿真立足于工程实际需求，所涉及的仿真类型较为有限。按照公认仿真分类方法，识别航天器装配仿真所属的仿真类型，有利于读者理解该系列仿真各自的特点和发展方向。

①刚性体仿真与柔性体仿真

从仿真对象的宏观特性来看，航天器装配仿真的对象分为刚性体和柔性体两种类型。其中，刚性体包括产品零部件、工艺装备、操作工具和厂房设备等；柔性体包括星上线缆、软管、敷设的隔热多层材料等。目前对刚性体的仿真多用于装配的干涉性检查，一般通过基于表面几何的碰撞检测技术进行，该类仿真技术的成熟度较高，已经被广泛应用；柔性体仿真的目的包括：1）装配干涉性检查，与刚性体干涉性检查类似，但需要考虑柔性体弹性形变特性引起的几何变化，该种仿真计算的复杂程度较高，计算成本较大，技术成熟度低，尚未广泛应用；2）用料排样，通过仿真预估柔性材料的使用量。例如通过虚拟敷设确定各根电缆的长度，进而避免冗余电缆增加航天器质量；通过隔热材料虚拟敷设与材料展开，确定隔热材料加工的形状。该类仿真技术成熟度较高，已经开始应用到实际型号中。

除了纯刚性体与纯柔性体的常规仿真，目前已出现一些刚柔耦合仿真案例。例如，需要在设计阶段仿真不同柔性线缆长度和装配固定方法对太阳翼展开机构振动特性的影响。为了完成该种仿真，需要建立准确的刚柔耦合数学模型，且其中的刚性体部分不再仅仅考虑其几何参数，还涉及弹性模量等与其振动特性相关的物理参数。由此可以窥见未来航天器装配对刚柔耦合仿真技术的潜在需求。

②连续型仿真与离散型仿真

航天器装配过程仿真是航天器装配仿真的主要类型，是一种连续型仿真。相较于其他连续型仿真，装配过程仿真由于具有仿真实物所提供的几何属性作为严格的边界约束条件，每一步的仿真误差易于计算和识别，难以在累进运算中被积累。但也源于装配过程仿真步长间强烈的时空关联性，一旦在初始条件设置时出现疏漏，就难以在后续运算中进行纠正。在工艺方案设计阶段，由于初始条件受到的影响因素极为复杂，仿真初始条件组合方法繁多，使完成装配过程仿真的时间成本大幅增加。

除了大量连续型仿真，与航天器装配相关的还有工装功能仿真、线缆布局规划等离散型的专业仿真。这些离散型仿真多用于判断物体间一种或多种状态下相对位置或配合关系的合理性及功能性。

③非优化仿真与优化仿真

装配仿真结果服务于装配方案决策，决策对方案的认同表现为两个层次：1）方案可行；2）方案最优。可行的方案意味着按照该方案执行的装配过程或装配设计不会产生干涉，能够实现解决问题的目的。最优的方案则更进一步意味着其能够在某些评价体系中优于其他任何方案。

目前，大多数航天器装配过程仿真均为针对给定方案的可行性验证，并不需要计算机在一定可行域中通过优化算法求得最优解。优化仿真开展较少是由当前的航天器装配特点决定的：首先，目前的大部分工艺操作须严格按照既有的工艺要求执行，工序自身的执行顺序规划较少存在优化需求；其次，由于卫星等装配环境通常较为开敞，大多数工艺操作所涉及的装配路径规划没必要作为操作的约束条件，大多数仿真中的路径规划仅具有示意性，不要求严格执行，故针对装配路径的优化需求并不旺盛。

然而，随着航天器复杂度的增加，仿真优化的必要性正逐渐显现：空间站等航天器进入总装阶段后，大量舱内装配操作需求开始促发对装配序列和装配路径优化的需求；具有高精度装配需求的星上仪器越来越多，针对装配尺寸链的精度公差分配优化需求也开始出现。

④实物仿真与信息仿真

由于航天器总装周期长，多个型号并行生产，在型号任务执行的同时，需要兼顾生产车间的资源负载，包括精密测量等专业团队的任务分配，力学振动台等大型测试设备的使用排程，物流运输路线的统筹规划等，一般涉及多个在研型号的总装计划。为了保证实际生产计划的准确执行，可以通过仿真方法进行相关的预测和计划优化。区别于前述的装配仿真，该类仿真属于车间级的综合仿真，仿真的对象以信息流、物质流为主，属于数字化工厂仿真的有机组成部分。

2.3.2.3　装配工艺仿真技术

装配工艺仿真是指采用虚拟仿真分析软件对初步制定的总装工艺方案的重要环节或全过程进行的虚拟仿真，通过对仿真结果进行定性或者定量分析，预先对总装工艺方案的可行性和合理性进行判断与验证，提前识别装配流程、地面支持设备以及人机工效分析等工艺设计过程中存在的各种风险环节，并交互式地改进和优化原工艺方案，有效地避免在航天器工艺设计阶段出现问题，最终获得可行、合理、优化的总装工艺方案，以提高生产效率。

（1）装配流程设计仿真

总装工艺技术流程设计的主体是依据技术文件开展对航天器设备、直属件、加热器等产品间的装配顺序规划和产品自身的装配路径规划。基于虚拟仿真技术可分别实现整星级产品间和零部件级产品自身的工艺流程仿真设计。整星级产品间的工艺流程仿真主要确认零部件产品之间在总装过程中的装配顺序，对厂房设施、物流装配等保障条件进行验证。零部件级产品自身的工艺流程的虚拟仿真对零部件产品在总装过程中的装配路径进行仿真和确认。

产品装配顺序是工艺流程设计中的重点内容之一，设备的安装顺序一般是可以调换的，而对于大部件总装顺序有一定的制约条件。新型号零部件安装顺序的制约条件是工艺设计的重点项目，仅靠工艺人员的个人经验进行装配流程的工艺设计有一定的难度。应用虚拟仿真技术确认工艺流程设计中有制约条件的设备，可避免重复性的总装操作，解决工艺流程设计的难题。在嫦娥三号工艺流程设计中，通过虚拟仿真在操作空间和操作位置上的分析，确认先安装着陆器太阳翼、后对接巡视器的方案，仿真分析见图 2 - 12。

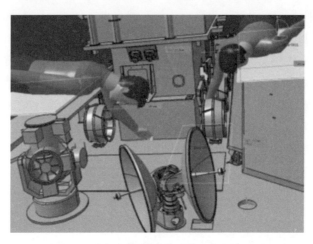

图 2-12　太阳翼和巡视器的安装仿真演示

　　产品自身装配路径的仿真工艺设计是验证零部件总装工艺方案的关键环节，有助于识别风险点。要做到 1∶1 产品模型的虚拟仿真，确保仿真路径的完全正确。以嫦娥三号为例，在贮箱安装的路径仿真中发现了贮箱防护帽和安装孔干涉的风险点，如图 2-13 所示，经分析确认通过更换防护帽以及更改吊装路径等方法解决干涉问题，同时在工艺文件中设置关键检验点确认防护帽状态，保证了贮箱的顺利安装。

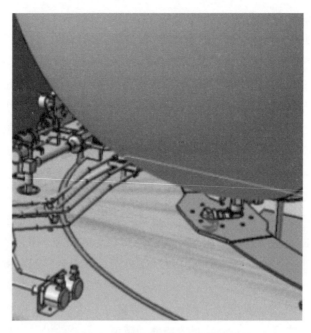

图 2-13　贮箱安装路径干涉仿真分析

　　(2) 可实施性设计仿真

　　从型号任务的流程角度，航天器工艺设计的虚拟仿真可分为两种：其一，型号任务研制之初，对关键部件总装的可实施性进行工艺设计，包括实施工艺方案和操作规程；其二，型号任务过程中由于出现质量或进度的异常现象，需要重新对总装工艺方案的可实施性进行复核设计。

若航天器关键部件的安装出现问题，则可能会直接影响产品的质量和进度，因此关键部件总装的虚拟仿真作为航天器工艺设计的重点。以嫦娥三号为例，该探测器具有活动部件多、大部件多、操作环境复杂等特点，在各种不利条件下可能会出现活动部件装配干涉或者大部件装配空间不足而导致装配工作无法进行。针对嫦娥三号特点，分别对发动机、贮箱、高温隔热屏等关键部件的装配工艺性进行虚拟仿真。在装配的虚拟仿真过程中，不仅对关键部件的操作位置的可达性、操作的安全性、地面支持设备的匹配性等几个方面进行仿真分析，同时对测力操作空间进行了仿真校验分析。高温隔热屏和发动机的总装方案如图 2-14 所示，通过虚拟仿真，确认了方案的可实施性，同时对工艺设计提出了新的技术要求，高温隔热屏安装时需对周边发动机进行防磕碰防护；发动机安装中进行高空操作作业时需采取防护措施等。对贮箱和发动机的紧固件的测力操作空间进行了仿真分析，如图 2-15 所示。通过虚拟仿真技术，确认并优化了关键部件的安装方案，解决了关键部件的测力操作空间问题。

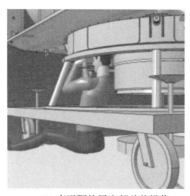

(a) 高温隔热屏底部总装操作

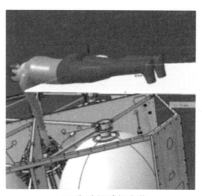

(b) 发动机踏板安装

图 2-14　关键部件安装方案仿真图

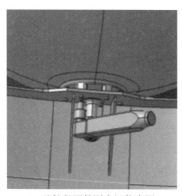

(a) 贮箱紧固件测力矩仿真图

(b) 发动机紧固件测力矩仿真图

图 2-15　关键部件紧固件测力矩仿真图

　　当在航天器总装过程中出现异常问题时，一般需要有经验的工艺人员对异常问题相关的工艺方案设计进行复核和设计，并在虚拟仿真平台上开展工艺方案的可实施性验证分析。

　　在没有可借鉴的成熟型号的情况下，嫦娥三号探测器在总装操作过程中经常出现以下两种情形：1）保障条件不能到位，预定的工艺技术流程经常调整，导致产品的装配顺序更改；2）故障产品的拆卸、检查、维修，再安装。在时间紧张的情况下，这些情形的解决一般需要尽快提出工艺方案设计和再验证。嫦娥三号初样阶段，由于某种原因需拆卸7 500 N变推力发动机，为了避免开舱，提出了在舱板开操作孔的实施方案。利用虚拟仿真平台确认了结构板开孔工艺实施方案（包括开孔的形状和尺寸）的可行性，仿真结果见图2-16。最终，通过7 500 N变推力发动机的拆卸工艺方案的虚拟仿真，不仅解决了技术难题，并且节省了近20天时间，确保了型号的研制进度。

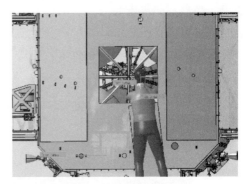

（a）结构板开圆孔操作仿真图　　　　　　　（b）结构板开方形孔仿真图

图2-16　发动机拆除方案仿真图

（3）人机功效仿真分析

　　总装工艺方案的人机工效学分析也是航天器总装工艺设计的一个主要内容，其目的是检验人员操作的可实施性和舒适性。在总装的虚拟仿真环境中，利用人体数字模型进行人体操作姿态的动作仿真，判断是否存在人机工效学问题。根据仿真结果进行相应的人体模型优化或者工装的改进，尤其是危险操作环境下的关键操作，有必要进行人机工效分析，确保人员的操作安全性和舒适性。

　　人机工效学分析是在总装虚拟仿真中引入人体模型进行仿真，具体的分析内容有可达性装配操作分析、可视性装配操作分析和舒适性装配操作分析。目前，航天器装配的可达性及其操作空间分析和装配操作可视性分析已在虚拟仿真平台上完成实例的仿真。

　　同样以嫦娥三号为例，为了确保嫦娥三号探测器在月夜状态下的生存需求，采用了特殊的电源和热控系统。由于使用了放射性元素，相关设备的安装不仅要考虑舒适性，更要考虑安全性和人员的心理因素。在嫦娥三号塔架总装中利用DELMIA软件及其提供的人体模型进行了仿真分析，分别对不同身高和手臂长度的人体的手臂、手腕等活动关节进行装配操作仿真，确认操作者的最佳身高等状态。通过仿真分析比较，确认进行放射性元素安装人员的适宜身高1 750～1 800 mm，臂长600～650 mm，图2-17为身高1 750 mm、臂长600 mm操作人员在进行嫦娥三号放射性元素设备安装的姿态仿真图。

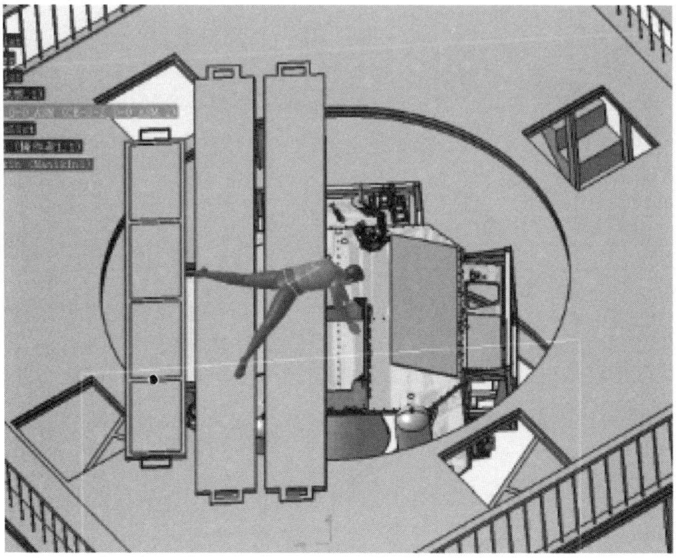

图 2-17　放射性元素设备安装仿真图

（4）工艺装备设计仿真

新研航天器的总装地面支持设备的设计和研制难度大，并且无经验可借鉴。地面支持设备贯穿于整个航天器总装过程中，不仅影响航天器产品总装的效率，同时也可能影响航天器产品的质量，是总装工艺设计优劣的重要判定准则。

以嫦娥三号总装地面支持设备为例，除了支架车等一般的地面支持设备外，还需研制用于舱内狭小空间仪器安装的地面支持设备、专项试验的地面支持设备以及放射性设备安装的地面支持设备等。在进行地面支持设备研制时，不仅要考虑使用的可靠性，还要避免对舱内的仪器及突起部分产生干涉、磕碰以及污染等。

过去，航天器总装地面支持设备的设计、制作以及使用因涉及不同的部门，有时很难满足总装的工艺要求。作为使用部门，在地面支持设备的设计中把大量的精力耗费在工艺与设计、工艺与制造的反复协调工作上，而地面支持设备在实际安装过程中是否发生干涉，是否满足装配工艺需要，装配操作空间是否具有开放性等问题无法在设计阶段得到有效解决。利用虚拟仿真平台开展航天器总装地面支持设备的设计，可以有效地解决这些问题并在设计阶段得到验证。在虚拟仿真平台中，引入其他各种仿真模型，预先对地面支持设备进行装配，检查分析设计环节存在的各种缺陷或薄弱环节，在使用前完成地面支持设备的改进和优化。图 2-18 为用机械臂进行嫦娥三号某大型设备辅助装配的应用仿真。

（5）装配实做协调仿真

对于新的航天器型号，新研或更改设计的零部件数量众多。由于接口协调上的问题，经常出现装配接口不匹配的情况，导致总装进度拖延。为了解决上述问题，一般采用实物试装的形式来解决，但是，这往往又带来新的问题：一方面占用大量的工时，导致研制进度受到拖累；另一方面，试装存在质量风险，尤其是大型部组件的试装，在发生干涉时，可能损害其他的星上产品。而此时，利用航天器产品虚拟装配过程仿真与验证技术进行数

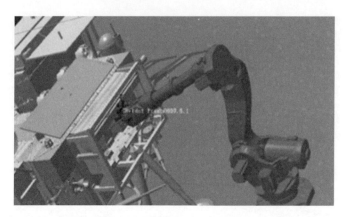

图 2 - 18　用机械臂进行"嫦娥三号"某设备的辅助装配的仿真

字预装配则能较好地解决上述问题：既不占用总装工时，可以与总装并行开展工作；又不存在损害任何星上产品的质量风险。

　　基于实测数据的部组件接口分析与装配协调，就是面向装配车间现场协调、试装，以减少实物试装、缩短研制周期、规避操作风险为目标，取代传统模装。其特点是虚拟现实场景与实物逆向建模相结合，提前发现装配不协调等问题，其技术流程如图 2 - 19 所示。

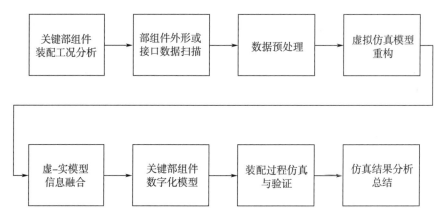

图 2 - 19　基于实测数据进行部组件接口分析技术流程

　　部组件实物的逆向工程建模，可通过特定测量设备和测量方法获取设备表面离散点的几何坐标数据，并在此基础上进行复杂曲面的建模而实现。可以采用激光雷达测试仪进行关键部组件实物模型的数据采集。利用激光雷达系统获得关键部组件设备的数据之后，需要进行点云数据的预处理，包括多视对齐、噪声处理与数据精简等多个方面，多视对齐的主要任务就是将多次测量的数据融合到统一坐标系下，噪声处理则是指对点云数据进行滤波处理，去掉点云数据中的杂点和噪点。然后，根据点云数据进行关键部组件的三维模型构建，大致步骤如下：首先从点云数据中提取出特征线，特征线决定了曲面模型的大致形状，然后构建决定产品外观的基础大曲面，并将精度和光顺程度调整到最佳状态，其次补充基础曲面的过渡曲面，再经过适当的裁剪和倒圆角调整到最佳状态，最终构建出关键部组件设备的数字化三维模型。利用由实测数据逆向工程得到的关键部组件三维模型，导入航天器虚拟总装仿真环境进行数字化模装，通过装配过程的仿真分析，预先判断关键部组件与航天器结构间的接口正确性和匹配性，及时发现和判别装配风险。示例如图 2 - 20 所示。

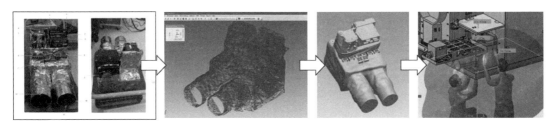

图 2 - 20　基于实测数据进行部组件接口分析示例

2.3.2.4　仿真资源管理技术

在航天总装领域，虚拟现实技术的应用方式依赖于信息系统提供的数据内容，具体表现为通过虚拟现实交互系统所能呈现给用户的内容，以及内容间的内在联系。另一方面，为了支撑总装流程装配工艺仿真和样机审查，需要保证进行仿真或展示任务的数字化素材充足。当前的仿真应用瓶颈表现在下面几个方面：首先，三维仿真场景或动画的制作目前需要完成庞大的前期准备工作，不仅需要寻找正确的产品模型，还需要对相应的工装、工具模型进行准备，导致总装工艺人员需消耗在仿真上的时间远大于工艺编制工作，不符合投入产出比需求，致使仿真平台应用的快速反应机制能力有限，难以利用仿真对型号的突发状况操作进行可行性分析；其次，当前用于仿真的工装模型名称不规范，仿真项目数据存放方式不固定，工艺人员难以查找得到所需的工装工具模型，往往只能重新对其进行建模，形成重复劳动和大量冗余模型数据；最后，航天器总装过程需要大量人员手工操作，人体姿态动作的编辑往往占用仿真任务中的大部分时间，影响仿真任务的高效执行。

基于上述问题，需要建立航天器总装工艺仿真的公共仿真资源库，统一提供仿真准备所需的工装模型、工艺模型以及人体动作模型，以提高仿真的精确性和效率。同时对仿真任务信息进行有效管理，进而提高仿真资源的复用率。

（1）工装工具模型检索与管理

现有工装工具的模型命名不规范，存放方式不固定。在仿真时很难对之前的工装工具模型进行重复使用，在仿真时往往需要重新建模，浪费了大量的时间。为了实现对工装工具模型的重复利用，降低仿真的时间成本。需要软件可以对现有工装工具进行管理，并且在工艺人员仿真时可以对工装工具进行搜索。

软件应按照工装工具的分类方法，建立适用于工艺仿真任务的工装工具模型数据库，对各类型工装的特征属性进行定义和分类。其中，工装应当通过工装名称、工装类型（包括：停放转运支持系统、吊装翻转支持系统、总装安全防护支持系统、总装及测试用辅助支持系统、包装运输支持系统）、特征参数（包括：几何尺寸、重量、最大载荷、安全系数）取值范围、工装编号、工装间配合与依赖使用关系、工装所服务的平台型号等来检索得到。工具应当通过工具名称、工具类型（包括：钳装通用工具、电装通用工具、特种工具）、工具操作对象、工具特征参数（包括：几何尺寸等）取值范围等来检索得到。软件对工装工具模型应有一个管理界面（见图 2-21）来对工装工具进行添加、修改或删除。

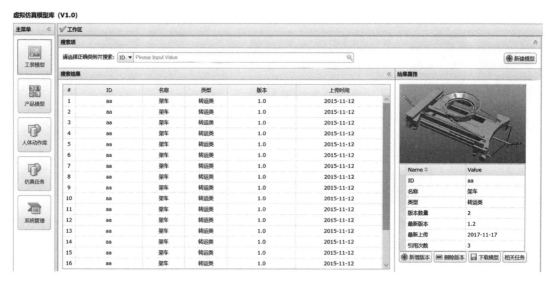

图 2-21　工装工具模型检索与管理界面示意

（2）人员动作检索与管理

航天器总装过程中需要大量人员手工操作，人体姿态动作的编辑往往占用仿真任务中的大部分时间。为了加快仿真任务中人员动作编辑的进程，需要软件对人体动作模型进行管理，并在工艺人员仿真时可对人体动作模型进行检索（如图 2-22 所示）。

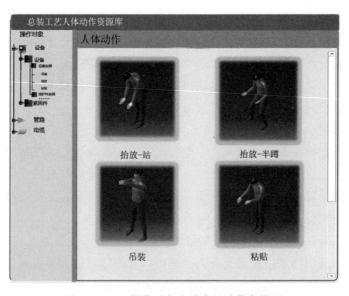

图 2-22　以操作对象来检索的动作库界面

　　总装过程中每一个任务会对应特定的人体动作。因此，在人体动作的分类上采取以操作对象和专业操作为线索进行分类在进行检索时会更加容易找到目标动作。以"管路加热带安装"为例，以专业操作为线索进行分类时，通过对专业操作的检索，如搜索"粘贴绝缘底膜"，可以直接搜索到目标人体动作，不再需要通过对人体局部动作和人体姿态来确定人体动作。通过操作对象进行搜索，同样可以准确快速检索到目标人体动作。以"电连接器插拔"为例，通过搜索操作对象，如"穿墙式电连接器"，可直接检索得到插拔穿墙式电连接器的人体动作。除对人体动作模型的检索，软件应有界面对人体动作进行添加、修改或删除。

　　（3）仿真项目信息检索与流程管理

　　在进行新的航天器总装仿真项目时，有时可通过对相近的仿真项目进行修改，从而提高仿真的工作效率。为了实现对仿真项目信息的有效管理，降低仿真项目所需工作量，需要软件实现对仿真项目信息的检索与管理。仿真项目信息可通过所仿真的平台名称/型号和仿真项目本身的名称/型号来进行检索。对仿真项目信息，软件通过一个管理界面来对仿真项目进行添加、修改或删除。仿真任务执行过程中，仿真人员按管理界面的导引对仿真形成的数据进行有序管理。任务管理者可以通过该平台查看仿真的进度和各项交付物。

2.4　航天器总体装配的数字化协同模式

　　基于前述对总装技术状态管理方法和航天器装配仿真的研究，可以总结出如图 2 - 23 所示的航天器总装数字化协同模式。该模式将工艺数字样机的构建与三类总装技术状态视图的构建融为一体，贯穿于整个航天器总装流程，可以实现以设计要求为依据的技术状态的有效传递与应用，基于技术状态间的比对，支持产品设计人员、总装工艺设计人员、总装实施人员间的各类协同。

　　（1）设计技术要求定义（A0）

　　由产品设计人员根据产品需求、产品结构以及来自于实施现场的问题反馈，提出总装设计技术要求，包括全流程要求、阶段要求以及技术要求更改项。该阶段应用 ADC - ADC，明确前阶段型号总装进度计划，对设计要素在各阶段中的状态变更进行追溯；应用 ADC - PDC，与总装工艺人员协同审核工艺的正确性和完备性；应用 ADC - AIC，对总装实施人员反馈的现场问题进行分析。

　　（2）工艺数字样机构建（A1）

　　由总装工艺设计人员以设计要求为依据，确定实现设计要求所需的工艺装备，构建工艺数字样机。同时，梳理各类元件、接口及工艺装备所需的设计、工艺、实做技术状态控制参数项及其参数域，形成各自的参数集合，分别按 2.3.1.2 节所述方法建立三种技术状态的数据管理框架，与工艺数字样机进行集成绑定。

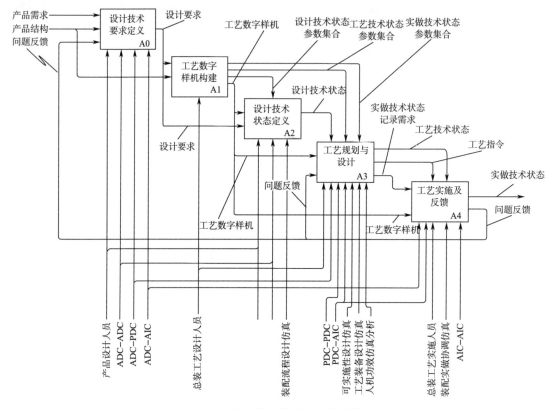

图 2-23 航天器总装数字化协同模式

（3）设计技术状态定义（A2）

产品设计人员将设计要求按设计技术状态参数集的定义进行结构化处理，定义各个阶段的设计技术状态，实现阶段设计技术状态与工艺数字样机产品结构的绑定。该阶段应用ADC-ADC，通过与前阶段技术要求的增量比对，确认设计技术状态设定的正确性和完备性。由于工艺数字样机已经建立，此时，可以利用装配流程设计仿真技术对总体装配过程进行概要性规划，发现其中的车间布局、工装接口等问题，梳理需要解决的关键性工艺问题。

（4）工艺规划与设计（A3）

总装工艺人员以工艺数字样机及各阶段设计技术状态为依据，对工艺路线进行规划，将工艺执行过程划分为不同工序。然后按 2.3.1.2 节所述方法，利用活动内容模板构造工序内的活动序列，定义与活动对应的实做技术状态记录需求，与生成的工艺技术状态要求和相应的工艺指令一起向总装工艺实施部门发布。该阶段应用 ADC-PDC 校验阶段工艺的正确性和完备性；应用 PDC-PDC 分析各工序的执行内容，对工艺设计要素在工艺流程中的变更情况进行追溯与分析；应用 PDC-AIC 对总装实施人员反馈的现场问题进行分析定位。另外，在该阶段，工艺设计人员利用可实施性设计仿真、人机功效仿真分析、工艺装备设计仿真等三维仿真技术，对详细装配工艺的顺序与内容进行设计与优化。

（5）工艺实施及反馈（A4）

总装工艺实施人员参考工艺数字样机，按照工艺指令进行工艺实施，并将实做技术状态录入系统中。当发现问题时，将问题反馈至总装工艺设计人员或产品设计人员处，分别由其开展工艺修改或设计要求修改工作。该阶段应用 AIC - AIC，进行总装进展情况统计；应用装配实做协调仿真，解决现场装调遇到的技术问题。

上述流程包含了总装技术状态的定义、传递与记录方法，实现了设计技术要求与工艺技术要求、实做工艺状态间的精确映射，通过不同类型总装技术状态间的比对，使不同角色能够基于统一数据源实现对技术状态的协同管控。同时，借助于基于三维模型的装配仿真技术，在大幅度降低实施风险的基础上，使不同角色能够直观地表达与沟通装配工艺，提高了工艺意图的传递精度与效能。

2.5　小结

本章对航天器总体装配过程中的协同角色和活动进行了介绍，阐述了由物理空间、界面空间、数据空间组成的协同机理分析框架，重点对支持航天器总装工作数据空间协同的技术状态管理与三维虚拟仿真技术进行了详细介绍，并基于上述两类技术，总结了航天器总装数字化协同的工作模式。

参 考 文 献

[1] HOBDAY M. Product complexity，innovation and industrial organization［J］. Research policy，1998，26（6）：689 - 710.

[2] 陈劲，童亮. 集知创新——企业复杂产品系统创新之路［M］. 北京：知识产权出版社，2004.

[3] 潘云鹤. 智能 CAD 方法与模型［M］. 北京：科学出版社，1997.

[4] DODGSON M. Organizational learning：a review of some literatures［J］. Organization studies，1993，14（3）：375 - 394.

[5] MARXT C，LINK P. Success factors for cooperative ventures in innovation and production systems［J］. International Journal of Production Economics，2002，77（3）：219 - 229.

[6] BÜYÜKÖZKAN G，ARSENYAN J. Collaborative product development：a literature overview［J］. Production Planning & Control，2012，23（1）：47 - 66.

[7] 邹丽. 协同设计过程中过程管理系统的研究［D］. 长沙：中南大学，2007.

[8] 王文砂，陆际光. 基于协同工作的 PDM 项目开发平台模型［J］. 计算机工程与应用，2001，37（15）：123 - 125.

[9] LAHTI H，SEITAMAA - HAKKARAINEN P，HAKKARAINEN K. Collaboration patterns in computer supported collaborative［J］. Design Study 2004；25（4）：351 - 371.

[10] ENGESTROM Y. Interactive Expertise：Studies in Distributed Working Intelligence. Research Bulletin 83［M］. Department of Education，University of Helsinki，Bulevardi 18，SF - 00120 Helsinki，Finland. ，1992.

[11] 马晨华. 面向协同工作环境的多层级访问控制模型研究及应用［D］. 杭州：浙江大学，2011.

[12] HEATH C，LUFF P. Collaborative activity and technological design：Task coordination in London Underground control rooms［C］. Proceedings of the second conference on European Conference on Computer - Supported Cooperative Work. Kluwer Academic Publishers，1991：65 - 80.

[13] JONATHAN OSBORN. Survey of Concurrent Engineering Environments and the application of best practices towards the development of a multiple industry，multiple domain environment［D］. Clemson University，2009.

[14] BANNON L. Understanding common information spaces in CSCW［C］. Workshop on Cooperative Organization of Common Information Spaces，Technical University of Denmark. 2000.

[15] KOZLOWSKI S W J，ILGEN D R. Enhancing the effectiveness of work groups and teams［J］. Psychological science in the public interest，2006，7（3）：77 - 124.

[16] HUA Y，LOFTNESS V，KRAUT R，et al. Workplace collaborative space layout typology and occupant perception of collaboration environment［J］. Environment and planning. B，Planning & design，2010，37（3）：429.

[17] 刘杰. 基于 HLA 框架的协同设计环境及交互管理技术［D］. 青岛：山东大学，2010.

[18] SUDARSAN R，FENVES S J，SRIRAM R D，et al. A product information modeling framework

for product lifecycle management [J] . Computer – aided design, 2005, 37 (13): 1399 – 1411.

[19] 周德吉，武殿梁，邱世广，范秀敏．虚拟现实环境中包含虚拟人的全要素装配操作仿真 [J] . 计算机集成制造系统, 2012, 18 (10): 2183 – 2190.

[20] 刘检华，侯伟伟，张志贤，刘伟东，蒋科．基于精度和物性的虚拟装配技术 [J] . 计算机集成制造系统, 2011, 17 (03): 595 – 604.

[21] 孙刚，易旺民，代卫兵，等．航天器总装工艺流程优化的分析与思考 [J] . 航天器环境工程, 2008, 25 (4): 381 – 383.

[22] 张刚，邓克文，李火生，等．复杂结构产品虚拟布局与装配设计系统研究 [J] . 计算机集成制造系统, 2008, 14 (2): 209 – 214.

[23] 佟立杰，刘春，郭希旺．DELMIA 在某机尾椎装配仿真中的应用 [J] . 沈阳航空工业学院学报, 2009, 26 (4): 11 – 14.

[24] 夏平均，姚英学，刘江省，等．虚拟装配工艺规划及示教系统的研究 [J] . 南京理工大学学报, 2005, 29 (5): 570 – 574.

[25] 熊涛，孙刚，孟庆义．航天器总装中的数字化工厂技术 [J] . 航空制造技术, 2010 (23): 97 – 100.

[26] 冯伟，张延磊，易旺民，等．基于虚拟仿真技术的探月工程二期航天器总装工艺设计 [J] . 航天器环境工程, 2014, 31 (3): 326 – 331.

[27] 侯鹏，张丽新，杨碧琦，等．某型号卫星虚拟装配技术研究及应用 [J] . 航空制造技术, 2011 (22): 70 – 73, 93.

[28] 胡弘，晁建刚，林万洪，熊颖，杨进．基于虚拟手交互的航天员虚拟装配训练仿真方法 [J] . 计算机应用, 2015, 35 (S2): 200 – 203, 219.

[29] 郭洪杰，石延波，赵建国，董帅，张群．飞机管线交互式虚拟装配技术研究及应用 [J] . 航空制造技术, 2015 (Z1): 77 – 80.

第 3 章　航天器数字化装配工艺设计

3.1　引言

　　航天器一般由十几个子系统构成，是一种复杂的机电热耦合系统。从阶段来划分，航天器研制一般包括可行性论证、方案阶段、初样及正样等；从专业分工可以分为总体设计、布局设计、热控设计、结构设计、有效载荷总体设计、制造和总体装配等，其中总体及布局设计、热控设计及结构设计均为总体装配部门的设计输入来源，且分别对总体装配部门下发设计要求等。

　　航天器装配、集成、测试（Assembly，Integration，Test，AIT）作为一项复杂的系统性工作，是航天器研制的关键环节，也是保障航天器整体性能的最终环节，其工作过程覆盖了航天器设计、制造、集成、测试及发射等全生命周期。涉及工艺仿真与规划、装配工艺、地面机械支持设备、装配检测等专业以及仪器装配、电缆装配、管路装配、热控元器件装配、产品吊装、产品转运及运输等操作。航天器 AIT 过程需要系统地考虑各方要求以及各专业的接口，结合总装具体实施人员的技能水平、工装设备能力、总装场地功效、总装物料资源等要素，将总体设计的要求（装配要求、安装精度、漏率、质量特性等）和研制管理要求（进度要求、质量要求等）全面准确地分配到各个总装实施单元中，形成严谨、详细的总装工艺技术流程、工艺规程以及各类物料配套文件，由工艺实施部门进行协调实施。作为上述复杂工作正确、高效、协同开展的必要前提，工艺规程的正确制定与工艺语言的精确表达是航天器研制领域的重要研究内容。

3.2　基于 MBD 的总体-总装工艺协同设计

　　在传统工作模式下，航天器总装设计数据一般为二维图纸和技术文件，工艺数据是在计算机辅助工艺设计系统（Computer Aided Process Planning，CAPP）中产生的文本信息。传统的型号数据均为二维格式，如设计更改单、技术通知单和现场技术问题处理单等，这些变更数据经工艺人员审签、受控后，作为总装状态实施的依据。由于设计数据、工艺文件等均为二维数据，导致设计数据、工艺数据和现场生产数据之间无法建立关联关系，因此设计更改、工艺更改、现场更改等均是通过人工方式来完成的。而在航天器研制过程中，技术状态频繁更改，工艺人员更难以实现技术状态控制的"零缺陷"，同时需要频繁跟设计、调度、操作及检验人员沟通，降低了工作效率。

　　此外，在传统模式下受数据源限制，设计变更实施前无法进行操作仿真，需要各方人员进行频繁讨论、确认方能进行后续工作，而且期间仅能依靠操作人员的经验进行判断。同时，操作完成后，总装状态信息分散记录在总装实施系统或纸质文件中，随着时间的推移，型号制造数据增多的同时进一步散落在系统各个模块中，极大增加了工艺人员收集数据以及控制状态的难度。

而基于模型的工程定义（Moldel Based Definiton，MBD）技术为解决上述总装问题提供了一种解决方案，即通过整星三维模型中的产品结构体现物料信息，如产品代号、产品名称等，同时通过不同物料间的上下层级关系体现产品的装配关系，如单机与单机支架、单机与紧固件等；通过三维模型来展示产品的装配关系细节、产品制造信息（Product Manufacturing Information，PMI），并用以进行装配仿真等；通过表格化属性信息体现产品的装配要求等，以满足非结构和文本信息的结构化处理等。

基于 MBD 的总体-总装工艺协同即是以三维模型为载体开展的，内容包括总体设计方案仿真验证及完善、总装工艺流程初步设计、工装初步规划及接口设计、关重产品装配方案及仿真验证等。而开展三维协同设计的首要条件是实现航天器总装信息以三维模型为载体进行数据传递，然后再通过三维模型向总装部门传递总装信息数据，而梳理总装信息是实现上述目标的基础。

一般地，航天器包含结构、热控、控制、有效载荷、推进、数管、测控、供配电等分系统，每个分系统都很繁杂，且各个系统之间存在密切的联系，总装工艺信息分散到各个分系统的具体设计和技术要求之中。为了梳理总装工艺信息，可按照航天器实际的分系统划分，以总装的实体存在为信息承载体，提取该系统与总装过程密切相关的信息，并在之上附加其边界联系条件和信息。如此可达到各实体存在之间复杂的网状联系，且在关系型数据库中易于实现。

航天器总装状态信息一般包括紧固件状态、直属件状态、热电偶状态、管路状态、加热片（回路）状态、热敏电阻状态、设备状态、电缆状态、电连接器状态等，如图 3 - 1 所示。每一大类状态属性包括与其相关的一些细分属性，可划分为开关类（图 3 - 1 中以 "〇" 表示）、数值类（图中以具体数值示例，如 "阻值：7.23 mΩ"）和枚举类（图 3 - 1 中以 ■、■ ……表示）3 种计算机数值类型。对各类状态信息可采取如下处理措施：

1）对于开关类状态信息，如安装与未安装，其状态只有 2 个且互斥，因此在对其结构化时可采取穷举法，即建立两个状态参数分别与之对应，在工艺编制时根据需要定义相应的状态参数即可；

2）对于数值类状态信息，如设备接地阻值，工艺编制时一般只能给出估值区间和判断准则，其实际状态信息一般需在现场执行后方可获得，因此可采取在状态参数中增加一个空字段，操作人员执行完成后在该字段中填写现场实际执行的结果；

3）对于枚举类状态信息，如防松胶的类型、复杂设备的设置状态（通常在 3 个状态以上），虽然可采用穷举法将各种状态信息列举出来，但会造成其适应性差（有了新状态就需要更改设置）、状态参数繁杂，因此宜采用增加一个空字段，在定义状态参数时可根据需要填写，同时提供常见状态的可选项，以方便使用。

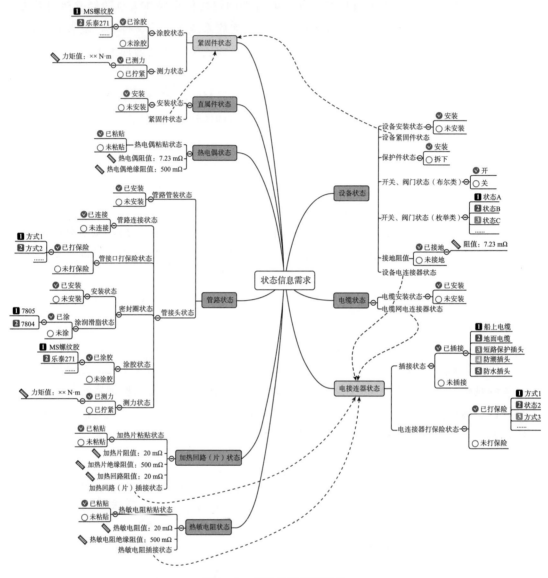

图 3-1　总装状态信息汇总

基于 MBD 的总体-总装工艺设计协同设计工作内容包括如下方面：

1）在总体完成航天器初步方案设计的基础上，通过仿真等手段对总体设计初步方案进行总装全流程验证，对仪器安装、电缆铺设、管路安装、测试等流程、方案提出完善意见，并反馈至总体部门，总体设计人员据此完善设计方案并发放；

2）总装工艺需在协同设计阶段完成航天器总装初步工艺规划、工艺流程初步设计等；

3）工艺人员需在协同设计阶段完成工装规划、工装初步设计及接口设计等。

基于 MBD 的协同设计流程如图 3-2 所示。

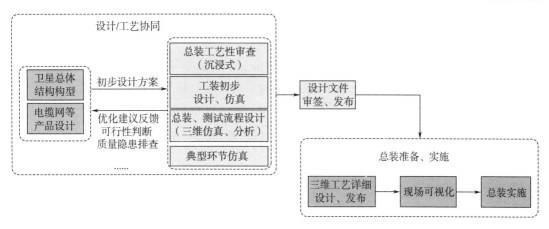

图 3-2　基于 MBD 的协同设计流程

3.3　总装工艺数字样机构建

在我国航天器研制领域，航天器研制企业一般是由总体设计部门或者与制造集成部门协同完成航天器的三维设计，通过总体设计与制造集成部门间的接口将航天器三维设计模型下发到制造集成部门，制造集成部门依据航天器三维设计模型构建出制造集成所需的APBOM（Assembly Process Bill of Material），即总装工艺数字样机，进而开展工艺规程设计工作。APBOM 包括显性、直观的产品物料信息、装配关系、装配 PMI 等信息，还将隐性的标准件等物料进行显性处理，以结构树的方式进行组织，以便于实现工艺设计要素的结构化、模型化表达。

在上述过程中，航天器三维设计模型由与三类专业信息对应的模型组成：1）整星机械结构模型，包括航天器舱板结构、仪器模型、直属件模型及其他机械模型等；2）电性能产品模型，主要包括电缆模型、电连接器模型及其他附属产品模型等；3）热控产品模型，主要包括热敏电阻、热电偶、加热回路及加热片、热控多层模型等。APBOM 的构建是一个复杂的知识处理过程：首先需要将各专业模型按照整星坐标系装配为一个整星模型，然后再逐步构建出每个主对象对应的 APBOM 节点。该过程的复杂性来源于如下：

1）航天器产品自身的复杂性：航天器系统组成复杂，从产品用途来说可以分为仪器、直属件、热控元件、紧固件、电缆、管路等，且各类产品间装配关系复杂；

2）航天器三维设计模型数据融合复杂：总体设计采用了自顶向下、专业分工的方法，是按照机械、电、热控等专业分别组织、分别设计的，而装配集成部门则需要将机电热信息解读后按照产品装配关系进行融合；

3）装配信息融合复杂：航天器三维设计模型中紧固件信息一般是以参数表或者数据库表示，并未对紧固件等标准件进行实体建模，装配集成部门使用时需通过查看参数表或者数据库输出的表格获取，并在产品数据管理（Product Data Management，PDM）系统中进行实例化处理，以便于工艺设计和装配实施环节应用。

除了上述复杂性，由于航天器的单件生产特性，不同产品的 APBOM 差异巨大，需要由经验丰富的工艺人员手工创建，当前存在工艺设计效率低、工艺规程质量难以保证的问题，有必要引入基于三维模型的 APBOM 构建方法，实现标准件等物料信息自动获取、产品间装配关系自动识别与展示、产品装配 PMI 信息自动标注与展示。

本节从航天器装配集成的业务需求出发，在对航天产品特点分析的基础上，以产品类型匹配、装配约束、几何关系等为基础，提出了一种面向航天器总装的 APBOM 可视化处理方法，并以仪器、直属件及其附属紧固件为例，利用 Pro/E 软件说明 APBOM 可视化构建过程。

3.3.1　工艺数字样机的定义

数字样机（Digital Mock-up，DMU）是相对于物理样机而言的，指在计算机上表达的机械产品整机或子系统的数字化模型，它与真实物理产品之间具有 1：1 的比例和精确尺寸表达。设计数字样机是由设计部门完成的，描述产品设计状态的数字样机。工艺数字样机是工艺部门在设计数字样机基础上，通过补充工艺产品、信息，用于指导工艺设计、生产实施的数字样机。

通过数字样机的定义不难发现，三维数字化研制有两个显著的特点，即三维模型和物料清单（Bill of Material，BOM）。通过按实际物理结构形成的产品结构可以把零件三维模型准确放到与实际情况一模一样的位置上，让使用者可以直观地看到产品全貌、快速地找到所关心的具体细节、便捷地利用 BOM 或三维模型信息。

可见，三维数字化研制的重要标志是基于三维模式的信息传递，而工艺数字样机是信息传递的关键环节。对于总装工艺人员而言，在三维模式下，根据总装工艺设计和后续应用的要求，工艺数字样机应包括三个要素：一是产品结构树，以树状结构表征从整星、舱段、舱板、仪器到紧固件、热控元器件的产品层次；二是三维模型，以可视化的方式展示各类星上产品；三是产品属性，用属性的方式表达星上产品的技术参数和总装要求等。

同时，总装工艺数字样机还需具备三个特点：一是产品结构按产品物理区域组织，如某舱板上的仪器、电缆、紧固件、热控元器件在结构树中应处于同一分支内；二是产品结构跨专业组织，即总体总装、热控等专业应高度融合；三是所包含的产品要素应完整、全面。

而目前航天器等复杂产品一般采取自顶向下、专业分工协作、分阶段设计的方式。形成的模型往往具有以下特点：一是分阶段形成模型，如构型层、布局层、总装层等，产品结构按阶段形成，没有按物理结构、跨专业组织；二是部分信息未体现在三维模型上（如热控多层、热敏电阻、加热片等）。

因此，总装工艺人员在构建总装工艺数字样机时，需以三维设计模型为基础对模型进行结构整理和信息补充，形成按实际物理结构构建的总装工艺数字样机；同时，为工艺文件的模块化和流程化驱动打下基础。基于整星物理产品结构的总装工艺数字样机应具有以下优点：

1）可读性好，主要体现在产品结构、三维模型两方面；

2）便于信息处理，体现在产品属性采用结构化描述，信息更加规范、标准，便于统计、分析、汇总；

3）扩展性好，表现在其按对象化方式组织，可以扩充产品属性，也可以挂接总装生产的实际状态数据，如紧固件批次号、测力数据等；

4）易用性好，便于集成，可为工艺设计等后续环节提供直接的、可复用的统一数据源。

综上，总装工艺数字样机是面向航天器总装业务，集"产品结构、结构化属性和三维模型"为一体，作为总装工艺设计、总装实施依据的统一数据源。它一方面继承设计数字样机，另一方面也对设计数字样机进行了调整和补充，如在设计数字样机的基础上补充工装、工具和工艺保护件等。同设计数字样机一样，工艺数字样机包含三部分组成要素：产品结构、模型和产品属性。其中，产品结构用于传递产品物料信息、产品间装配关系和用作总装技术状态控制的主对象等；模型主要用于指导总装现场生产和作为工艺设计的数据源，如利用模型进行总装操作仿真、添加工艺要求等；产品属性记录了总装技术要求信息和基本的管理信息等，用作工艺设计的依据。

从航天器总装研制实际出发，总装工艺数字样机构建要求是通过 APBOM 直观表示产品基本信息（如产品代号等）、产品装配关系（如仪器与直属件、仪器与热控元件、仪器与实例化的紧固件等）、数量（如紧固件数量等）等，以及由 CAD 软件统一管理的产品属性（如产品类型、技术要求等）、版本等结构化信息，且上述所有信息可导入至 PDM 系统中供工艺设计及装配实施使用。

航天器总装工艺数字样机构建流程如图 3-3 所示。

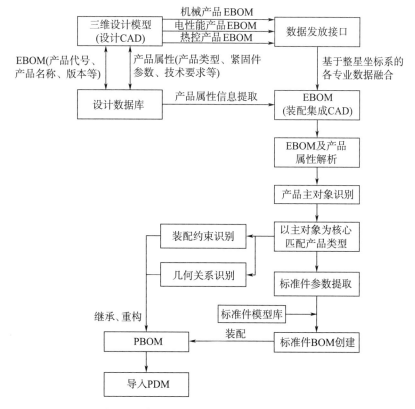

图 3-3　航天器总装工艺数字样机构建流程

航天器装配可视化 APBOM 示例如图 3 - 4 所示。

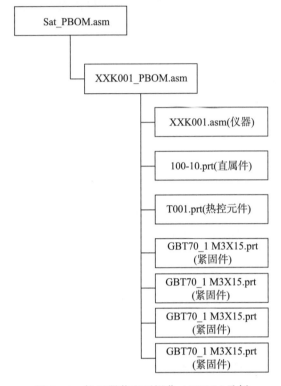

图 3 - 4　航天器装配可视化 APBOM 示例

在图 3 - 4 示例中，XXK001 _ PBOM. asm 是构建完成的 APBOM，其中 XXK001 为仪器的产品代号。其各子项意义如下：XXK001. asm 继承自 EBOM，保留了 EBOM 中关于 XXK001 的所有设计信息；100 - 10. prt 为 XXK001 的装配用专属直属件；GBT70 _ 1 M3X15. prt 代表 XXK001 装配用紧固件，GBT70 _ 1 为标准号 GB/T70.1 的替代标号，M3X15 为规格，而 4 个 GBT70 _ 1 M3X15. prt 代表了 XXK001 需要 4 个该类紧固件。此外，各产品的版本由 CAD 软件统一管理，且产品类型（图示为仪器、直属件、热控元件和紧固件）等产品属性信息由 CAD 或对应的数据库进行管理。

3.3.2　工艺数字样机产品结构

产品结构是描述产品对象组成及其父子关系、装配关系的。产品结构视图（Item Revision）是管理产品对象对应数字样机的产品结构，一般包括设计数字样机、工艺数字样机。

设计数字样机是面向设计部门、兼顾制造需求而建立的，体现了设计部门专业分工的特点，例如由机械总体、电总体及热控总体部门分别构建对应专业的数字样机。设计数字样机一般不能直接用于生产、制造，而需要对设计数字样机进行适应性调整，形成面向生产、制造的总装工艺数字样机。

从上述描述可知，工艺数字样机一方面继承了设计数字样机的产品结构，另一方面又对设计数字样机产品结构进行了重构（包括增加、删减和关系调整）。

在航天器三维建模过程中，存在大量以 word、excel 等格式表示的产品对象，如紧固件等标准件。由于其以非三维模型表达，我们可以将其简称为无图件。因此，在产品结构继承方面，工艺数字样机的数据源一般包括三维设计模型和以 word 或 excel 等格式表现的技术文件。对于源自三维设计模型的产品结构，拟通过格式转换实现产品结构的继承，即通过将 Pro/E 构建的产品结构转换为总装工艺所需的产品结构；对于源自技术文件的产品结构，通过制定特定格式、包含相应产品结构的中间文档，在进行相应程序开发的基础上实现该类型产品结构的继承。

产品结构的重构包括了增加、删减产品对象以及调整产品对象的父子关系等。通过重构，可以实现将设计数字样机转化为总装工艺数字样机，一方面降低了生产部门对设计数字样机产品结构的要求，另一方面可以实现多专业数据的融合，增加了工艺人员开展工艺设计的灵活性。需要特别说明的是，为保证设计数字样机产品结构与工艺数字样机产品结构间的独立性，需要结合多视图管理技术才能实现设计数据和工艺数据的合法性和独立性的统一。图 3-5 为工艺数字样机产品结构构建方案，图 3-6 为基于物理结构的典型产品结构。

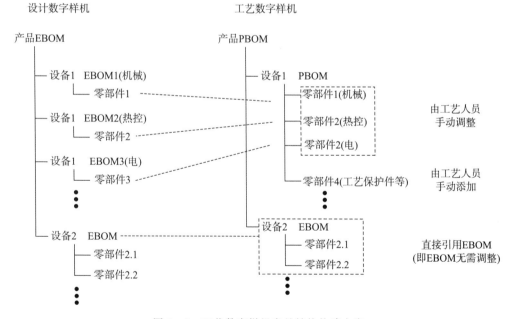

图 3-5　工艺数字样机产品结构构建方案

在航天器研制中，存在着初样星（船）、正样星（船）等处于不同研制阶段的航天器，同时对于以二代、二期型号为代表的批量生产型号，对设计模型等数据复用有极为迫切的需求。此外，通过产品结构管理技术的相关描述，设计数字样机和工艺数字样机独立而又统一的要求也提出了产品结构复用的要求。

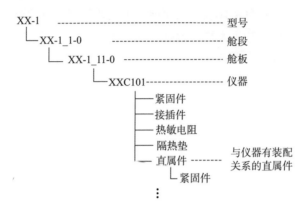

图 3-6　基于物理结构的典型产品结构

上述问题可以通过工艺数字样机的多视图管理技术来解决,其主要思路是:以三维设计模型为基础,通过为同一产品对象构建不同的产品结构视图,实现基于同一数据源的产品结构管理、产品属性管理。图 3-7 为多视图管理。

对同一产品对象来说,其不同的产品视图(如正样、结构热控、电性等)可以有相同的产品模型和静态属性,同时可以有不同的产品结构、不同的产品动态属性,从而满足不同研制阶段和批量生产对设计数据复用的需求。

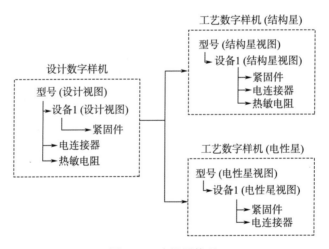

图 3-7　多视图管理

3.3.3　工艺数字样机产品属性

数字样机管理的产品信息一般包括几何信息、属性信息、注释信息、材料信息、设计要求信息、工艺要求信息和三维标注信息。其中几何信息、注释信息和三维标注信息可以通过三维模型表达,其他信息则可以通过产品属性管理实现传递。产品属性管理一般包括静态属性管理和动态属性管理,分别用于实现静态属性和动态属性的管理、传递。

产品的静态属性是针对不同的业务需求面向不同类型的产品而定义的,航天器总装产品的静态属性是指在航天器总装过程不发生变化的属性信息,例如名称、代号、材料、研制单位、所属舱段等。产品的静态属性存储在产品对象对应的属性表格（Form）中，继承自产品的设计属性，或是各数字样机相同且随着航天器总装不发生变化的结构化属性信息。

航天器总装产品的动态属性是与静态属性相对而言的，是随着航天器总装发生变化的属性信息，如涂胶要求等设计要求信息、保护件安装要求等工艺信息。产品的动态属性，保存随着航天器研制可能发生变化的结构化属性信息，或为各数字样机不同的结构化属性信息。

对于航天器总装来说，实现产品属性的静态和动态管理，前提是从航天器总装业务实际出发，在对航天器产品进行分类的基础上，梳理、总结各类产品的共性属性，分别作为静态属性和动态属性统一管理。

众所周知，产品类型分类与产品属性定义是密不可分的，甚至产品分类就是通过产品属性定义来实现的。经调研、分析，在航天器 AIT 研制中，可以将 AIT 产品分为 24 类，如表 3－1 所示。需要说明的是，该分类方法尚处于探索、完善阶段，需要随着航天器数字化研制的深入不断进行修正。同时，该分类涵盖了各平台的产品，其中一些产品为平台独有的，本文针对各平台共性产品进行讨论，如仪器、直属件、电缆、热控产品和通用物料等。

表 3－1　总装产品分类

序号	类别	序号	类别
1	仪器	2	直属件
3	电缆	4	管路
5	接地组件	6	紧固件
7	电连接器	8	加热回路
9	加热片	10	热敏电阻
11	热电偶	12	热控多层
13	隔热垫	14	绝缘膜
15	管接头	16	管阀件
17	管通件	18	设备附件
19	热控泡沫与阻燃布	20	软管
21	内装饰	22	舱体结构
23	通风系统	24	外热流

在完成 AIT 产品分类的基础上，根据总装业务特点定义了产品属性模板。该模板中共定义了 181 项属性，从而实现了技术要求等非结构化文本信息的结构化处理。

3.3.4　工艺数字样机可视化展示

工艺数字样机中的产品模型包括两种格式，即设计源模型和设计轻量化模型。前者是以 Pro/E 等 CAD 建模工具构建的三维模型，该类型的整星模型大小可达 4GB，相应地对计算机和网络等硬件资源要求较高，不适于直接用于现场生产。后者则是通过格式转换，在不丢失业务信息的情况下降低三维模型的大小，降低对计算机和网络等硬件资源要求，从而服务于现场生产，同时为在移动终端中开展应用打下基础。

产品类型是 BOM 可视化处理的基础，根据航天器装配集成需求，本书将航天器产品简化成以仪器、电缆、管路、加热回路、直属件、舱板和热控多层等七类对象为主（称为产品主对象），而其他产品对象为附属（称为附属产品对象）的产品。

类型匹配准则是按照航天器装配集成业务需求，通过定义主对象与附属对象间的匹配规则，实现 APBOM 按照业务需求进行展示；装配约束准则是在类型匹配的基础上，通过识别设计建模过程中定义的装配约束实现装配关系识别；几何关系准则是在类型匹配的基础上，识别产品间几何距离实现产品装配关系匹配。

（1）产品类型匹配准则

产品类型匹配准则是以产品类型定义、产品主对象和附属对象为核心，直接体现了业务需求。航天器装配集成产品类型匹配准则如表 3-2 所示。

表 3-2 航天器装配集成产品类型匹配准则

产品主对象	匹配产品类型
仪器	隔热垫、绝缘膜、接地组件、紧固件、电连接器、直属件、热敏电阻、热控多层、热电偶、设备附件
电缆	电连接器、直属件、热敏电阻、热电偶
管路	管通件、管阀件、直属件、热敏电阻、加热回路、加热片、热控多层、热电偶、通风系统、热控泡沫与阻燃布、软管和管接头
加热回路	绝缘膜、电连接器、加热片、外热流
直属件	绝缘膜、接地组件、紧固件、热敏电阻、加热回路、热电偶、外热流、设备附件
舱板	接地组件、紧固件、直属件、热敏电阻、加热回路、热控多层、热电偶
热控多层	接地组件、热敏电阻、热电偶、外热流

实际应用时，产品类型准则需要与其他两个准则共同使用，即先应用装配约束准则和几何关系准则确定从 EBOM 中可能与所需构建的 APBOM 节点有装配关系的产品范围，再通过表 3-2 判断产品类型是否匹配即可。

（2）装配约束准则

本书所述装配约束准则是基于 Pro/E 软件的装配约束，即利用设计人员通过 Pro/E 进行参数化建模过程中形成的装配约束进行识别的准则，一般适用于机械产品 PBOM 的构建，如图 3-8 所示。

设计人员在进行如图 3-8 所示的产品 A、产品 B、产品 C 三维设计时，一般先进行产品 A 建模，然后以产品 A 的相应配合面 BA、CA 为基准进行产品 B、产品 C 的三维设计，从而在 Pro/E 中记录了三者间的装配约束。

利用装配约束准则构建 PBOM 的一般流程如下：

1）遍历整星 EBOM，获取整星三维设计模型的产品结构；

2）确认产品 A 为符合条件的产品主对象；

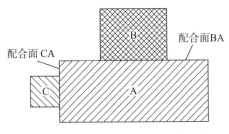

图 3 - 8　基于 Pro/E 的装配约束示意

3）建立产品 A 对应的 APBOM 节点（如 A＿PBOM. asm），且该节点继承设计模型中产品 A 的基本属性、产品属性、坐标等；

4）分析、识别与产品 A 有装配约束关系的所有产品 B、产品 C。若产品 B 与产品 A 满足产品类型匹配准则，则同样固定产品 B 的模型，并将之装配为 A＿PBOM 的子节点。同样产品 C 也采取类似处理，直至所有产品处理完毕。

受设计部门专业分工与协同的影响，该准则一般适用于机械产品间装配关系的识别。对于使用参考骨架模型进行装配的热控专业模型，由于热控产品（如热敏电阻）与对应产品（如仪器）是通过仪器等的骨架模型进行装配，导致二者间没有建立装配约束，则上述准则失效，需通过几何关系准则确定。

（3）几何关系准则

几何关系准则是用于处理通过骨架模型建立的产品模型（如前述热控产品）与产品主对象的装配关系，如图 3 - 9 所示。

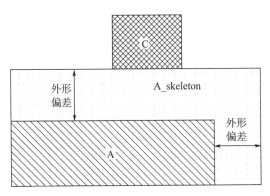

图 3 - 9　基于骨架的装配关系

图中 A＿skeleton 为产品 A 的骨架模型，一般为产品 A 的收缩包络模型。如图 3 - 9 所示，热控产品 C 实际建立了与 A＿skeleton 的装配关系，从而间接建立了与产品 A 的装配关系。在构建 PBOM 时需要解决如下两个问题：

1）虽然 A＿skeleton 由产品 A 模型通过收缩包络处理而来，但是由于实际产品外形复杂以及 Pro/E 软件或者设计人员软件使用水平等因素影响，A＿skeleton 的外形尺寸不能保证与产品 A 保持一致；

2）由于产品 C 并未直接建立与产品 A 的装配关系，则不能应用装配约束准则进行处理。

为解决上述问题，可以通过几何关系准则按照如下流程进行处理：

1）虽然骨架模型 A_skeleton 无法保证与产品 A 的外形尺寸一致，但经过统计分析，航天器产品模型的骨架模型与实际产品外形尺寸相差较小，可以设定一个允许误差值，只要其他产品（如产品 C）与产品 A 的法向距离在该误差范围内，即可将其作为待确认装配关系的对象；

2）对卫星等航天器来说，由于只有热控产品存在上述问题，则在步骤 1）的基础上判断产品 C 的产品类型是否为热控类（如热敏电阻、热电偶、加热回路或者加热片等），若是则判定其为产品 A 的附属产品对象。

（4）标准件可视化处理

紧固件、管路密封圈等标准件进行处理时，一般需要通过读取产品对应数据库信息，获取产品的标准件信息，然后从标准件库中选取对应的标准件模型，然后一方面在 APBOM 中相应位置构建对应的标准件，另一方面需要将标准件模型装配至对应孔位。处理过程如图 3-10 所示。

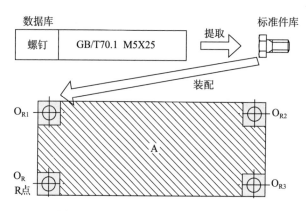

图 3-10　标准件可视化处理流程示意

以紧固件为例，其具体处理流程为：

1）从设计数据库中获取产品 A 的 R1 孔位紧固信息，并从标准件库中提取对应的模型；

2）在产品 A 的 PBOM 中添加螺钉，其命名规则为"标准号＋规格"，其中的特殊字符以"_"代替；

3）获取产品 A 的 R 点基准坐标，计算其他孔位相对于 R 点的位置，从而得到其他孔位的坐标 O_{R1} 等；

4）通过孔位坐标将螺钉模型装配至相应孔位。

3.3.5　更改控制

与传统设计更改形式一致，三维设计数据更改包括更改单（三维模型和技术文件）、技术通知单和现场技术问题处理单三类。设计更改数据类型一般包括零部件模型更改、零部件增加或减少、零部件属性更改和装配关系更改。由于工艺数字样机可能存在多视图，对于不同类型的更改数据需要进行甄别后进行相应处理。工艺数字样机更改方案和更改流程如图 3-11 和图 3-12 所示。

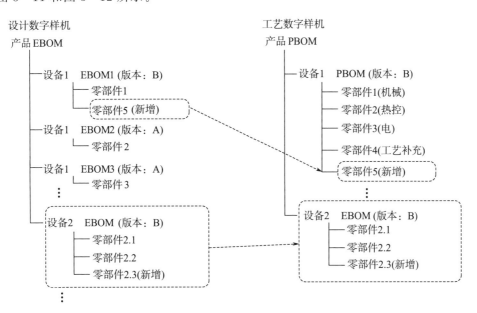

图 3-11　工艺数字样机更改方案

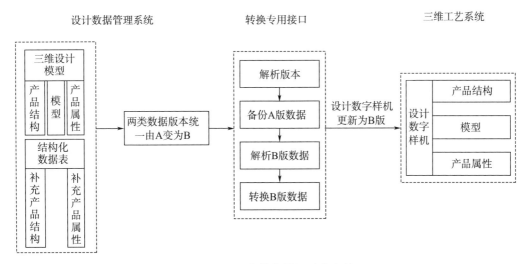

图 3-12　工艺数字样机更改流程

1）对于零部件模型更改：由于同一产品对象的不同视图具有相同的设计模型（包括源模型和轻量化模型），可以通过设计模型的更新实现所有产品视图的更改；

2）对于零部件增加或减少的更改：由于各产品视图的独立性，需要对不同的产品视图分别进行修改；

3）对于产品属性的更改：对于产品静态属性，可以通过设计数据更新实现同一更改，而对于产品动态属性，则需要分别对各产品视图进行更改。

3.4　三维结构化工艺设计及应用

三维结构化工艺设计平台是工艺文件（含正式工艺、临时工艺、工艺更改、工艺划改）编制、管理的唯一的、可视化的工作平台。其输入是：工艺数字样机，总装设计人员编制的总装技术流程，总装工艺人员编制的工艺总方案、总装工艺流程，总装设计人员发起的设计更改、检验人员发起的技术问题处理单、总装工艺人员自身发起的工艺细化。横向支持是工装数据库，输出是正式工艺、临时工艺以及工艺的更改信息。

工艺文件包括封面、工艺说明、工艺路线、工序目录和工序卡片，工艺文件管理（包括签署、受控、发布、更改或换版）的颗粒度可以是整本工艺，也可以是某一工序卡片。

三维工艺卡片包括五个要素，一是结构化工装工具资源清单，二是结构化物料配套清单，三是总装操作过程描述，四是多媒体指导文件（包括静态图片、动态 OLE 对象、视频文件），五是技术状态跟踪记录表。

3.4.1　基于 SOP 模块组配的总装工艺快速设计

基于标准作业程序（Standard Operation Procedure，SOP）模块组配的总装工艺快速设计的技术路线如图 3 - 13 所示。基本思路是以工艺数字样机为数据源开展工艺快速规划、仿真分析、物料配套，并通过产品关键词快速引用 SOP 知识库，通过 SOP 模块的快速组配实现工艺文件快速组织，然后以结构化的执行记录为纽带建立工艺数字样机—工艺文件—总装实施间的关联关系，再为工艺文件添加仿真视频、图片等多媒体附件，最后形成完整的三维工艺文件发放到现场。

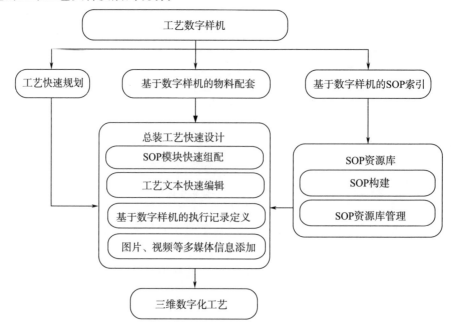

图 3 - 13　基于 SOP 的总装工艺快速设计的技术路线

3.4.2 工艺快速规划

由于在工艺数字样机中包含了设计模型、设计技术要求（产品属性）等数据，工艺人员可以利用这两类数据开展工艺仿真，同时基于仿真结果快速构建总装技术流程，结合工艺数字样机产品结构快速规划工艺组册，并制定相应的工艺路线。

在工艺初步规划阶段，工艺人员以工艺数字样机为输入，通过航天器整体布局、航天器总装技术要求等信息，结合航天器研制总体流程进行总装工艺流程初步设计、工装初步设计、关键操作及排故预案等初步工艺规划。

工艺初步规划完成后即可利用工艺数字样机中三维模型开展总装全流程仿真验证工作。一方面研制总装流程合理性和总装操作方案可行性，另一方面发现工艺初步规划中的不足之处，如操作方案可视性、可达性以及工装设计方案的可行性等。图 3 - 14 为工艺快速规划技术方案。

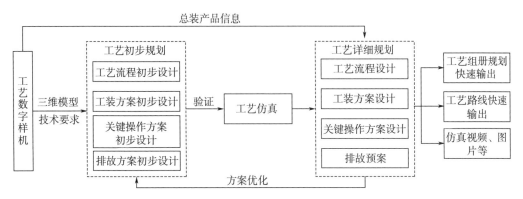

图 3 - 14 工艺快速规划技术方案

在工艺详细规划阶段，以经过验证的工艺仿真结果为输入，进行工艺流程详细设计、工装方案详细设计、关键操作方案详细设计及排故预案设计等，同时结合工艺数字样机中的产品信息，实现工艺组册规划快速输出和工艺路线快速输出，并将仿真过程中形成的仿真视频、图片等作为工艺文件的多媒体附件，指导总装现场生产。图 3 - 15 为工艺快速规划系统流程。

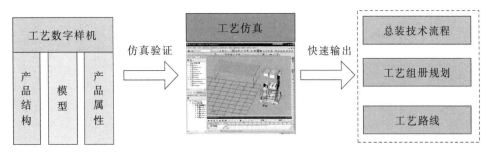

图 3 - 15 工艺快速规划系统流程

上述工艺规划过程，具有可视化、关联化、验证化的特点，同时由于经过仿真验证而使得工艺规划方案具有很强的可实施性和可靠性。

3.4.3 总装知识库构建

卫星等航天器总装操作一般可以分为机械操作、电子装联及热控实施等类型。SOP 体系构建的过程就是在对航天器总装操作总结、归纳、提炼的基础上，通过大量试验或测试获取总装操作的关键参数，对航天器总装操作过程进行规范化、标准化、参数化处理，从而形成一系列标准作业文件（见图 3-16）。

以航天器电子装联为例，其构建思路如下：

1）梳理、归纳总装电子装联操作类型，包括导线与导线焊连、导线-加热带焊连、导线-热敏电阻焊连、导线-插针（孔）焊连、导线-端子压接、导线-端子连接、电连接器制作和电连接器插拔等；

2）以导线与导线焊连类为例，由于导线规格的不同，其焊连的操作参数（如温度等）也有所不同，因此首先梳理总装涉及的所有导线规格，并按照不同的组合制定一份标准作业规范；

3）针对某一种导线焊连组合设定导线焊连判别准则（如能承受的最大拉力），按照不同的操作参数（如温度）进行焊连试验、测试，获取不同操作参数或方法下导线焊连效果，经综合评估后确定其操作参数和方法，从而制定出该种导线组合焊连的标准作业规范。

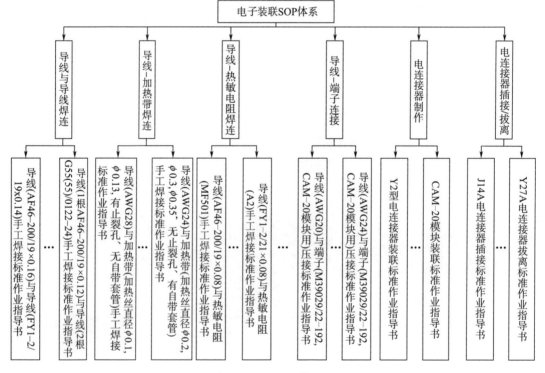

图 3-16 SOP 体系

3.4.4　工艺快速设计

（1）基于 SOP 的工艺设计

基于 SOP 模块组配的总装工艺快速设计是通过引用工艺数字样机和 SOP 资源库，提高总装工艺文件编制效率。在进行工艺文件设计时，以总装工艺数字样机为输入，根据数字样机中的产品类型和参数（如 MF501 热敏电阻的引线焊连和粘贴），从 SOP 知识库中自动匹配符合条件的 SOP，形成包括物料配套、质量记录要求、工艺内容和资源配套的工艺模块；工艺人员再根据工艺路线将工艺模块放入工艺文件中的不同位置，即可生成工艺文件。在大幅提升工艺设计效率的同时，确保工艺文件的规范性和一致性。

总装工艺文件快速生成具体过程如图 3-17 所示。

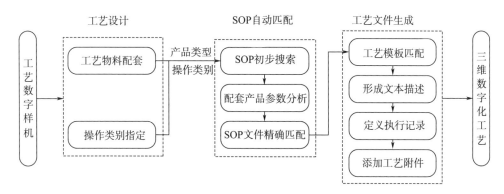

图 3-17　参数化驱动的总装工艺快速设计方案

通过 SOP 构建技术研究，建立航天器总装 SOP 资源库，提高工艺文件指导性，并同步提高工艺文件的规范性和一致性，为工艺文件高效编制、复用打下基础。

开展工艺文件-工艺数字样机关联技术研究，实现在进行工艺配套时，以工艺数字样机为输入，直接引用工艺数字样机的产品对象作为工艺的配套，如图 3-18 中的均衡管理器、紧固件和热敏电阻等。

通过工艺数字样机-SOP 资源库匹配技术研究，在进行工艺描述编辑时，根据工艺数字样机中的产品类型和参数自动匹配相应的 SOP，如图 3-18 中 MF501 型热敏电阻粘贴 SOP，从而提高工艺文件编制效率和指导性。

针对于热敏电阻、电连接器等零件，基于零件产品属性来检索匹配 SOP 知识库中现有的 SOP 数据，实现快捷引用该 SOP 到工序。

在三维结构化工艺时，用户选择一道工序下的零件，由系统自动搜索相匹配的 SOP 文件。

首先，根据当前所选零件的零件类型，提取对应的产品属性字段，在后台检索 SOP 知识库中的对象，通过与 SOP 数据的关键字进行匹配，获取唯一的 SOP 数据。

此时要考虑相同的产品属性值在 SOP 知识库中对应多个 SOP 对象的情况，例如相同类型的电联机器 SOP 文档存在"插接"和"拔离"这两种操作类型。针对这种情况，程序弹出选择对话框供用户选择，以确定最终引用的是哪一本 SOP 文档。

然后根据操作类别确定唯一的 SOP 对象。

获取到 SOP 数据后，自动在该工序的最后面插入包含该 SOP 对象文本字段的一行操作步骤，并关联 SOP 数据到该工序中。

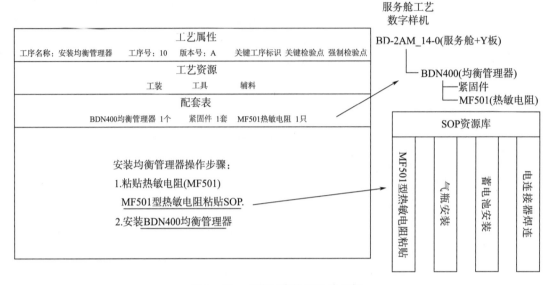

图 3-18　总装工艺快速设计示例

（2）基于执行记录的关联关系构建

执行记录的定义是三维工艺与二维工艺的本质区别。执行记录包含了三部分信息，即主对象、工艺要求和现场执行参数。主对象信息来源于工艺数字样机，工艺要求信息（如接地阻值）是工艺人员根据总装需要在工艺中定义的技术要求，而现场实施参数是待现场执行完毕后记录的实做参数，同时由于执行记录是在工艺文件中定义的，从而通过执行记录建立了工艺数字样机—工艺文件—现场执行参数间的关联关系，也为整星实做数据包的生成奠定了基础。图 3-19 为基于执行记录的关联关系。

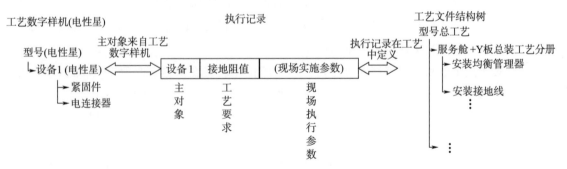

图 3-19　基于执行记录的关联关系

（3）工艺更改

在三维工艺设计中，每个工艺分册、每道工序、每个子工序均赋予了对应的版本，也就是说三维工艺的更改是通过版本进行控制的。三维工艺更改形式分为工艺划改和编制临时工艺。一般情况下，前者适用于现场操作未执行且未签署，后者适用于现场操作已执行完毕且已签署。

工艺划改时，由于三维工艺系统与 MES 系统实现了双向集成，为防止工艺更改时现场操作人员误签署，首先由工艺人员通过双向集成接口查询现场签署状态，若已签署则更改不能执行，需要重新编制临时工艺对总装状态进行更改，现场操作人员按照临时工艺要求重新执行。若现场未执行、未签署，则由系统集成接口将 MES 系统中对应工序锁定，防止现场操作人员误操作、误签署，然后由工艺人员在工艺系统中执行划改操作，完毕后进行发放，发放成功后 MES 系统中对应工序按照新要求更新且解除锁定。

工艺更改的具体流程如图 3-20 所示。

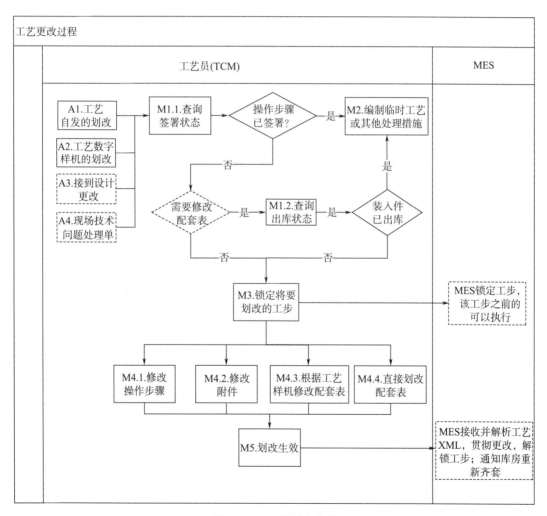

图 3-20　工艺更改流程

3.5　总装现场应用

　　三维工艺在总装现场的应用是以总装工艺数据信息和总装生产计划为输入，以工作流为驱动，对航天器总装生产过程的主要业务行为进行有效管控，是航天器总装生产管理的核心支持手段，其覆盖了总装生产过程中的工艺技术准备、生产计划、物料配套、总装实施、产品检验、产品交付等业务阶段。

　　与二维工艺相比，三维工艺中除了物料信息、工艺要求信息外，还包括了设计信息（如三维模型）和多媒体信息（如关键过程仿真视频、说明图片）。此外，三维工艺中作业单元更加精细（由工序细化到了子工步），同时结合结构化的物料信息，使得基于三维工艺的总装实施过程更加柔性化、精细化，不仅有利于生产过程管理，还有利于生产过程中的质量管控及数据分析。其总体思路如图 3-21 所示。

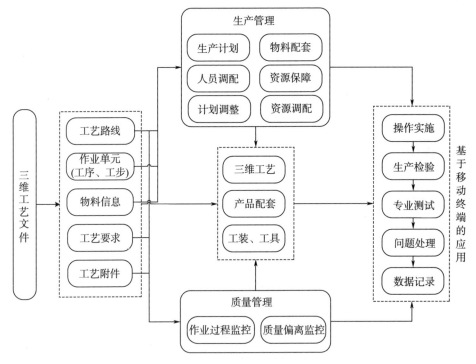

图 3-21　基于三维工艺的总装实施

3.5.1　基于三维工艺的总装实施

　　在基于三维数字化工艺的生产组织方面，采取基于工艺模块的总装实施任务流程柔性编排与可视化定义，根据总装现场的实际情况，动态、可视化地调整生产计划，建立覆盖正式工艺、临时工艺的总装全过程实施流程，作为各类人员开展相关工作的引擎。

　　总装实施系统包括系统配置管理、生产计划管理、执行看板、检验看板、物料库房管

理、质量管理、工艺管理、生产监视看板、集成接口管理等功能，其总体流程如图 3 - 22
所示。

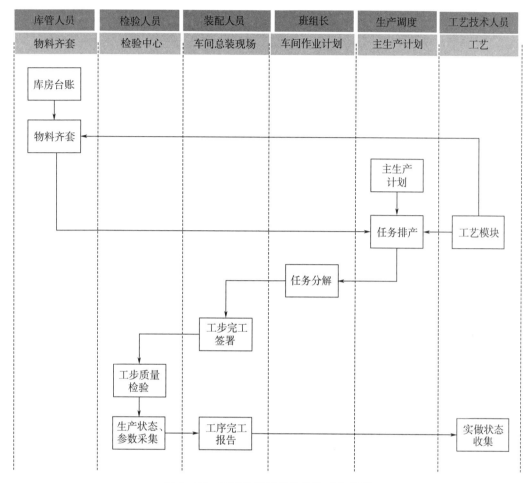

图 3 - 22　基于三维工艺的总装工作流程

现场实施更改控制是与工艺更改控制同步进行的，对于更改中的工序（如正在进行划
改的工序），由于 MES 系统已将相关工序锁定，则现场无需执行，待工艺更改下发且
MES 解锁后，才进行相关更改操作。

对于临时工艺，由于其在管理上等同于正式工艺分册，可以按照临时工艺要求执行相
关更改操作。

综上，基于三维工艺的总装应用过程如下（正常流程）：

以三维工艺下发为起点，库房管理人员依据工艺配套表开始物料齐套、发放。

调度人员依据生产计划下发以模块工艺为基础的生产任务，并根据实际情况进行动态
调整。

针对货运飞船等密封舱体总装需求，班组收到生产任务后，通过查看移动终端中的三
维工艺，以模块工艺为基本实施单元开始总装实施、检验等，并在完工前记录生产状态和

参数（如照片、测力记录、阻值及打保险情况等）；图 3-23 为航天器总装现场应用大屏幕查看三维模型情况。

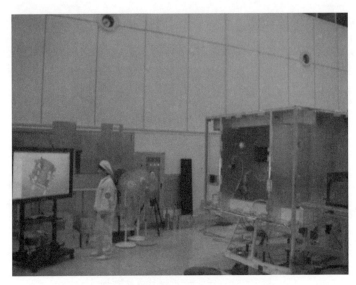

图 3-23　总装现场应用场景（大屏幕）

执行完毕后操作、检验人员通过在线 MES 系统，在相关工序中签署、记录，包括填写执行记录中需要现场反馈的执行参数，如接地阻值等，签署完毕后系统自动将包含签署记录和执行参数的工艺文件，通过双向集成接口反馈给三维工艺系统，作为整星实做数据包的数据源。

对于移动终端中的签署记录和执行参数，先将相关数据采集到在线 MES 系统中，再由 MES 系统统一反馈至三维工艺系统。

此外，工艺设计信息（工艺文件）、航天器数字样机（工艺数字样机）和总装执行的关联化与展示，也依赖于工艺设计信息的结构化为手段来实现。工艺设计信息结构化是指总装工艺设计要求的结构化处理和现场执行结果获取方式的结构化。在工艺文件结构树与航天器数字样机关联展示的基础上，完成总装状态信息结构化处理和产品属性结构化处理，同时实现物料、工装、工具配套的结构化。

航天器总装状态信息一般包括紧固件状态、直属件状态、热电偶状态、管路状态、加热片（回路）状态、热敏电阻状态、设备状态、电缆状态、电连接器状态 9 大类，每一大类状态属性包括与其相关的一些细分属性，可划分为开关类、数值类和枚举类 3 种计算机数值类型，各类状态信息需采取不同处理措施。

物料、工装、工具配套的结构化是实现工艺设计信息结构化的关键。物料、工装和工具配套由于其不同的产品特点和总装工作需求，应采取不同的处理方式：物料配套的实质是将执行对象或目标在工艺文件中以特殊表格的方式与产品实物对应起来，并通过库房管理模块将其实物化。需要特别说明的是，物料配套的对象（除辅料外）一般来自于工艺数字样机，所以物料配套过程与产品结构和工艺文件均有天然的关联关系。因此，物料配套结构化的本质是将工艺文件配套表与工艺数字样机建立关联关系。工装、工具等的来源一般是资源库而不是工艺数字样机，其配套仅与工艺文件有关而与工艺数字样机无关。因此，工装、工具的结构化配套可以通过在资源库完成结构化处理（如定义其产品名称、产品代号等），并在工艺文件中进行表格化处理即可。

在完成总装状态信息结构化处理和产品属性结构化处理的基础上，同时利用物料配套结构化及已经实现的工艺文件结构树与航天器数字样机的关联化，可以通过添加一系列包含结构化总装状态信息的状态参数，以工艺数字样机中的产品属性为依据，利用物料配套的装入件或工序（工步）中定义的参考件作为状态参数的主对象，从而实现工艺数字样机产品对象及其属性与总装状态要求信息的关联，并通过系统接口将之传递给现场制造执行系统，最终实现工艺设计信息（工艺文件）、航天器数字样机（工艺数字样机）和总装执行的关联化与展示。

在现有的总装生产管理系统的基础上，通过对三维展示的模块的开发和应用，将经过审签的三维工艺从 PDM 中导入到生产管理系统中，实现总装生产现场人际交互式浏览、虚拟场景的漫游等功能，从而提升工艺文件的指导性。同时，通过总装实施进度信息与航天器产品三维模型之间的数据关联，实现生产过程进度的三维监控和动态展示，充分发挥三维实体的直观性、立体化的优势，提升总装实施的质量。

具体的工艺信息展示包括：

（1）产品装配结构树及零件模型

产品设计人员在设计过程中，主要考虑的是产品的功能需求，将产品的各组成部分利用约束配合等方法组成一个完整的装配体，实现产品的功能。而在实际产品生产装配时，装配工艺设计人员需要将装配体划分成一个个小的装配单元，将处于同一个装配单元的零部件调整成为一个装配组件，最后再将各个组件装配成为完整的装配体，这就存在产品设计结构和装配结构不统一的问题，需要工艺设计人员手动调整。

（2）装配资源及其模型

产品设计阶段，需要根据装配产品的特点，设计相应的工装夹具、仪器设备等装配资源，并且考虑设计的零部件对于温度、装配环境、操作方法等要求，制定完善的技术文档。装配工艺设计人员根据装配技术要求，在装配的各个阶段，需要准备相应的辅助材料等。这些信息也将在集成展示系统中体现，以提醒装配工人在装配前检查相应的装配资源是否到位。在工艺设计系统中建有装配资源数据库，包含工装工具、仪器设备、辅助材料等，供设计人员选用，并与装配工步关联。装配资源与装配零件类似，对应相应的三维可交互模型，其生成和存储过程类似零件模型，此处不再赘述。

（3）工序目录及仿真动画

工序目录展示装配过程的工艺路线，详细指导工人装配的流程，是现有工艺文档流程的电子化展示，而装配工艺的仿真动画演示提供每个工序装配过程的视频。装配工艺设计人员调节零部件装配结构后，制定装配工艺路线，在装配系统中对产品进行人机交互式装配序列规划以及装配路径规划，最后将规划结果按规定格式导出。

（4）工艺详细信息

总体工艺设计师根据产品的结构特点，通过虚拟装配过程仿真与验证系统对产品进行初步的装配工艺规划。规划完成后，获得初步装配结构和装配工艺结构信息。进而将这些信息分配给各具体的工艺员。工艺员在工艺详细设计软件中对工艺进行详细设计。

工艺详细设计软件包含工艺编辑、工艺校对、工艺发布等设计流程。工艺处理软件接收初步工艺数据信息，通过增删工序工步、调整装配顺序等操作完善装配工艺过程。装配工艺设计人员结合装配过程动画、装配技术要求、装配图纸等，根据三种不同的工艺节点属性页进行编辑，填写各节点的具体属性和内容，编写详细的工艺信息。工艺处理软件提供产品结构树、装配资源列表、辅助材料列表等，用户可以通过拖拽的方式为工序工步配置零部件、仪器设备、辅助材料等信息。

工艺节点：工艺节点包含一个工艺的整体信息，包括装配工艺规程名称、工艺规程代号、编制单位、对应装配部套的名称，以及工艺在签审流程中各个环节的负责人签字信息和时间信息。一个工艺由多个工序工步组成。

工序节点：装配工序是装配过程中的一个特定步骤，工序节点主要包含工序名称、工序代码、工序装配任务、其他技术信息等。集成展示系统中，工序还需要与装配动画和工序图关联。实际装配工艺规程中不只包含装配过程，还包括装配准备、装配要求说明、装配检验等步骤。这些步骤主要是文字说明，而不需要对应装配视频和装配零件。在集成展示系统中，这些也按工序来处理，保证了三维装配工艺的完备性。

工步节点：工步是装配的最小组成单元，工步节点主要包含工步名称、工步代码、工步装配任务等信息。此外，与装配工步关联的还有在该工步用到的仪器设备、工装夹具、辅助材料等资源信息，以及该工步所需装配的所有零部件的列表信息，方便装配工人选用。

工艺设计人员填写完整的装配工艺数据，配套相应的零部件模型、动画和图片。经过相关人员审阅校对修改无误后，生成三维工艺并发布。同时，将装配工艺相关的所有数据保存到 Oracle 数据库中，提供给集成展示系统使用。

（5）装配现场数据

实际装配现场装配过程中需要记录很多数据，需要填写的主要有执行记录和检验结果，并且相关责任人员需要签名，便于后续检查和责任到人。对于一般装配过程，装配工人完成一步装配操作后，需填写执行记录结果（若工艺要求），并签写自己的名字，检验员对其装配结果进行检验，确认完成后签字。一个部分装配完成后，有专门的检验和测试环节，需要检验人员根据装配检测要求，对装配体进行尺寸测量和运行测试，将测试结果填写到装配检测结果栏并签字。这样在装配完成后可以清晰地看到每一步操作和检测的完成情况和负责人信息，图 3-24 为签署记录示例。

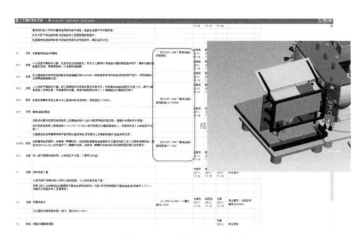

图 3 - 24　签署记录示例

3.5.2　基于移动终端的总装实施

数据交换是基于手持终端的总装过程数据采集方案需要首先解决的问题。本项目通过添加一套数据中转系统的方式实现，即通过数据中转系统实现在线 MES 系统数据与离线 MES 系统数据的交换，如工艺文件、模型以及生产数据。在利用手持终端进行总装实施过程中，可以通过开发专用于手持终端的离线 MES 系统，具备离线查看工艺、三维模型及其他信息，并在总装实施完毕后可以进行签署、拍照等。如果总装过程中发生技术问题，则需在网络环境下的在线 MES 系统中填写技术问题处理单，工艺人员根据技术处理单要求编制临时工艺或工艺划改，然后将临时工艺和工艺划改等工艺更改数据再次经过数据中转系统导入至手持终端中，操作人员依据新的工艺进行总装实施、签署等。总装实施完毕后，在手持终端中进行签署，然后通过在线 MES 系统和离线 MES 系统间的生产数据采集接口将手持终端中的生产数据采集到数据中心，供各岗位人员使用。基于手持终端的应用方案见图 3 - 25。

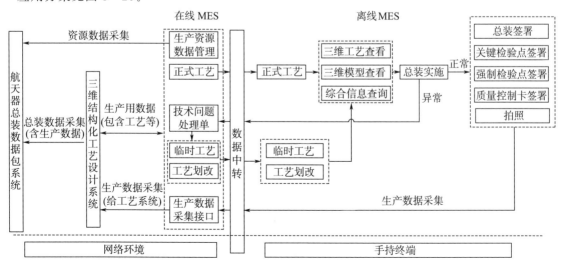

图 3 - 25　基于手持终端的总装实施方案

使用时，从工艺系统里读取工艺分册信息（包括工艺结构、三维模型、执行记录、工步内容、子工步内容、装入件、工装工具、辅料等信息），在综合查询画面里对工艺分册信息进行展现，并提供工艺查看、签署与拍照记录等操作。

3.5.3　技术问题处理

总装现场技术问题处理方式一般包括工艺划改、办理技术问题处理单、编制临时工艺等。其中技术问题处理单是在 MES 系统中在线发起的，其签署需在 MES 系统中在线完成。

对于工艺划改和临时工艺两种形式，其处理流程如下：

1）在工艺系统中划改工艺或编制临时工艺，审批后向 MES 系统在线发放；

2）利用导入/导出流程，将更改后的工艺或临时工艺与手持终端中工艺文件进行同步；

3）操作人员按照手持终端中更新后的工艺文件进行操作、记录。

对于技术问题处理单，其处理流程如下：

1）设计人员在 MES 系统中在线填写技术问题处理单；

2）工艺人员根据处理单内容判断是否需要编写临时工艺或划改工艺，若需要则在临时工艺编制或划改工艺后，按照工艺划改和临时工艺处理流程进行，否则不需要处理。

3.6　基于生产状态的整星总装数据包构建

目前，型号产品总装过程涉及的各种数据和记录分散在不同的系统中。每个系统仅针对自身的信息产生过程和具体业务过程进行支持，难以从产品数据总体的角度，进行数据的归集、汇总、处理和输出，从而难以从整体角度对产品技术状态和质量状态进行有效监控、分析。

另外，各类总装过程记录没有形成一个完整的产品数据链路，难以支持数据的快速查询、定位、跟踪和追溯。在发生质量问题时，难以快速进行问题范围的锁定和原因分析，给问题归零带来难度。从过程记录的数据使用角度来说，工艺人员需要形成一个技术总结报告，需要反复登录多个系统，在多种记录信息中进行查询、记录、比对、提取，工作量大，而且容易出现错误。

总装工艺对数据包系统的需求有其自身的特殊性。工艺师在工艺规划、工艺设计、技术状态控制等典型工作过程中，常常需要对特定产品状态或工艺参数进行频繁查询、追溯，这些状态往往属于宏观数据中心所无需也无暇关心的内容。因此，客观上也需要数据包系统对工艺师工作实现良好的支持。

因此，有必要建立航天器总装产品数据包系统，通过对总装全过程记录的收集、处理和展示，高效地实现产品数据查询、分析利用和定格式输出的需求，为型号产品的总体技术状态管理和过程质量监控分析提供数据和平台支持。

在三维总装模式下，整星总装数据包是由实做数字样机来实现的，且与工艺数字样机一致，包括产品结构、模型和产品属性信息，只是实做数字样机描述整星实际生产状态和数据，因此实做数字样机的组成要素包括实做产品结构、实做模型和实做记录三部分。

实做产品结构与工艺数字样机的产品结构具有相同的产品组成和"父子"关系，但同时也展示了现场实际总装状态。如图 3-26 所示，设备 1 已安装而设备 2、设备 3 未安装或已拆除。

实做模型继承自工艺数字样机的模型，但是展示时体现了产品的总装状态（已安装/未安装），且该状态与实做产品结构的总装状态一致。

实做记录包含了三维工艺中执行记录所有已执行的数据，包括产品安装状态、产品实际编号/批号、实测接地阻值、热控实施状态、测力值和照片等。

实做数字样机与工艺数字样机的关系如图 3-26 所示。

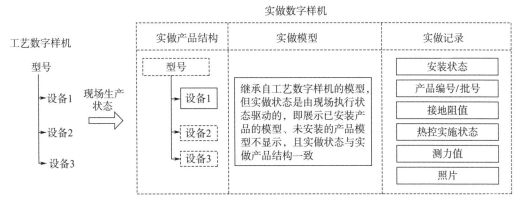

图 3-26　实做数字样机与工艺数字样机关系

综上可知，整星总装实做样机是指根据以实际装配到星上的物料的小编号或批次号为唯一标示、挂接有相应数据记录（如拆装记录、测力记录等）、按整星物理产品结构组织的综合性数据包，且其母体来源于总装工艺数字样机。同时，由于已在工艺文件编制阶段通过工艺模块建立了工艺数字样机—工艺文件—技术状态记录之间的关联，当形成实做样机时，可以工艺数字样机为母体构建实做数字样机结构，从而建立工艺数字样机—工艺文件—实做样机之间的关联关系。

实做数字样机构建技术研究初步思路如图 3-27 所示，具体步骤如下：

1）以工艺数字样机为基础，构建出实做数字样机基本结构；

2）在现场执行总装操作时，通过 MES 系统在线和移动终端离线收集现场执行状态，包括签字信息、实际产品编号、照片、测力值、接地阻值、热控状态及打保险状态等；

3）在操作执行完毕并完成记录后，通过开发的软件工具读取移动终端中的实做状态，或者利用网络客户端在线采集实做状态，并根据实做状态构建实做数字样机，形成相应的实做记录；

　　4）在应用总装数据包时，可以实现实做状态实时查询，并实现基于关联关系的反向查询。

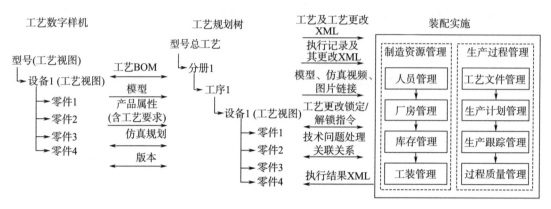

图 3-27　实做数字样机构建方案

3.7　小结

　　面向航天器总装的全生命周期，通过对三维设计数据的接收与整理形成了总装工艺设计统一数据源（即总装工艺数字样机），以其为输入开展了三维总装工艺路线规划、结构化总装工艺设计与仿真，实现了基于结构化执行记录的总装技术状态控制，以结构化工作流实现了总装实施、管理的柔性化、精细化，同时通过实时收集总装实施状态，生成了整星总装电子数据包。基于该研究形成的软件系统已在导航平台、遥感平台、通信平台、载人平台等总装过程得到应用，显著提升航天器总装工作的效率和质量，相关成果可推广至其他装备的总体装配与集成工作中。

参 考 文 献

［1］ 范玉青，梅中义，陶剑．大型飞机数字化制造工程［M］．北京：中航出版传媒有限责任公司，2011．

［2］ LIU M，LAI J，SHEN W M. A method for transformation of engineering bill of materials to maintenance bill of materials［J］. Robotics and Computer Integrated Manufacturing：An International Journal of Manufacturing and Product and Process Development，2014，30（4）．

［3］ CHEN Z，REN C，SHAN M Y. Multi-Product of JMI under BOM［J］. International journal of advanced pervasive and ubiquitous computing，2014，6（4）．

［4］ JANG H L，SEUNG H K，KYUNGHO L. Integration of evolutional BOMs for design of ship outfitting equipment［J］. Computer-Aided Design，2012，44（3）．

［5］ GONEN S，MAYA G，YUVAL C. From product documentation to a method prototype and standard times：a new technique for complex manual assembly［J］. International journal of production research，2014，52（1/2）．

［6］ TSAI C K. The construction of a collaborative framework in support of low carbon product design ［J］. Robotics and Computer Integrated Manufacturing：An International Journal of Manufacturing and Product and Process Development，2013，29（4）．

［7］ C. MARTINEZ-OLVERA. An entropy-based approach for assessing a product's BOM blocking effect on a manufacturing process flow［J］. International journal of production research，2012，50（2/4）．

［8］ 王卫国，闫光荣，雷毅．一种新的制造 BOM 存储模型［J］．计算机集成制造系统，2000，16（3）：558-562．

［9］ 刘晓冰，黄学文，马跃，等．面向产品全生命周期的 xBOM 研究［J］．计算机集成制造系统，2002，8（12）：983-987．

［10］ 赵敏．基于 ENOVIA 的产品数据管理研究与实现［R］．西安：西安电子科技大学，2014．

［11］ 龙跃．基于产品 BOM 的多视图应用及实现［R］．成都：成都电子科技大学，2014．

［12］ 李玲，刘敏，吴鸣．基于复合维修物料清单的设备运行状态管理模型［J］．计算机集成制造系统，2016，22（6）：1529-1540．

［13］ 陈廷浩．基于工程图样理解的船舶电气 BOM 生成系统［R］．大连：大连理工大学，2013．

［14］ 彭勇，龚建兴，黄柯棣．面向重用的 BOM 概念模型相似度评估研究［J］．计算机集成制造系统，2011，33（2）：113-118．

第4章 航天器总装工艺技术

4.1 引言

航天器总体装配是从分系统交付系统装配开始至完成产品装配，并将合格航天器交付发射为止的全过程，简称航天器总装。航天器总装应满足总体设计、总装设计以及分系统设计的各项功能和性能指标要求，是航天器研制过程中的重要阶段，也是保障航天器整体性能的最终环节。航天器系统集成装配涉及多个专业、多个系统，主要工作项目包括：管路装配、电缆装配、仪器装配、热控元器件装配、结构装配等，广义上航天器的吊装、转运及运输也属于航天器总体装配范畴。

航天器总体装配工艺的主要特点：

1）高度重视质量及安全。作为航天器研制过程中的最后阶段，"质量第一"和"安全第一"始终是航天器总装的基本要求，一旦出现质量或者安全隐患，其损失将是巨大的。

2）涉及专业多，综合性强。航天总体装配需要满足航天器总体设计、热控设计、推进分系统等各个分系统的设计要求，涉及钳工装配、电装工装配、热控产品制作装配、管路装配、精度测量调整以及特殊产品低重力状态装配等。

3）多型号、小批量生产。由于航天器研制具有周期长、投资大的特点，因而形成了航天器多型号、小批量，甚至单件生产，这给航天器总装工艺设计带来了更大的困难，要求总装工艺不仅要具备通用性，同时具备限定条件下的适应性。

本章重点介绍航天器总装工艺技术方案设计的内容，对航天器推进系统装配、电缆装配、设备装配、热控单元装配、结构装配、机构装配及整星/器总装等典型工艺进行介绍，并详细阐述总装工艺技术在通信卫星、遥感卫星、导航卫星、载人飞船以及深空探测器等典型航天器中的应用情况。

4.2 总装工艺技术方案设计

航天器总体装配工艺涉及多个专业、多个系统以及多个对象，航天器研制初期根据各个分系统需求，开展总装工艺技术方案设计，提出工艺技术难点及解决方案，以确保航天器总装工艺可行性。一般来说，总装工艺技术方案设计主要包括工艺总方案设计、工艺装备总体规划、工艺攻关及试验规划、技术流程设计等，设计过程中还需要考虑协同设计、数字化装配、自动化装配、总装环境控制等问题。

4.2.1　工艺总方案设计

工艺总方案是航天器总体装配的顶层纲领性文件，以确保生产顺利开展为目标，依据设计要求，结合实际生产能力和资源约束，分析产品系统集成装配过程的工艺继承性、装配难点和风险点，制定生产配置模式，以便提前开展保障条件的配置和建设，主要内容一般包括以下几个方面。

1) 产品结构、性能和工艺特点分析；
2) 装配工艺继承性分析；
3) 工艺难点、工艺攻关及保证措施分析；
4) 主要检验、专业测试项目及实施方案分析；
5) 采用新工艺、新设备的项目和实施途径分析；
6) 技术风险点识别与可靠性、安全性分析；
7) 产品工艺质量保证措施，包括工艺审查、技术状态控制、工艺评审、表格化文件、工装管理、工艺文件的管理和归档要求；
8) 产品实现保障分析，包括地面机械支撑设备保证、总装资源规划、总装物资齐套；
9) 与协作单位的协调与工作分工。

4.2.2　工艺装备规划

工艺装备规划是针对工艺总方案中的工艺装备初步配套情况开展的分析和评估工作，主要是航天器的总装技术和计划流程，考虑研制串行和并行的特点，开展工艺装备需求的分析和评估，确保航天器在研制中不出现工艺装备数量不足、装备投产漏项等问题而影响生产研制的进程。主要规划的工艺装备包括产品吊具、停放架车、转运容器、产品翻转设备、专项试验展开设备以及地面专用测试设备等。

以嫦娥三号月球软着陆探测器为例，依据工艺技术流程进行工艺装备的规划，如图4-1所示。图上顶部方框为技术流程实施项目，下部框图内容为所需的地面支持装备，通过基于工艺流程的工艺装备规划，可以准确评估工艺装配的配置情况是否满足航天器串并行研制的需求，并优化工艺装备的投产策略。嫦娥三号着陆探测器经过工艺装备的规划和投产优化，最终投产了60余套地面工艺装备，有效地满足嫦娥三号多器并行、交叉借用的研制需求。

4.2.3　工艺试验规划

工艺试验规划是针对工艺总方案中涉及的工艺验证、工艺试验和工艺攻关等方面的专项策划和分析，主要是对工艺试验项目的完备性、工艺试验途径、工艺试验保障条件与工艺流程的关联性开展分析。

装配工艺试验从手段上，一般有模装试验、数字仿真试验以及工艺参数验证试验等几种。模装试验主要是针对装配过程中产品约束不能清楚定义，装配工艺流程还不明确，难

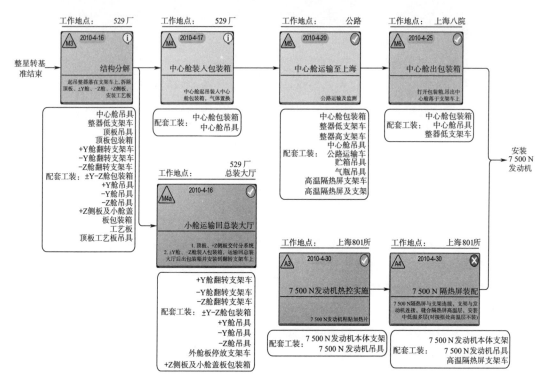

图 4-1　基于工艺流程的地面工艺装备规划图

以通过虚拟环境开展人机功效评估等情况，按照实际产品条件和约束，投产木质等产品模型搭建类真实装配环境，开展相应的装配操作，发现装配工艺方法、装配工具的缺陷，从而制定合理可行的装配方案和工艺流程。模装试验具有工艺验证充分、真实以及前期工艺培训等优点，试验准备时间长、不能随意更改约束条件等不足。装配数字仿真试验主要是利用产品三维模型在虚拟现实环境中开展虚拟化的操作可达性、产品接口匹配性、人机工效评估等，装配数字仿真试验具有验证方便，约束条件更改便捷等特点。工艺参数验证试验主要是针对具体装配工艺参数开展的工艺验证试验。

4.2.4　技术流程设计

技术流程是航天器总体装配的"基线"，技术流程设计的合理性直接关系到整个生产组织的效率和质量。航天器初样研制阶段具有技术难度大、多器并行、工艺装备数量多、专项验证试验多的特点，系统集成装配工艺流程的设计和优化显得尤为重要。

技术流程是系统集成装配过程中所有工作按时间和内容安排的程序，一般采用方框图和表格说明来表示，应包括航天器研制阶段的划分、各个阶段任务和工作内容、工作顺序及它们之间的关系。研制技术流程中每一个方框还要附加详细说明，详细说明内容包括保障条件、工作内容、注意事项、参加单位以及完成时间。航天器总装技术流程如图 4-2 所示。

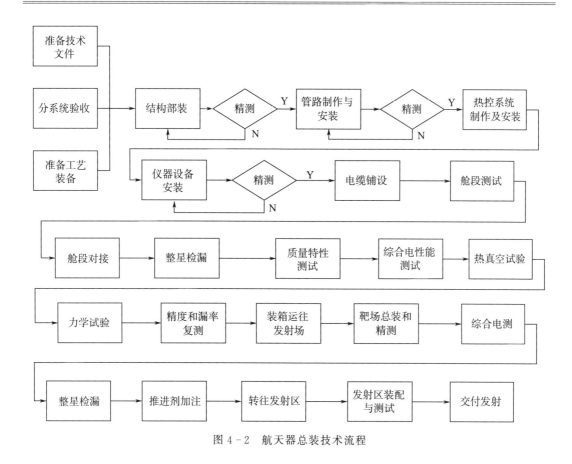

图 4-2 航天器总装技术流程

4.3 推进系统装配工艺技术

推进系统作为航天器轨道和姿态控制的执行机构，承担着航天器在轨姿态控制、轨道和姿态机动以及位置保持等多种机动功能。推进系统的装配结果直接影响着航天器的性能和可靠性，其性能的好坏也尤为关键。推进系统装配项目主要包括推进系统管路、气瓶、贮箱以及发动机等。

4.3.1 管路制作和装配

推进系统管路跨度大，通常贯穿于整个航天器，空间布局复杂、管路类型各异。推进系统管路根据功能可分为气路管路和液路管路；从工艺实施步骤来说大致分为管路的制作和装配两个过程。

管路制作：航天器管路一般由铝合金、钛合金和不锈钢管导管制作。有传统手工和自动弯管两种制作方式：传统手工制作，特点是工作量大、生产周期长、精度低，与航天器总装串行作业，但是较为成熟，投入经费少，适用于研制单个航天器的管路制作，如我国研制的嫦娥三号、嫦娥五号等探测器采用此方式制作推进系统管路；另一种方法是利用

CAD/CAM 技术自动弯管，在软件中设计卫星管路，通过数控弯管机接口软件，输出弯管机可以识别的数据文件，实现 CAD/CAM 一体化，特点是效率高、精度高，可以在总装开始之前进行，与航天器总装并行作业，适用于批量的卫星共用平台的管路制作，如我国二代导航卫星。随着航天器向着平台化、大型化趋势发展，人工管路制作已满足不了批量化及大规模制作的要求，数控弯管加工过程可以利用相关仿真系统来进行碰撞和干涉检测，可有效地确定弯管的可行性与可操作性。数控弯管的出现，将弯管技术引入了一个新的时代。管路弯管制作完成后经过焊接、酸洗、X 光探伤、检漏等工艺处理，形成可上星装配的管路。部分管路也是在管路上星安装后进行焊接的，此时尤为需要注意的是焊接过程的多余物控制。

管路装配：将制作完成的管路用卡箍等直属件采用机械方式固定到航天器本体上，安装时按照二维图纸或者三维模型将管路用紧固件安装到指定的位置。推进系统装配过程中，穿插管路上控温、测温热控产品的实施。管路的机械装配相对简单，多余物的防护和检查同样尤为重要，要求装配过程应在洁净环境下且时刻保持管路的两端处于密封状态。

4.3.2　贮箱装配

贮箱作为贮能部件，安装在航天器的主承力结构上。传统承力筒结构航天器中的贮箱通过耳片装配在承力筒内部；桁架结构航天器上的贮箱一端装配在主结构的对接环上，另一端通过拉杆与结构相连。

贮箱加注后一般质量都要达到 500 kg 以上，装配的机械性能要求非常高，以通信卫星传统贮箱通过耳片装配在航天器承力筒上为例，其装配流程如图 4 - 3 所示。

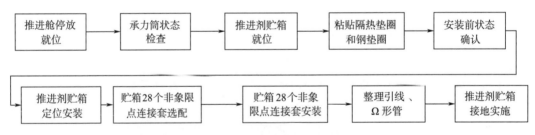

图 4 - 3　贮箱安装工艺流程

为了保证贮箱与承力筒之间的匹配性，一般会在承力筒和贮箱耳片之间增加垫片，重要工步在于"贮箱非象限点连接套选配"和"贮箱非象限点连接套安装"。

贮箱非象限点连接套选配的工艺要求如下：

1）用深度尺测量贮箱非象限处耳片大垫圈端面至承力筒外孔套端面的距离值，检验人员校核；

2）根据部装配套的连接套长度数据（或机加车间根据总装人员提供的连接套长度数据，进行截短），计算出各安装点连接套需要安装的调整垫片厚度数值；

3）根据计算值，选配调整垫片，套装在对应的连接套上，并用记号笔在连接套上标识其对应安装点的序列号；

4）复核调整垫片厚度计算数值，复核连接套长度数据，检查调整垫片选配正确性。

贮箱非象限点连接套安装的工艺要求如下：

1）根据连接套标识序列号，在承力筒非象限处外孔套上，旋入相应的连接套（安装选配的调整垫片），用专用工具稍稍加力拧紧连接套；

2）分别在非象限处安装抗剪螺钉、弹垫、贮箱大垫圈和贮箱隔热垫圈（聚酰亚胺隔热垫圈），用手顺畅地拧动抗剪螺钉5～6扣；

3）操作人员按顺序分三级对非象限处抗剪螺钉施加预紧力，每次加力均按对称同步测量，采用蝶形测力工艺顺序进行，如图4－4所示。

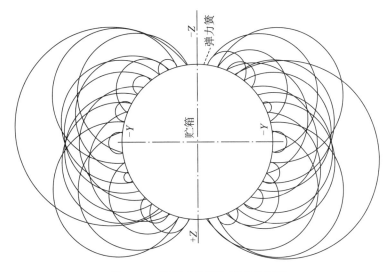

图 4 - 4　贮箱"蝶形"测力轨迹图

4.3.3　气瓶装配

气瓶一般采用拉杆方式、底座方式以及包带方式固定。拉杆和底座固定方式装配相对简单，只需要按照相应的力矩安装即可。包带固定方式需要考虑气瓶充放气过程中，气瓶的外径会随瓶内的压力变化而变化，要求气瓶包带装配时，需要考虑气瓶的膨胀率。在气瓶装配前，通过充放气的试验确定紧固件的力矩值，一般在气瓶包带和气瓶之间垫特殊材料的胶片，满足气瓶膨胀和收缩的要求。

4.3.4　发动机装配

航天器发动机分别从调姿作用和大小来分，可分姿控调整发动机和轨道调整发动机，姿控发动机负责航天器姿态的控制，一般具有推力较小、尺寸小的特点，有 1 N、5 N、10 N、20 N 等不同推力的发动机，一般也称为推力器；轨控发动机负责航天器轨道的控制，具有推力大、尺寸大的特点，常见轨道调整发动机有 490 N、7 500 N 等。

发动机与航天器的接口有两部分，一部分是与主结构连接，另一部是与推进系统管路连接。发动机与航天器主结构的机械接口较为简单，一般通过螺钉固定连接，并根据精测要求进行调整安装；发动机与推进系统管路连接需要采用密封连接，是航天器总装的关键环节。

4.3.5　推进系统密封连接

推进系统装配的最终环节是将管路系统和各个推进系统部件（含发动机）进行焊接和机械连接。密封性是连接的关键，其中焊接的密封性能相对好保证，机械连接的密封性需要更高的工艺性要求。一般推进系统管路和推进系统部件机械连接有两种形式，分别是螺接头球头和柱塞接头连接，无论哪种方式连接装配的关键都是要保证连接的密封性良好。柱塞接头连接相对部件较多，装配要求多，但相对简单；螺接头球头连接工艺性要求较高，主要工作包括多余物吹除、清洁检查、对中螺接、测量拧紧以及打保险。

螺接头球头中涉及压力传感器螺接头球头、单组元推进系统管路螺接头球头、双组元推进系统管路螺接头球头的安装，一般工艺过程包括：准备、表面状态及多余物检查、对中螺接、测力拧紧、打保险等。其中对正螺接头球头和拧紧最为关键，连接示意图如图 4-5 所示，对正的工艺过程为：自由对正螺接头球头，用手装配喇叭口锥面与球头，使密封面贴合，操作过程密封面不得有相对滑动；用手装配螺母，轻微晃动球头后端管路使球头自由对正后用手拧紧螺母；旋紧到位后，用记号笔分别在外套螺母两端面处的阀体和管路上画线做标记；一手扶住球头后端管路方向不动，另一手将螺母试松脱 0.5~1 扣，松脱过程球头密封面不得脱开。若松脱顺利则表明对中良好，若松脱困难则表明对中有误差，将球头后端管路适当重新调整角度后重新手动旋紧螺母（若有进给时重新画线做标记），再试松脱，直至松脱顺利，再将球头后端管路保持不动，用同样的手劲重新旋紧螺母，检查是否与刻线重合，若重合则判定螺接对中；之后，操作者左手持匹配的呆扳手保持不动，右手缓慢旋转力矩扳手逐渐增加拧紧力矩，力矩的增加速度要逐步放缓，拧紧过程中要密切观察力矩值的变化，当力矩显示值增加到要求值时，停止拧紧操作，检验并及时记录力矩终值。

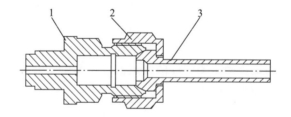

图 4-5　螺接头球头安装形式示意图

1—10 N 推力器；2—球头外套螺母；3—管路球头

柱塞接头连接一般工艺过程包括：管路试装配（管路及密封件清洁、管路穿过固定卡箍临时固定、管路调整、管路试装密封接头装配、管路做标识、试装后拆除管路）、管路热控实施、管路及密封件清洁、管路穿过固定卡箍临时固定、管路调整、管路密封接头装配、卡箍固定到位。其中管路密封接头装配较为复杂和关键，连接示意图如图 4-6 所示，应依次完成密封脂、O 形圈、垫圈、柱塞接头、外套螺母的安装，随之进行螺纹防松。外套螺母徒手旋紧到位后再用力矩扳手拧紧。拧紧外套螺母时，应在柱塞接头上的夹持部位（一般为方形接口）施加反力矩以防其转动。用扳手拧紧外套螺母时，应使用双扳手，拧紧时不得使产品受力，接头安装面不得产生相对滑动（位移）。双扳手操作时，优先选取长度一致的限力扳手及呆扳手，局部受空间限制等影响无法保证时，在操作空间允许条件下控制两扳手长度接近。

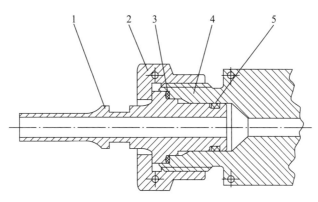

图 4 - 6　中、低压气液路端面垫圈型管路密封接头连接形式图

1—柱塞接头；2—外套螺母；3—垫圈；4—螺纹接头；5—O 形圈

4.3.6　推进系统装配注意事项

（1）严格控制环境洁净度

推进系统主要故障模式是"堵"和"漏"，关键问题是清洁度的控制（多余物控制），推进系统洁净度控制是贯穿在生产、装配、测试和包装等各个环节中，在推进系统管路接头连接过程中应时刻保持每个工艺过程中产品的清洁度。

工艺控制措施：推进系统管路制作以及相关连接均应在 1 万级环境中进行。

（2）贮箱安装时紧固件应逐级加力、多次测力到位

大型贮箱是推进剂存贮部件。在基于 DFH 系列平台的卫星上，安装位置处于中心承力筒内，其圆周向螺钉阵的安装及拧紧过程，由于诸多部组件加工尺寸链偏差累积、初始装配系统误差、同轴度控制偏差以及安装点复杂变形等因素的复合影响，经常发生最终紧固点偏斜和紧固件异常断裂等问题；该装配过程复杂，安装质量要求高，一直以来均为型号总装的关键环节和难点。

工艺控制措施：采用分级测力，M5 螺钉分 2 级，M6、M8 螺钉可分为 3 级，每一级统一测力结束后再执行下一级测力；采用"蝶形"安装测力法，如图 4 - 4 所示。该方法因操作者对称围绕中心承力筒圆周贮箱安装点局部反复交叠逐级测力、工位转换轨迹类似蝴蝶外形而得名。

（3）7805 抗化学密封脂涂覆在管接头上应严控污染

7805 抗化学密封脂很难控制密封脂涂覆量，极易涂覆过量，若不采取其他措施直接

用手将 7805 抗化学密封脂涂覆在管接头上，会产生多余物污染管路及管路设备。

工艺控制措施：将 7805 抗化学密封脂渗过绢布在柱塞接头的外圆柱面、密封槽、密封圈及与金属垫圈接触的密封端面上薄而均匀地涂覆一层，以无目视可见的 7805 抗化学密封脂堆积为宜；7805 抗化学密封脂清洁：应用洁净的无尘拭布清洁柱塞接头端面，确保柱塞接头端面无残留 7805 密封脂，注意在清洁过程中不得使 7805 密封脂进入柱塞接头内腔。

4.4　电缆装配工艺技术

航天器电缆装配以电缆敷设和连接为主，是航天器系统集成装配中的常见项目，一般包括电缆网敷设前的二次绝缘实施、电缆支架和尼龙底座安装、电缆敷设、过渡插头支架和过渡电连接器安装、电缆的整理、绑扎及固定，在电缆网测试后还需要进行自由端连接、电连接器插接、电缆连接后绑扎固定、电连接器防松处理。

4.4.1　电缆敷设

航天器电缆装配的关键项目是电缆的敷设。电缆敷设一般在仪器设备装配到位后进行，首先进行舱段电缆的敷设和安装，然后进行舱段连接。电缆敷设与装配有两种模式：一是根据电缆安装图等图纸和文件，将已经生产好的电缆安装到位；二是用模板生产和安装电缆。第二种模式是按真实尺寸设计并制造一个星体舱段模型，按真实尺寸设计并制造仪器设备、电缆支架、电连接器支架的模型，并将它们安装在星体模型的理论位置。按照航天器布线设计制造和验收技术要求进行线头的准备、电缆的制造以及导线、电缆与电连接器的焊接。完成生产后，再进行移植，移植前，所有电连接器加保护盖；移植时，要保护所有电缆不能损伤；移植后，要保持所有电缆的原有构型。用这种方法生产的电缆长度和分支比较精确，减少了多余的长度，因而也减小了电缆质量。在航天器中，电缆质量约占整个航天器质量的 5%～15%。用模板法生产和安装电缆，虽然使研制工作复杂了，但是从减小航天器质量的角度来看，是很有积极意义的。近几年，随着数字化装配技术的发展，电缆三维建模技术广泛应用在航天器电缆设计中，逐渐替代了模板法制造安装电缆，直接根据三维建模结果进行电缆网的制作，航天器总装时直接按照三维模型进行电缆的敷设。

电缆敷设具体应根据工艺要求实施：

1）低频电缆一般沿着结构件的表面敷设，安装时，应根据要求控制电缆与设备的距离、固定间距、内弯曲半径；电缆穿过孔、经过结构件或仪器设备边角、靠近高温源以及电缆固定绑扎的地方，应缠绕保护层，以防振动时磨损；

2）高频电缆应单独敷设，不能与低频电缆混合在一起；敷设时允许整形和试装，但不允许损伤金属表面；同样，安装时应控制电缆与仪器设备的距离、固定间距和内弯曲半径；

3）活动部件周围的电缆绑扎固定时，需要严格控制电缆弯曲半径，保证其活动余量，不仅满足活动部件运动过程中电缆长度要求，同时还要避免活动过程中与活动部位及其周围产品产生干涉。

4.4.2　电缆整理、绑扎及固定

航天器电缆一般采用尼龙底座、尼龙扎带固定，或者采用"T"型电缆支架直接绑扎固定，半刚性射频电缆采用金属卡箍固定，散线电缆局部采用胶类固定。航天器电缆绑扎、固定应满足以下要求：

1) 绑扎前电缆表面应洁净，无损伤及多余物。

2) 电缆用尼龙底座固定时，电缆绑扎点一般用 5～10 层热缩膜或锦纶胶带包裹保护，保护材料的宽度一般不小于尼龙扎带宽度的两倍，且不大于 30 mm。

3) "T"型电缆支架及电缆绑扎点处一般用 3～5 层锦纶胶带包裹保护，如图 4-7 所示，宽度以双侧均超出尼龙扎带边缘 5～10 mm 为宜，固定点处用特氟龙扎带采用十字交叉的方式绑扎电缆。

4) 模板电缆和单根电缆共用一个固定点时，待敷设并整理后一同绑扎固定，固定时应先将临时绑扎用的可拆卸扎带拆下，更换为一次性尼龙扎带。

5) 尼龙扎带断口处应留出约余量，断口位置以不影响其周边操作为宜。

6) 电缆绑扎固定后，不应受拉力或扭力，不应有明显的受夹变形和绝缘层损伤，且电缆在固定点位置处可转动，但不能窜动。

7) 低频电缆绑扎固定后，电缆弯曲半径、固定间距、电连接器插拔余量等应符合相关规范的要求。

8) 对电缆的敷设、保护和固定情况应拍照记录，特别是对于电缆关键活动部件及其周边电缆、跨舱电缆、光学视场、推力器羽流等关键部位电缆的敷设、保护和固定情况还应进行确认。

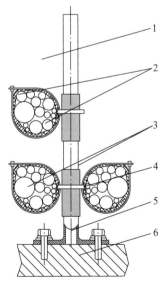

图 4-7　"T"型电缆支架直接绑扎固定方式示意图

1—"T"型电缆支架；2—锦纶胶带；3—特氟龙扎带；4—电缆；5—紧固件；6—舱板

4.4.3　电缆自由端焊连

航天器电缆自由端连接主要包括：导线—导线（包含了导线与加热片引线的焊接）、导线—热敏电阻、导线—插针（孔），主要采用手工焊接的方法。

手工焊接一般要求如下：

1）连接前，按技术文件的规定检查电缆自由端与加热回路、温度传感器等的引线代号是否相符，每根引线应有独立标识，如引线需截短，且标识在引线上无法保留时，应进行标识转移，标识应正确、清晰、完整、牢固；

2）电缆自由端连接前应用数字万用表测量加热回路或温度传感器的阻值和绝缘阻值，测量结果应符合技术文件的规定；

3）电缆自由端手工焊接按照企业标准执行，一般焊点处套两层热缩套管，并用热风吹缩保护；

4）电缆自由端连接后，原则上应根据电缆接点表测量温度传感器、电加热器等回路的阻值和绝缘阻值并进行记录，测量结果应符合技术文件的规定，对于不能测量的应按技术文件的规定执行；

5）航天器上同一部位的多个电缆自由端应错位连接，避免连接点集中在同一位置；

6）航天器总装手工焊接焊点处热缩套管热风吹缩后，应检查焊点绝缘保护情况，焊点处如需包覆镀铝胶带等导电材料，在包覆前应在焊接部位包裹 2~3 层聚酰亚胺薄膜单面压敏胶带进行二次绝缘保护。

航天器自由端手工焊接出现过各式各样的问题，北京卫星环境工程研究所为了提高手工焊接质量，将手工焊接形成标准作业规范（SOP）近百份，其中导线 [C55（55）/0812-22] 与导线 [C55（55）/0812-22] 手工焊接的 SOP 示意如图 4-8 所示。

4.4.4　电连接器插接及防松

航天器上电连接器种类繁多，各个电连接器使用前，均需要熟知每类电连接器的插接方法，电连接器厂家和航天器企业应具有电连接器插接的规范以指导生产。一般电连接器插接应满足如下要求：

1）电连接器插接前根据需求安装防潮密封圈；

2）电连接器插接前，对电连接器头和座的接口内部进行多余物检查，必要时进行清洁处理，电连接器插针应无缩针、无歪针，电连接器外壳无变形；

3）高频电缆电连接器插接时，针孔对准，同轴按力矩拧紧到位，操作过程中不应转动插头尾部；

4）电连接器插接后，插头和插座的接口应平行，电连接器的螺钉或螺丝应处于锁紧状态，且与其相连的电缆不应受扭或受拉；

5）插接蓄电池的电连接器，应严格按技术文件规定的插拔顺序进行操作，否则可能出现电连接器带电插拔，产生打火而烧损产品的风险；

标准作业指导书(首页)	SOP编号	Q/WM-SOP-DZZL-XX-009-1.0
	SOP名称	导线[C55(55)/0812-22]与导线[C55(55)/0812-22]手工焊接
	工序号　　4	工序名称　　　　　焊接

	操作说明
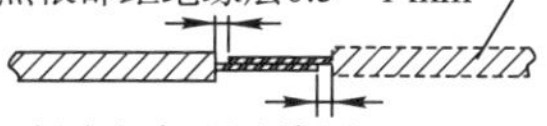 焊点根部距绝缘层0.5~1 mm 导线 焊点根部距绝缘层0.5~1 mm 图6　导线焊接	1.焊接准备
	1.1 检查使用的电池焊台充电应饱和(显示屏无闪烁)，温度设定为350℃，焊接温度300 ℃±10℃
	1.2 将剪裁好的双层聚乙烯热缩套管(规格φ1.6/0.8、φ2.0/1.0)套到导线上
	2.导线焊接
	2.1 用毛笔蘸适量的助焊剂均匀地涂在待焊接的导线芯线上。芯线与绝缘层1 mm处不涂助焊剂
	2.2 将规格为V55(55)/0812-22的2根导线平行搭接一起，焊点距离绝缘层0.5~1 mm处不搭接，见图6
	2.3 蘸满取适量焊锡，焊接导线，焊接时间2~3 s，焊接要求如下
	2.3.1 烙铁头约5℃度倾角，并稍微施加一个力，焊接时注意不要碰到导线外绝缘层
	2.3.2 两端芯线平行紧贴，并保持导线与导线焊接端头位置不动，防止形成扰动焊接，待焊点凝动后再动导线

设备、材料	使用条件		
电池焊台WSM1C(RT3 烙铁头)；HLSn63Pb线状焊料(Alpha 0.5)助焊剂；（Alpha/R型或RMA型）	自检要求		

图 4-8　导线 [C55（55）/0812-22] 与导线 [C55（55）/0812-22] 手工焊接 SOP

6) 对未插接的电连接器应先安装防静电保护帽（盖），并用防静电洁净防护袋包裹保护，最后就近绑扎固定；

7) 对于视觉盲区内电连接器的插接，应借助反光镜、内窥镜等辅助工具观察，避免误操作；

8) 针对航天器专用电连接器插接，应符合相关标准，如两侧有紧固螺钉的矩形电连接器（如 AIRBORN、J30JH），插接过程中应用工具同步或交替缓慢拧紧插头两侧的螺钉，两侧螺钉的旋进差异不应超过 1/2 圈，操作过程中插头两侧发生明显倾斜（超过 15°）时，应通过旋拧两侧螺钉将电连接器对接面调整至平行后继续操作，螺钉的拧紧力矩按技术文件的规定执行。

在航天器电性能综合测试满足要求，同时具备发射前最终状态时，电连接器需进行防松处理。航天器电连接器一般具有自锁功能，其他不具备自锁功能的电连接器需要进行相应的防松措施，常用的防松措施有钢丝绑扎和涂胶两种方式。

钢丝防松：带有防松孔（或挂钩）的电连接器在插接到位后，应用 φ0.4 mm 的经真空固溶处理的不锈钢丝防松；操作时应平稳牵拉不锈钢丝两端，不锈钢丝应张紧有力，且丝材紧密贴合插头（座）外侧壁，盘固在插头（座）肩部；用尖口钳或止血钳将不锈钢丝两端绞合旋紧，旋紧匝数不少于 10 匝，然后用斜口钳剪除多余的钢丝头，保留旋紧处 5~7 匝。

涂胶防松：对于既无防松孔又无自锁装置，仅依靠螺纹连接的电连接器，在插接到位后，应在电连接器锁紧套的尾端和其尾罩的交界处以及插头（座）结合面处涂适量室温硫化硅橡胶或 914 胶，胶液沿周向涂覆应不小于 3/4 圈，宽度以全部覆盖结合缝且单边超出结合缝 2～4 mm 为宜，胶层厚度约 2 mm；对于带锁紧螺钉（螺塞）的电连接器，插接后除要求螺钉（螺塞）处于锁紧状态外，还应在锁紧螺钉（螺塞）头部与插头（座）结合面上涂室温硫化硅橡胶，涂胶量应不小于螺钉头部 1/2 圈，且不大于 3/4 圈；涂胶后的电连接器一般应静置 8 h，以便胶液固化。

为了确保航天器产品的安全性，在电连接器防松处理时，应做好电连接器防松处理的清单，逐一确认电连接器插接和锁紧状态良好，且航天器已断电；蓄电池及其周边电连接器防松处理时，应对蓄电池及操作工具进行绝缘防护；根据需求对不可逆的电连接器防松状态进行拍照记录。

4.4.5　电缆装配注意事项

（1）电缆标识

在进行星上电缆焊接前，必须做好电缆标识工作，确保一线一标识，严禁无标识或多线共用一标识。在进行电缆焊接过程中，如果标识不清或多线共用一标识，则操作人员无法清楚地知道焊接关系，易造成错焊，从而短路损伤星上设备。

工艺控制措施：在进行电缆焊接前必须检查电缆标识的唯一性，确保一线一标识；在进行插接改焊接过程中，必须进行原始标识转移，确保标识转移与原始标识对应的正确性，并要求剪一根焊一根。

（2）电连接器防护

电缆多个裸露插头、引线不得直接包覆在一起，必须进行单独的绝缘防护和隔离。裸露的插头或者电缆自由端存在带电等可能，若将此类裸露插头或电缆自由端引线直接与其他插头一起包覆保护，则存在带电插头或自由端短路、电能通过其他插头损伤星上设备等风险。

工艺控制措施：仪器插头星上断开后，检查确认插头/插座表面状态良好后，在仪器插座端及插头端均安装保护盖，插头端安装保护盖后用专用防护袋单独包覆保护低频电缆插头；电缆自由端在星上断开后，需对每个自由端单独套合适尺寸的热塑套管绝缘防护。

（3）低频电缆自由端焊接

航天器上低频电缆自由端焊接时，应采取错位焊接，严禁在同一位置焊接。低频电缆自由端焊接时，若不采取错位焊接措施，在电缆固定时易发生焊点集中在同一部位，由于焊点处较导线一般略粗，固定后相互之间易发生挤压，从而破坏焊点处绝缘或连接，影响产品安全。进行镀金表面电连接器焊接时，禁止在镀金层上不去金，直接用铅锡焊料进行焊接，镀金层上不去金，直接用铅锡焊料进行焊接容易产生 AuSn4 脆性合金，致使焊点开裂失效。深空探测航天器处于极低极高温度的循环工作环境中，焊点应采用熔焊等焊接方法。电缆束绑扎时不得直接绑扎在焊点上，电缆束利用扎带绑扎时直接绑扎在焊点上，产生的绑扎力作用在焊点上易破坏焊点处绝缘或连接，影响产品安全。

工艺控制措施：航天器上低频电缆自由端多根引线焊连时，应错位焊接，避免焊点集中在同一区域固定，焊点集中被列为航天器总装禁用工艺。凡是在镀金层上进行焊接，焊接前必须通过二次搪锡操作进行去金处理；镀金焊杯等用电烙铁搪锡时，先在焊杯内表面熔化一小段焊料；自然冷却后，吸锡绳涂助焊剂后，将吸锡绳放在焊槽内，加热将锡吸掉，吸锡后应使焊槽明显、内表面的焊锡润湿性好、光亮、焊脚根部无锡渣；去金满足上述要求后，方可焊接；电缆束绑扎点不能位于焊点部位，避免焊点受力，电缆绑扎时绑扎点固定在焊点被列为航天器总装禁用工艺。

4.5　设备装配工艺技术

设备装配是航天器总体装配中最典型项目之一。设备的装配不仅是简单地将设备与舱体结构连接起来，进行紧固件测力矩以及防松处理；同时，还要根据它们的性能和特点，进行必要的工艺设计，以满足不同设备的不同装配要求。

4.5.1　典型设备装配

典型设备装配包括准备工作、领取设备、设备安装前准备工作、仪器安装前检查、安装设备及接地、设备安装状态检查、紧固件防松、电缆自由端连接、设备电连接器插接、防松及打保险。具体流程如图 4-9 所示。

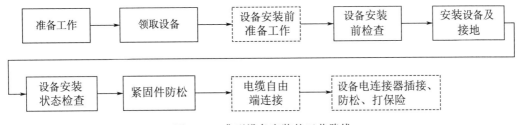

图 4-9　典型设备安装的工艺路线

1）准备工作：依据技术文件确认设备代号与编号。

2）领取设备：设备出库、出箱全过程的防静电措施按规定执行，核对数量、代号无误。

3）设备安装前准备工作：每台设备装配的要求不同，但可能会有相关的要求，如设备称重；支架、转接板、热扩散板等直属件按工艺文件要求安装到位；根据图纸，加热器、热敏电阻、热电偶按企业标准规定执行；仅通过设备接触面接地的仪器，一般需用细砂纸提前打磨舱体上的设备安装面，打磨面积一般为接地局部面积的 1.2 倍，清洁后涂覆DAD-40 导电胶（导电胶配比为体积比 1∶1）。

4）设备安装前检查：检查仪器名称、代号正确；检查确认设备外观完好；设备安装面符合安装要求；检测热控产品状态完好并记录检查结果。

5）安装设备及接地：清洁设备安装底面及结构被安装面；根据图纸或者模型，将设备按照指定的"R"方位，用紧固件将其安装到图示位置；设备接地实施，其中接地形式种类繁多，最常见的为连接接地线；设备安装紧固件在测力矩前应初步拧紧，一般应遵循先中间后周边原则，对称拧紧，逐级加力。

6）设备安装状态检查：检查仪器安装正确性，无干涉、无多余物，安装状态良好；测量设备接地阻值，一般结果取 3 次测量中的最小值并记录；

7）紧固件防松：设备安装紧固件端头点 420 胶，胶滴应覆盖紧固件的垫圈、螺母或螺钉头，胶滴应不小于螺钉头或螺母的 1/4 圈，不大于 1/2 圈；后续需要拆卸的仪器，可临时点 GD414 型硅橡胶防松；

8）电缆自由端连接：本书 4.4 节已做介绍，不在此赘述；

9）设备电连接器插接、防松及打保险。

4.5.2　导热及隔热设备装配

在航天器热控设计中，为了保证仪器设备的工作温度，设备与航天器结构安装面之间有三种安装方式：干接触安装、隔热安装、导热安装。顾名思义，干接触安装为设备与被安装面直接接触；隔热安装在设备和被安装面的安装脚片之间增垫某种隔热垫，实现设备与被安装面悬空，避免两者之间的热传导；导热安装为在设备和被安装面之间涂敷某种导热填料以减小接触热阻。

导热填料涂敷的工艺方法及要求：设备和被安装面的涂料一般使用"导热硅脂"。涂敷"导热硅脂"的主要工艺步骤为：充分搅拌均匀导热硅脂，不允许有游离的油存在；清洁安装面与被安装面；采用专用工具在设备的安装面和将要安装设备的舱板表面上各自均匀地涂覆一层调匀后的导热硅脂，导热硅脂的总厚度要求一般不超过 0.2 mm。设备安装面和舱板表面重合后，用手轻推设备（轻微用力前后推移，有阻力感为止）使导热硅脂充满接触面间粗糙不平的间隙。之后，按照干接触设备安装方法进行装配。设备安装后，应查看设备安装面周边是否有导热脂溢出，若一边或多边无明显溢出，则应重新安装。仪器设备安装后，对安装面周围溢出的导热硅脂擦拭干净。为了避免相机镜头在真空高温环境下可能被导热硅脂污染的风险，一般用 GD414 胶对导热硅脂进行密封处理。

设备隔热垫安装要求：一般在设备和结构板之间垫 3～5 mm 的聚酰亚胺隔热垫，具体隔热垫的选用与安装按设计图样和工艺文件执行；仪器与安装面间有隔热垫，可先将隔热垫用少量 502 胶点固在仪器安装脚，但胶量一定不能过量否则影响隔热效果。

4.5.3　有精度要求的设备装配

有精度要求的设备主要包括姿态控制系统仪器、有效载荷分系统仪器、推进系统设备、分离系统有精度要求的设备等。有精度要求设备的装配是一个安装和调整的过程，安装时应边调整边测量，允许加调整垫片，直到安装精度符合技术要求为止。为了保证仪器装配精度，还可以采用定位销钉的方式安装，在航天器发射前根据需求将定位销钉更换为螺钉。

4.5.4　有密封要求的设备装配

在航天器中，许多位置采用密封设计，一般采取可拆卸密封连接，使用的密封材料主要是密封橡胶垫圈，有时也使用其他一些密封材料，如氟塑料、金属和某些特殊环境（如高温、化学腐蚀等环境）的材料。对于带有弹性密封圈的密封结构，为了安装密封圈，需要在安装法兰或管接头处加工一个沟槽。开敞性的航天器，主要密封处是推进系统管路的密封，密封方式采用较为成熟的焊接和螺接球头连接的方式，密封效果良好。

4.5.5　大质量设备装配

随着航天器产品集成程度越来越高，航天器产品大质量设备也越来越多，大质量设备无法采用操作人员抬扶装配。一般超过 20 kg 的设备需要设置吊具，通过吊装的方式将设备安装到位，若设备位于开敞空间较好时，采用吊装较为方便，典型的如贮箱、天线均采用吊装方式安装；若设备不仅质量大，同时位于凹舱内，采用普通吊具吊装方式无法实现产品的装配，可采用工业机械臂的方式来安装。随着机器人柔性力控、机器人双目视觉定位、单机器人路径规划等技术问题的解决，航天器大质量设备将越来越多地采用机器人装配。

4.5.6　工艺件装配

在总装过程中，有时需要使用仪器设备的工艺件，如进行质量特性测试或者力学环境试验，需要结构工艺件；进行热环境试验需要模拟发热量的热控工艺件；在总装厂进行舱段或者可弹抛部件的连接时，使用的是火工装置工艺件。工艺件装配的关键在于工艺件产品技术状态的控制。新研航天器具有多器并行的技术特点，测试阶段经常采用工艺件，装配过程中，需对产品名称、代号进行严格控制，对产品唯一性进行检查确认。航天器发射前，应严格清点所有工艺件，确认全部拆除。

4.5.7　地面保护件装配

突出物和关键部件的防护是航天器总体装配过程中的一项重要工作，为了防止在地面装配操作、转运、试验和保存期间损伤或者污染关键部件，如相机镜头、插头、插座、管接头、火工装置点火头、发动机喷管等产品，应安装地面保护件。地面保护件应为红色、镂空状态设计，以达到警示和可视的目的。航天器发射前，应确认所有地面保护物全部取下，并进行影像记录和表格化管理。

4.5.8　设备装配注意事项

（1）禁止在无防护措施下进行蓄电池及其周边操作

蓄电池是航天器上的常见带电设备，其中的电连接器、电极、二极管等均为带电部位。在无防护措施下进行蓄电池周边操作时，如操作不慎将工具等导电物体与电池带电部位接触，将引起蓄电池短路，俗称发生打火现象，损伤蓄电池，并可能引起其他设备损伤。

工艺控制措施：在工艺设计时，考虑蓄电池及其周边操作的防护措施，必要时设计相应保护装置；在工艺文件编制时，必须在工艺中明确蓄电池及其周边操作的防护措施具体内容及相关检查要求。

（2）大直径分度圆上 M6 以上紧固件安装时需明确分级测力

紧固件分布直径较大时单个紧固件施加力矩产生的预紧力不足以压紧整个舱段或对接机构等大型设备，需安装多个紧固件，当多个紧固件一次测力安装到位后，随着其他紧固件的安装，会造成已安装到位的各紧固件预紧力不一致，极端情况下可能导致紧固件断裂。

工艺控制措施：工艺文件中明确分级测力要求：M6 以下（含 M6）可分两级测力，第一级力矩取 50%，第二级取 100%；M8 以上（含 M8）可分三级测力，第一级力矩取 50%，第二级力矩取 80%，第三级力矩取 100%。如型号文件有特殊要求，按各型号产品技术文件要求执行。当对接产品为垂直对接、无密封要求、且对接面上部产品较重（1 t以上）时，可不进行分级测力。

（3）非预紧式紧固件/销轴禁止按常规力矩值测力

航天器上的大部分紧固件用来防止连接件间受到载荷后出现缝隙或者相对滑动，此类紧固件需要在安装拧紧后使用力矩扳手测力，以增强连接的可靠性和紧密性。但对于航天器上非预紧式紧固件/销轴，主要承受连接处的剪切力，不承受扭拉力，因此，不能按照常规紧固件对其施加预紧力，否则会导致连接件断裂。

工艺控制措施：对于非预紧式紧固件，工艺文件中需明确指出，必要时设置为关键检验点；工艺文件中应明确规定非预紧式紧固件/销轴安装时，螺母手动拧紧即可，螺母连接处做好防松措施（根据要求点 GD414 硅橡胶、MS 胶或 420 胶）。

4.6 热控组件装配工艺技术

航天器热控措施根据热控产品特性可分为被动和主动两大类。被动热控产品主要包括热控涂层、多层隔热材料、热管。主动热控产品主要包括电加热器、热开关、单相流体回路、两相流体回路、环路热管等。热控组件各个产品特性不同，而在航天器总装阶段均会涉及，装配工艺会根据产品的不同特性开展不同的工艺设计。

4.6.1 中低温多层隔热组件制作和装配

中低温多层隔热组件材料通常由高发射率的反射层和低热导率的间隔层交替叠合而成，对辐照热流可形成很高的热阻，具有很好的隔热性能，是最常用的被动式控温手段。不同种类多层隔热组件体现在反射屏和间隔物材料可以耐受的最高温度有差异。典型的低温多层隔热组件反射屏、间隔物分别为双面镀铝聚酯膜和涤纶网,用于温度不超过 150 ℃ 的环境;中温多层隔热组件反射屏、间隔物分别为聚酰亚胺镀铝薄膜和玻璃纤维布,用于 温度不超过 350 ℃ 的环境。

为了适应不同航天器型号多层隔热组件尺寸要求的不同,控温要求的不同,同时提高 制作效率,中低温多层隔热组件的制造工艺采用数字化、自动化工艺技术。在制作前进行 系统策划,并通过研制多层自动化裁床实现了多层隔热组件制作过程中图样排版数字化、 裁剪、铺料和缝制的自动化,多层隔热组件制作的精度和效率均能得到有效保障,制造的 技术流程如图 4 - 10 所示。

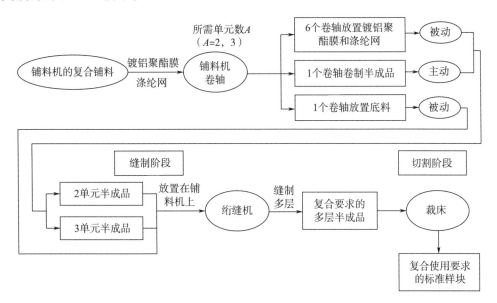

图 4 - 10　热控多层数字化制造技术流程

4.6.2　高温多层组件制作和装配

高温多层隔热组件反射屏、间隔物分别为镍箔等金属箔和玻璃纤维布,用于温度不超 过 900 ℃ 的环境,一般用于发动机高温的防护。由于高温多层隔热组件的反射屏为金属材 料,且一般高温多层隔热组件为复杂立体状,无法采用批量化的生产方式。

高温多层隔热组件的制造过程中,由于装配位置特殊,且具有异形管路和镂空支架等 复杂结构,三维模型的信息不完整、不准确,且镂空支架无法表达,装配部位的复杂曲面 使用传统二维图纸的设计方式难以实现。如果采用现场取样的方式,高温多层组件的制作 和装配不仅制作周期长,效率低下,人工取样效果不准确,一致性较差,而且高温多层隔 热组件取样和装配均在发动机组件附近,容易产生磕碰发动机的问题。目前,高温多层可 采用基于逆向工程的数字化制造工艺方法,取得了良好的效果,高温多层隔热组件数字化 制造流程图如图 4 - 11 所示。

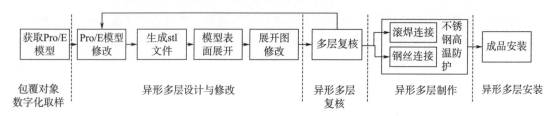

图 4-11　基于逆向工程的高温多层隔热组件数字化制造流程

4.6.3　热管装配

热管将高发热量部件的热量传到不发热的部件上，以满足航天器的等温化。热管分为预埋和外贴热管，以满足不同的控温需求。舱板内预埋热管在结构部装阶段实施完成；外贴热管在总装阶段实施。热管装配关键点在于热管和装配面的良好接触，其间填充导热材料，应保证其良好的导热性能。针对跨度较长的热管，如跨越 2 个舱板的情况，在装配后应利用专用加压工装进行加压，以实现热管和装配面的良好接触。

4.6.4　测温传感器装配

测温传感器装配是为了实现航天器各个部件的温度监控和测量。测温传感器一般采用热敏电阻，根据测温范围不同型号也不同。热敏电阻按照用途分为测温热敏电阻和测控两用热敏电阻。测温热敏电阻用来监测航天器的温度水平，获取航天器在轨飞行的温度数据；测控两用热敏电阻既可以获取航天器温度数据，同时为加热器提供温度参考。

热敏电阻采用粘接方式固定，在装配时，首先保证测温元件与被测部件的良好粘贴；其次，保证测温元件与被测部件间的绝缘性能；最后，粘贴后测量其引线间的电阻值、引线与被测部件间的绝缘阻值，确保符合技术要求。为了确保热敏电阻实施位置的正确性，均会进行热敏电阻热响应的检查。

4.6.5　电加热器装配

电加热器是航天器热控制系统最常用的电加热主动控制方法之一。按照电加热器形式，可以分为薄膜型电加热片和电加热带，其电热材料为铜镍锰合金，绝缘材料为聚酰亚胺膜，其中电加热带主要用于推进系统管路。对于发动机头部的温度控制，可以选择铠装电加热器以耐受更高的温度。对于火工品、蓄电池组、驱动机构、推进系统等设备，需要利用电加热的方式进行温度控制，这种方式具有结构简单、使用方便、控制精度高等优点，但需要消耗一定的电功率。

典型加热片曲面安装工艺流程如图 4-12 所示，关键在于加热片的粘贴，应注意硅橡胶的涂敷以及加压，其中涂胶粘贴要求如下：

1）待清洗液挥发后，用平面板刮板在加热片粘贴面涂抹一层硅橡胶，要求胶层均匀且薄（厚度约 $50 \sim 100 \ \mu m$），无颗粒；

2）待清洗液挥发后，用曲面刮板在被粘贴部件标识区域涂抹一层硅橡胶，要求胶层均匀且薄（厚度约 $50 \sim 100 \ \mu m$），无颗粒；

3）将加热片放置到标识位置（注意引线端的朝向），用柔性工具赶胶，操作时用力均匀，防止损伤加热片。操作步骤如下：边粘贴边挤除气泡，要求胶层均匀；从加热片中心向四周赶胶；四周溢出胶液量大致相等。

4）用蘸有无水乙醇的无尘室布清理加热片周圈溢出的胶液，要求保留 1～2 mm。

加热片粘贴后应目视检查加热片贴合紧密、平整，表面无气泡、无裂纹、局部无缺胶等缺陷。检查加热片粘贴完好后，需要使用沙袋、松紧带等对加热片进行均匀加固。

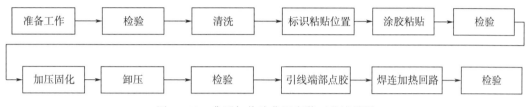

图 4 - 12　典型加热片曲面安装工艺流程图

4.6.6　试验过程中热控试验件装配

广义上讲，所有航天器上产品的装配均属于总装范畴。为了满足热试验需要将热电偶、外热流模拟器、热流计安装到航天器上，待试验结束后再将试验件拆除。

（1）热电偶安装

热电偶作为一种最为常见的测温传感器，由于价格便宜，实施工艺相对简单。在航天器热真空或者热平衡试验中，大量使用铜-康铜热电偶对航天器进行测温，以代替价格较贵实施工艺复杂的热敏电阻，在试验后将热电偶拆除。

热电偶粘贴的主要工艺步骤包括：标识制作、清洁产品及被粘贴表面、粘贴位置绝缘实施、热电偶粘贴、热电偶固定及检查等几个步骤。热电偶引线为极细的铜和康铜丝，因此在走线过程中要避免刮蹭和拉拽。

（2）外热流模拟器制作及安装

航天器热真空和热平衡试验一般采用薄膜型电加热器来模拟多层隔热组件表面在轨吸收的外热流。薄膜型电加热器外热流模拟器主要制作过程为将加热片粘贴在聚酰亚胺薄膜上，待固化后将加热片焊连加热器回路，之后连接外热流插头。

薄膜型电加热器外热流模拟器制作的关键工艺技术在于外热流加热片的粘贴，一般要求目视检查后加热器件粘贴平整，边角无翘起，无明显可见气泡，必要时使用放大镜辅助检查，一般要求 60 mm×120 mm 面积内要求不得有直径大于 1 mm 的气泡，直径约 1 mm 以下可见气泡少于 5 个，加热丝上不得有气泡。薄膜型电加热片有自带胶膜和不带胶膜，自带胶膜加热片通过胶膜直接粘贴在聚酰亚胺基底上；不带胶膜加热片需要通过硅橡胶进行粘贴，为了确保粘贴的工艺要求，需要控制涂胶厚度、晾胶时间以及粘接手法，一般采用需要技艺较高的操作人员实施。由于在轨温度较高，深空领域航天器的外热流均采用硅橡胶粘贴的方法，为了提高实施质量和效率，采用了镂空方式粘贴加热片的工艺方法，实施效果较好，具体如图 4 - 13 所示。

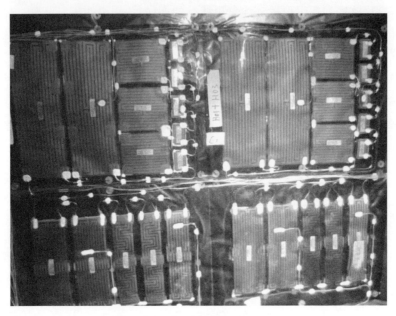

图 4 - 13　改进后试验件外观状态

（3）热流计安装

热真空试验需要在整器散热面及多层组件外表面安装热流计，分别用于测量红外笼加热热流和真空罐内的背景热流。热流计包括绝热型热流计和等温型热流计，其中绝热型热流计原理简单、制作便捷，应用较为普遍；等温型热流计相对制作复杂，装配受制条件较多，应用较少。

两种热流计的装配工艺流程一致：热流计检查、制作热流计标识、热流计焊延长线、确定热流计安装位置、清洁热流计、安装热流计、热流计安装状态检查、热流计延长线整理、电连接器焊连并检查等几个步骤。两种热流计唯一区别在于"安装热流计"的工艺方法不一致。

绝热型热流计安装：利用热流计自带 4 根固定线将热流计固定在安装位置上；固定线就近用聚酰亚胺基单面压敏胶带粘贴在热流计安装舱板的边缘，或者直接绑扎在其附近的固定点（如聚酰亚胺销钉）；聚酰亚胺基单面压敏胶带粘贴时应避开散热面。微调 4 根固定线松紧程度，固定线沿热流计安装表面拉紧固定，保证热流计感温面与星表夹角不大于 5°。

等温型热流计安装：用蘸有丙酮的无尘拭布清洁星体的粘贴表面和热流计安装脚的安装面，并晾干；裁剪尺寸约为 15 mm×15 mm 的涤纶基双面压敏胶带；将其粘贴在等温型热流计安装脚的安装面上；试装并确定热流计的安装方向和位置，保证无干涉；揭下保护纸，将热流计粘贴至安装位置，并均匀加压固定；裁剪尺寸约为 15 mm×15 mm 的聚酰亚胺基单面压敏胶带，将热流计四角的固定线用聚酰亚胺基单面压敏胶带粘贴在热流计星体安装舱面的边缘（尽量粘贴在星体非散热面上），确保线头末端的防滑扣被粘贴在胶带下面。

热流计安装前先对热流计进行检查，检查内容包括：热流计表面状态，热流计数量检查和热流计感温面热电偶的导通测量，然后用无水乙醇清洁热流计底板和热流计感温面。对于安装在散热面上的热流计，要求安装过程中注意保护散热面，避免对散热面造成污染。

4.6.7 热控组件装配注意事项

（1）光学敏感器附近多层

光学敏感器开口附近的多层隔热组件均不得超过设计要求开口轮廓，否则可能引起光学器件信号干扰。

工艺控制措施：工艺文件中应明确多层开口尺寸；工艺文件中应明确开口附近多层固定要求。

（2）热敏电阻、热电偶

热敏电阻、热电偶等测温传感器粘贴覆盖膜发射率应与被粘贴部位表面发射率一致。若测温传感器覆盖膜与被粘贴部位表面的发射率不一致，将影响热敏电阻和热电偶的测温精度。

工艺控制措施：在工艺文件中应规定若热敏电阻、热电偶安装面为金属光亮表面，如镀金表面、光亮阳极氧化表面、镀铝膜表面，且无多层隔热组件覆盖时，则必须用相应的镀金膜或镀铝膜等与安装表面热光学性能相同的膜材覆盖在固定热电偶用的硅橡胶部位上。

4.7 结构装配工艺技术

结构装配一般在航天器结构部装阶段完成。在 AIT 过程中，一般需将航天器部分结构拆除，以满足系统集成装配的需求，最后再将舱体重新装配到位。航天器系统集成装配一般只对航天器的舱体或者舱板进行再装配，保持主结构状态。

4.7.1 结构组成

航天器结构主要功能包括承受载荷、安装设备和提供构型 3 个方面。大中型卫星都有能够独立承受的结构系统，图 4-14 是一种典型通信卫星结构的组成，它由中心承力筒、结构板等承力构件主力路径。太阳翼、天线及设备等通过机构、支架连接到承力筒构件上，并将载荷传递到主传力路径上。航天器总装过程中，需要将对地板、背底板等舱板，服务舱、推进舱、通信舱等舱体以及太阳翼、天线等机构安装到主承力结构上。返回式卫星结构一般包括回收舱、制动舱、服务舱和密封舱 4 个舱段，如图 4-15 所示，其载荷沿舱壁逐舱向下传递。其中密封舱为金属壳体的密封结构；回收舱包括金属壳体的密封结构和外层防热结构；制动舱和服务舱为加筋壳体结构。总装期间，需要将各个舱体按照要求对接装配。

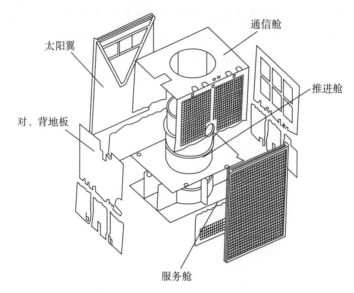

图 4 - 14　一种典型通信卫星的结构组成

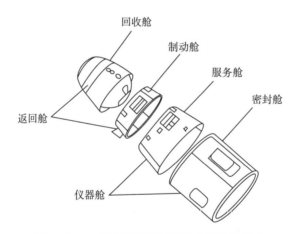

图 4 - 15　一种返回式卫星平台主结构的组成

4.7.2　结构装配

（1）舱板和舱体装配

承力筒结构和桁架结构的航天器舱外均由不同的结构板组成，可分为舱板上无设备的普通舱板和舱板上有设备的舱板。普通舱板相对较少，一般采用人工抬扶装配即可；舱板上有设备的舱板上需要连接低频电缆、甚至高频电缆，在测试阶段需要将舱板长期打开并与舱体保持不同的角度，一般依靠多自由度翻转架车实现。

舱板装配过程中，通过多自由度翻转架车将舱板调整到适当位置，待绑扎固定和插接电缆后，微调舱板与星体相对位置，螺钉孔位完全对正后，移动舱板与星体贴合，安装紧固件，完成舱板与舱体的装配。多自由度翻转架车具体在本书第 8 章详细阐述。

随着航天产品向大型化、复杂化方向发展和产品大质量、高精度装调需求增加，航天器产品结构舱板也随之大型化、重型化，而且装配精度也随之提高。近几年航天事业的发展对航天器总装效率提出了更高的要求，传统使用多自由度支架车对接舱板的工艺方法费时费力，国内外航天器结构采用机器人装配舱板逐步在航天器中应用，如图 4-16 为 NASA 采用机器人用于板装装配，使用工业机器人装拆舱板的方案，能够实现待装舱板六自由度姿态精确调整，并可以通过路径规划自动安装或力控技术随动安装，通用性较强，而且节省人力。北京卫星环境工程研究所也开展了工业机器人进行大型舱板安装攻关工作，并取得了一定的成绩，图 4-17 为国内某型号用机械臂装配大型舱板。

图 4-16　NASA 机器人用于板装装配

图 4-17　工业机器人安装舱板过程

（2）舱段装配

航天器舱段体积大、质量大，一般采用天车吊装垂直对接的方式进行；其中舱段水平对接技术也处于研究中。

垂直对接：卫星的舱体及整星通常采用垂直对接方式，通过吊具起吊对接舱段与被对接舱段连接。舱段对接过程中，应避免两个舱体之间的碰撞和干涉；同时保证对接舱体和被对接舱体的水平状态实现两者高精度的连接也尤为重要。传统对接舱段和被对接舱段调水平方式为机械调整：对接舱段通过调整吊具上的花篮螺丝等装置实现水平状态；被对接舱体通过调整地脚支撑实现其处于水平状态。为了进一步提高对接的精度、可靠性和效率，自动水平调节吊具技术逐步应用到航天器舱段对接中，尤其是二维的自动水平调节吊具技术。国内外的相关公司企业以及一些研究部门，都投入了相当大的人力、物力和财力，以提高吊具水平调节的精度，加快装配、吊运的速度，加大自动化程度，并降低所需的装配、吊运成本。ESA 已经研制并使用质心补偿吊具进行舱段对接。智能制造的推进，自适应调平吊具、智能调姿平台的出现，都对航天器自动对接提供了有力的技术支持，图4-18 为北京卫星环境工程研究所研制的舱段自动对接系统示意图。

图 4-18　舱段自动对接单元

水平对接：针对水平总装的大型舱段，如空间站等大型航天器具有水平对接的需求，其自动化对接工艺技术也在发展。利用自动化的手段实现快速、安全、准确的水平对接工艺方法，其主要包括快速调姿的工艺方法、非接触快速测量的工艺方法以及密封面水平压紧方法，利用非接触快速测量系统测量目标舱段的姿态，将所得数据作为快速调姿系统的输入，调整对接舱段的姿态，进行水平对接，基于并联调姿平台的航天器对接原理图如图4-19 所示。

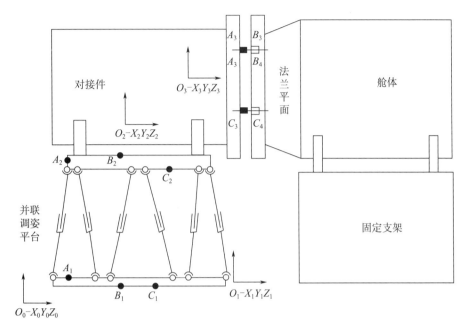

图 4-19　基于并联调姿平台的航天器对接原理图

4.8　机构装配工艺技术

4.8.1　机构装配特点

　　航天器空间大型机构需求越来越多，尺寸越来越大（如太阳帆板的面积达到了 500 m²，大型伸展杆长度达到了 60 m，天线反射面的直径超过了 25 m），这些机构不仅装配精度要求高，展开后对位置精度、结构刚度也要求很高。中国载人空间站和深空探测计划的实施，进一步发展了以空间智能机器人为代表的空间智能柔性机构。空间机构产品正朝着大型化、精密化、智能化方向发展，机、电、热多技术集成的特点越来越突出，复杂大型空间机构产品的精密装配（如高精度测量、复杂大型机构产品的地面测试以及试验验证）具有如下特点：

　　1）大型空间机构产品，特别是三维空间机构的定位、安装都十分困难的产品，需设计大型通用或专用工装设备来辅助装配工作，开发并应用大尺寸的精密检测手段来进行测量。

　　2）精密空间机构产品在生产、装配的各个环节尤其是关键环节需要对大型机构间的相对关系进行精度控制和调整，同时在整个过程中需采用低重力系统消除重力的影响。

　　3）针对多自由度运动空间机构产品，在总装过程中需引入位姿精度测量，对多自由度运动空间机构产品装配需采用位姿实时检测。

4.8.2　典型机构装配

　　（1）太阳阵装配

　　太阳阵在航天器的装配方式有体装式和展开式两种。体装式太阳阵是布置在航天器外壳的太阳阵，这种装配方式最为简单，没有运动部件，工作可靠。展开式太阳阵是航天器上典型的机构，虽与航天器连接，但可独立于航天器本体，发射时收拢在航天器内部或者侧壁，入轨后展开太阳阵。

展开式太阳阵装配需要在气浮式和悬挂式等模拟零重力状态下进行，一维展开情况下，一般采用悬挂式模拟零重力，二维或多维时，经常选用气浮式或悬挂式模拟零重力。一般展开式太阳翼驱动机构实现一个维度的展开运动，具有较高的装配精度要求，装配过程为一个零重力状态的装配，主要工艺步骤包括：卫星状态准备、太阳翼状态准备、卫星靠近展开架、初定位、卫星位姿精测、调整、太阳翼与卫星对接、精度复测、太阳翼试验、测试、连接火工品电缆、状态确认、太阳翼压紧、转移卫星离开展开架。在装配过程中有两个要素需要重点关注：装配精度、活动电缆。

太阳翼装配精度：太阳翼装配采用展开架悬挂方式来实现低重力环境，然后利用两轴转台进行航天器姿态调整，通过测量手段实时监测，最终确保航天器与太阳翼之间的装配关系和精度要求，图 4-20 为嫦娥三号月球探测器太阳翼展开试验。

图 4-20　嫦娥三号太阳翼展开试验

活动电缆的装配：太阳翼电缆在装配过程中，需要考虑电缆与太阳翼展开、收拢时的干涉情况，避免出现电缆压硌、刮蹭等问题，同时还要考虑电缆的活动余量，确保太阳翼顺利展开。一般地面需要进行太阳翼展开收拢的验证试验，应对电缆的干涉和活动余量情况进行逐项确认。

（2）天线装配

为了获得天线的高性能，航天器天线研制向复杂化和大型化方向发展，从而给天线的装配提出了更多的要求，进一步加大了装配难度。天线的装配质量好坏直接关系到天线系统能否正常地在轨工作。天线产品主要有固定式天线、单轴固面可展开天线、双轴/多轴可动点波束天线、网状展开天线、平面阵列天线等。单轴固面可展开天线、双轴/多轴可动点波束天线、网状展开天线等可展开天线均是在收拢状态下安装到位，安装精度通过舱板部装期间安装模板精测调整到位后配打定位销钉孔安装销钉，总装期间通过销钉保证天线的安装精度。天线的安装包括紧固件安装、多层的整理、热控引线的焊连、电连接器插接、波导连接等。天线装配到位后，为了保证天线在轨展开顺利进行，总装期间需开展天线展开试验。固面天线的展开试验一般在零重力展开架下进行，分为手动展开和电动展开，一般力学试验前进行手动展开试验，展开后收拢压紧天线并安装火工品，力学试验后进行电爆展开试验。展开试验主要包括调测零重力展开架、安装卸载工装、天线展开、天线展开角度测量、零位测量、天线收拢、安装火工品、安装压紧装置，安装锁紧杆并对锁紧座测力、拆卸卸载工装等。单轴固面可展开天线、双轴/多轴可动点波束天线、网状展开天线、平面阵列天线等均是可展开天线，天线周围的多层、电缆的整理固定需格外关注，在天线展开包络范围内不得有妨碍展开的线缆、多层等存在。图 4－21 为某卫星天线展开试验。

图 4－21　某卫星天线展开试验

（3）着陆缓冲机构装配

着陆缓冲机构是软着陆探测器最典型的活动机构之一，其由 4 条着陆腿组成，采用软着陆机构，通过着陆腿上的缓冲器的设计，保证着陆器安全着陆。着陆器缓冲机构装配包括机械接口和电接口的装配。

着陆器缓冲机构是将 4 条腿分开进行装配，每条腿又由主腿、多功能辅腿和单功能辅腿组成。着陆器缓冲机构的机械装配较为简单，其中主腿采用特制螺栓和主结构相连接，辅腿采用螺栓和着陆器底板进行连接。着陆器缓冲机构总装难点在于散线电缆的总装实施，首先，控制电缆的余量，保证着陆缓冲机构在展开过程和着陆过程不受影响；其次，将外露电缆进行热控实施，避免底部发动机点火产生的高温将电缆损坏。经过工艺性设计，严格控制电缆的余量，进行了着陆缓冲机构的展开试验验证；在电缆热控实施后，采用特制不锈钢丝固定，保证了电缆固定的强度，也使绑扎固定材料可以经受发动机点火引起的高温环境。着陆缓冲机构装配后，同样需要低重力状态的展开试验以验证产品的自身性能以及装配质量。

航天器的机构多种多样，如神舟飞船的舱门、嫦娥五号的钻取机构等，且装配有低重力、高精度等不同要求，是航天器系统集成过程中难点之一，其装配工艺方法以及工艺装备也不同，不在此一一介绍。

4.9　航天器整器总装工艺技术

航天器在完成管路装配、电缆装配、仪器装配、热控元器件装配、结构装配等所有产品的系统集成后，航天器整器需要开展系统检漏、质量测试、运输至发射场、上发射塔架等相关工作，应通过相应的工艺技术及装备实现航天器产品的吊装、调姿、转运及运输。

4.9.1　吊装技术

航天器吊装是使用厂房内的天车通过吊装装置将航天器起吊，可开展对接等总装工作。吊具是实现航天器起吊的关键工艺装备，一般包括机械式航天器吊具和自动水平质心调节吊具。

1）机械式航天器吊具。目前我国航天器总装使用吊具大多是机械式吊具，吊具主要分为整星吊具及部组件吊具，根据吊装对象不同吊具结构形式有所差别，但其组成功能部件相似，主要由吊梁、吊带、转接件等组成，分两层，上侧为吊梁组件，吊梁组件与厂房吊车连接，下方为与航天产品连接的组件。

2）自动水平质心调节吊具。随着对接精度要求越来越高，并且需要进行精确定位，以避免点点接触、碰撞导致所装配产品发生变形而遭到破坏，自动水平质心调节吊具逐渐应用于航天器吊装。自调平功能通过二维工作台和相应的控制系统实现，不用人为机械调整吊具而实现吊具与被吊舱段或者整器处于水平状态。

4.9.2　调姿技术

航天器在进行太阳翼、展开天线等机构装配或展开，甚至高空设备装配时，需要调整整器姿态以配合完成机构的装配或试验工作，一般都是通过各类调姿工艺装备完成整器姿态的调整。

1）多轴转台。多轴转台是实现航天器调姿的常规设备，以往航天器装配条件较好，两轴转台基本能满足总装和测试需求。两轴转台也分为丝杠滑轨结构和电推杆外翻式结构，一般卫星的两轴转台采用丝杠滑轨结构，为了解决嫦娥三号等航天器特殊翻转姿态调整需求，采用了电推杆外翻式两轴转台，有效降低了航天器的翻转包络。目前，由于航天器产品布局的紧凑，机构愈加复杂，机构装调及试验对星体姿态要求愈高，三轴转台逐步在航天器总装中应用。针对不同型号天线开展星体姿态需求，研制了可实现回转、倾倒、升降、全向行走、电动水平调节等功能的三轴转台，解决了有限空间内星体调姿难题。

2）并联调姿平台。针对航天器总体装配过程中精密对接、大型部件精密安装、舱段对接等需求，北京卫星环境工程研究所攻克了六自由度姿态智能化精确调整、自动对接路径规划、干涉仿真分析等技术难点，将并联调姿技术逐步应用到航天器总装中，六自由度并联调姿实现了航天器姿态调整 0.1 mm、±5°的精确定位。

4.9.3　转运技术

航天器产品需要在厂房内转运，一般采用总装停放支架、气垫转运、全向轮电动转运以及自动导引车（Automated Guided Vehicle，AGV）智能转运技术等。

1）总装停放支架转运。方式最为简单、可靠，同时还能实现总装、测试、试验、检查、加注时的停放功能，也是航天器产品转运最为普遍的方式。缺点在于需人力辅助完成，同时受到转弯半径的制约。

2）气垫转运。具有超大质量转运的特点，满足大型航天器的研制需求，如载人飞船系列均采用气垫方式转运；气垫悬浮运输车不局限于固定的工作场所，实现了"零"转弯半径；气垫悬浮运输车的工作高度只有几十毫米，对于所运载的产品在移位及就位的时候几乎没有任何冲击。缺点在于对厂房提出了转运通道的高平面度要求，同时要配置较大流量的气源。

3）全向轮电动转运。全向轮电动转运具有零转弯半径、无级调速的特点，可满足中小型航天器的自动转运需求。全向轮组由控制柜、手持操作盒、4 套轮组、蓄电池组和充电机组成。目前，全向轮电动转运逐渐应用在航天器支架车以及两轴转台上。缺点是承载受到一定的限制。

4）AGV 智能转运。是指具有循迹功能，能高精度定位的一种搬运装备，可以人工遥控实现全方位运行，也可以沿固定路线自动循迹运行，具有完备的安全员保护措施，可自动识别运输路线上的障碍物。麦克纳姆轮（Mecanum）可实现各向移动的全向轮转运，是智能转运的一种。其优越性体现在很小的空间环境中全方位移动，运动灵活，操作方便，但是这种结构过于复杂，其车轮与地面的有效接触面积减少，对地面承载能力要求高，易损坏地面，运动轨迹的精确性也不高。

4.9.4　运输技术

航天器产品运输一般指不同总装厂房、试验场地以及发射场之间的产品转运，主要为公路运输、铁路运输、空运、海运，每种运输方式的特点也不同。

1）公路运输。近距离航天器产品运输的主要方式，具有运输便捷，不受起运时间的制约等优点；缺点在于大型航天器的公路运输可能受道路桥梁的高度、高速收费站宽的影响。公路运输一般采用专用特种车辆，具有超长、超宽以及底盘低的特点。

2）铁路运输。长远距离航天器产品运输一般采用专列方式，大部分地面支持设备的运输也采用铁路运输的方式。优点是不受道路的影响；缺点是速度慢，运输环境较差。铁路运输有仪器车厢、平板车、敞车、槽车几种类型，关键产品应放置在具有温度、湿度控制功能的仪器车厢内。

3）空运。其是航天产品运输至发射场最常用的方式之一。空运最大优点是速度快，缺点是受机场位置和运输机的制约，在空运后，还需要公路运输至厂房。大型航天器的运输采用大型运输机如 AN‑124、AIRBUS‑SUPER TRANSPORTER 等。

4）海运。适合靠近海边的发射场，其优点是运输尺寸大、质量大，可以满足超大航天器运输；缺点是运输速度慢，环境较差。海运方式和发射场所在地理位置密切相关，适应大型航天器的运输。

航天器运输一般采用公路运输、铁路运输、航空运输以及海洋运输等多种形式相结合的方式，如在我国西昌卫星发射中心发射的航天器，先从总装厂房装车后，公路运输至首都机场，然后空运至西昌青山机场，再通过公路运输至发射基地。随着我国海南文昌发射场的建立，越来越多的超大航天器和运载火箭将会采用海运方式运抵发射场。

4.10　小结

航天器研制是一个涉及多场所、多地域、多学科的复杂系统工程，航天器总体装配作为航天器研制的最后阶段，其实施质量优劣直接影响着航天器在轨运行性能，甚至决定了航天器飞行任务的成败。因此，航天器总装是保证航天器顺利研制的关键环节，也是航天器总体性能、功能要求实现的有力保障。

本章结合航天器总体装配技术发展现状，阐述了航天器总装工艺技术的特点，结合北京卫星环境工程研究所承研航天器研制实践，对仪器设备装配、电缆装配、推进系统装配、产品调姿和转运等典型航天器系统集成装配技术进行了介绍。

参 考 文 献

［1］ 谭维炽，胡金刚．航天器系统工程［M］．北京：中国科学技术出版社，2009．

［2］ 梁思礼．从 CAX 到并行工程——1994 年在中国科学院大会上报告．梁思礼文集［M］．北京：中国宇航出版社，2004．

［3］ Boe，Boeing777 Program Computing Innovations：Computing & Design/Build Processes Help Develop the 777［OL］．Http：//boeing.com/commercial/777family/compute/index.html．

［4］ JEFFREY L.SMITH.Concurrent Engineering in the Jet Propulsion Laboratory：Project Design Center.Jet Propulsion Laboratory 98 AMTC‐83．

［5］ CULLIMORE B，GENBERY V，KAHAN M，et al.Integrated Analysis Thermal/Structural/Optical System，SAE 2002‐01‐2444．

［6］ JAMES L.ROGERS，Reducing Design Cycle Time And Cost Through Process Resequencing，International Conference On Engineering Design，ICED 97 TAMPERE，1997‐08．

［7］ KEITH L.WOODMAN，VINCENT J.BILARDO JR.，Applying the Design Structure Matrix（DSM）Technique to NASA Organizational Design，NASA APPL 2nd Project Management Challenge Conference，March 2005．

［8］ 戴舒颖，肖武平，王存恩．日本 H‐2 转移飞行器现状与发展趋势［J］．国际太空，2013，3．

［9］ 陈月根．航天器数字化设计技术［M］．北京：中国科学技术出版社，2009．

［10］ 徐福祥，候深渊，等．卫星工程概论（下）［M］．北京：中国宇航出版社，2003．

［11］ 褚桂柏，张熇．月球探测器技术［M］．北京：中国科学技术出版社，2007．

［12］ 何胜强．大型飞机数字化装备技术与装备［M］．北京：航天工业出版社，2013．

［13］ 杨保华，唐伯昶，戴维序，等．返回卫星项目群流程再造研究实践［J］．宇航学报，2006（6）．

［14］ 中国运载火箭技术研究院信息中心．新一代运载火箭 AVIDM 协同研制环境建设［J］．中国制造业信息化．

［15］ 杨维垣．航天器研制流程再造研究［J］．航天器工业管理，2006（6）．

［16］ 邹冀华，周万勇，邹方．数字化测量系统在大部段对接装配中的应用［J］．航空制作技术，2010（23）．

［17］ 郭洪杰．飞机数字化柔性装配生产线关键技术［J］．航空制作技术，2011（17）：40‐43．

［18］ 孙刚，易旺民，代卫兵，等．航天器总装工艺流程优化的分析与思考［J］．航天器环境工程，2008，25（4）．

［19］ 易旺民，马强，李曼丽，等．基于产品数据结构的 CAPP、MES、AVIDM 集成技术研究［J］．航天器环境工程，2010，27（5）．

［20］ 冯伟，张延磊，易旺民，等．基于虚拟仿真技术的探月二期航天器总装工艺设计［J］．航天器环境工程，2014，31（3）．

［21］ 冯伟，李晓欢，易旺民，等．月球探测器紧缩场测试调姿方案设计与实现［J］．航天制造技术，2014（5）．

［22］ 于登云，孙京，马兴瑞．空间机械臂技术及发展建议［J］．航天器工程，2007，16（4）．

［23］ 阿西莫．世界上最先进的类人机器人［J］．中国青年科技，2006，（7）．

第 5 章　航天器微重力模拟与试验技术

5.1　引言

失重（weightlessness）是空间环境与地面环境的主要区别之一。物体对支持物的压力（或拉力）小于物体所受重力的现象称为失重现象。失重的影响主要表现在航天器内部不同部分之间的作用力的减小或与其他物体之间的作用力的减小。对于航天器来说，这种影响有些情况下是有益的，有些情况下是有害的。有益的是降低了空间机构结构强度的要求和关节驱动能力的要求，有害的是无法依靠重力固定自身和抓取其他物体。

航天器的设计以在太空失重环境下能够正常工作为首要目标，而不以能否在地面正常重力环境下工作为目标。但目前的航天器几乎都是在地球重力环境下制造出来的（除了极少数在轨 3D 打印的产品以外），它们能否在太空失重环境下正常工作（如在轨姿态控制、对接、抓取等功能是否正常），必须在微重力模拟与试验技术的支持下开展地面验证。

航天器上固定的结构具有较高强度、受失重的影响较小，通常不需要进行微重力试验。微重力试验的主要对象是航天器上的运动机构。这些机构主要包括太阳能电池翼、可展开天线、机械臂等。受到火箭运载能力的限制，运动机构的强度、关节驱动能力往往按失重环境设计，在正常重力下或者无法工作，或者容易受力过载损坏。

国内外航天机构对航天器的微重力试验都十分重视，著名的空间机械臂（如美国的航天飞机机械臂、空间站机械臂、日本臂、欧洲臂等）在发射前大都经过了充分的试验验证。我国各个航天器的太阳翼、大型可展开式天线在发射之前也都要进行充分的地面微重力试验。

本章首先介绍微重力模拟与试验技术的发展情况，包括航天器微重力试验的意义、航天器微重力模拟的方法与种类、航天器微重力模拟与试验的工艺难点以及常见航天器产品的微重力模拟与试验，然后详细探讨两种最为常用和重要的航天器微重力模拟与试验技术：基于悬吊系统的微重力模拟与试验技术和基于气浮的微重力模拟与试验技术。

5.2　微重力模拟与试验技术的发展情况

5.2.1　航天器微重力模拟与试验的意义

重力对航天器的影响主要表现在三个方面：一是对结构强度、刚度的影响，二是对关节驱动能力的影响，三是对自身姿态控制的影响。按照失重环境设计的航天器，其展开机构的结构强度和刚度往往设计得较弱，在进入太空失重环境之前，这些结构通过压紧固定的方式与强度刚度较强的航天器基体连接到一起以避免地球重力的破坏作用，进入太空失重环境后，压紧装置上带有的火工品爆炸，将展开机构与基体断开，展开机构展开至正常工作状态。航天器的展开机构通常为重要功能部件，展开不到位将使航天器部分功能失效或整星失效。缺少充分的地面运动测试将导致航天器在轨任务失败的风险增加，1990 年 1 月至 2008 年 10 月间发射的 1584 颗地球环绕卫星的失效事件中，发射后 30 天内由于太阳能电池翼展开过程失效所占的比重为 4.25%。所以，航天器的展开机构的地面展开测试十分重要。

航天器的关节驱动能力同样是按照失重工况设计的，在重力环境下将会导致运动速度降低或者完全不能运动，甚至会遭到破坏。关节的驱动能力往往是诸如空间机械臂一类的空间机构的关键指标，设计不当或制造缺陷将会影响到在轨任务的成败，必须在发射之前进行足够的测试。

地面上不存在天然的微重力环境，航天器微重力模拟与试验的意义在于为航天器在地面上创造类似于在轨的失重环境，辅助航天器完成地面运动测试，降低航天任务失败风险。

5.2.2　航天器微重力模拟的方法与种类

航天器微重力模拟的方法主要有：落塔（井）法、飞机抛物线飞行法、水浮法、气浮台法、悬吊法等，按照其微重力模拟的原理，可以将这些方法大致分为两类：加速运动法和外力平衡法（见图 5-1）。

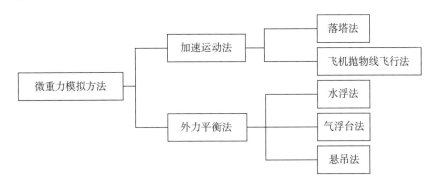

图 5-1　航天器微重力模拟方法分类

（1）加速运动法

加速运动法是通过惯性力来抵消重力的影响。根据牛顿第一定律，在加速运动状态下，物体所受的合力由式（5-1）给出

$$F = m \times (g - a) \tag{5-1}$$

式中　F——物体所受合力，N；

　　　m——物体质量，kg；

　　　g——重力加速度，m/s²；

　　　a——物体的运动加速度方向与重力加速度方向一致时为正，相反时为负，m/s²。

从式（5-1）可以看出，只需要运动的加速度与重力方向相同并且大小一致，就可以完全抵消重力的影响。落塔（井）法、飞机抛物线飞行法都属于这一类方法。该方法可以获得最接近在轨失重状态的微重力环境，因为各类航天器在轨所处的微重力环境本质上也是由于环绕地球运动的向心加速度所产生的，对于在轨状态

$$a = g = v^2/R \tag{5-2}$$

式中　v——航天器飞行线速度，m/s;

　　　R——航天器飞行轨道半径，m。

美国、德国、日本和中国都有各自的落塔设备，塔高从 44～146 m 不等，如美国 NASA GRC 的 2.2 s 落塔和 5.18 s 落井，德国 ZARM 的 4.74 s 落塔，日本 JAMIC 的 10 s 落井和 MGLAB 的 4.5 s 落塔，中国科学院工程热物理所的 2 s 落塔，中国科学院力学研究所国家微重力实验室的 3.50 s 落塔。

飞机通过抛物线飞行能够获得更长时间的微重力环境。飞机在进行抛物线飞行时，水平方向加速度为 0，竖直方向加速度为 g，从而惯性力与重力完全平衡，飞机内部获得接近于无重力的环境。俄罗斯的伊尔 76（Ил-76）失重飞机一个起落可飞 15～20 个抛物线，每个抛物线可产生 25～28 s 的失重时间，美国的 KC-135 失重飞机一个起落可飞 20～30 个抛物线，每个抛物线可产生 25 s 左右的失重时间，如图 5-2 所示。我国在 20 世纪 70 年代曾研制改装过一架歼 5 失重飞机，这也是国际上第三架失重飞机，并在 70 年代选拔航天员时立下功劳，但是因空间小、年代久远，现已放弃使用。目前，我国航天员需赴俄罗斯开展失重飞机体验训练。

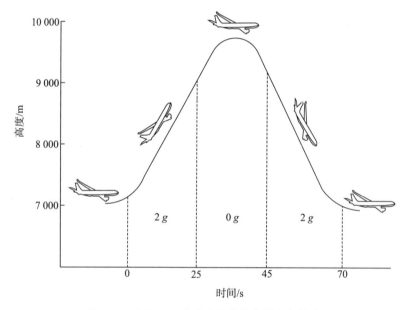

图 5-2　KC-135 失重飞机的抛物线飞行轨迹

加速运动从本质上模拟了在轨微重力环境，模拟精度高、模拟效果好。但加速运动法资金耗费大，实验空间相对较小，单次实验时间较短，主要应用于与重力场相关的科学研

究中。

（2）外力平衡法

外力平衡法是指通过施加与重力方向相反、大小相等的外部力来模拟出微重力环境。水浮法、气浮法、悬吊法都属于这一类型。

水浮法是通过水或其他液体的浮力来抵消重力的影响。液体的浮力等于排开的液体的重力，当浮力小于航天器的重力时，可以通过增加浮球的方式增加浮力，反之可以通过增加配重的方式增加重力。水浮法在 NASA 应用得很多，但是也很有局限性：水浮法一方面要求试验件防水，另一方面要求试验件的密度与水基本相近。

气浮台法通过平面空气轴承来实现航天器在平台表面的近似无摩擦运动，是在二维平面内实现重力平衡的有效手段。与之类似的，还有依靠平台在水平面内的高频振动降低平台上试验物的时间平均摩擦系数的方法，以及依靠磁悬浮的方法。

悬吊法通过吊索向航天器施加补偿力。吊索只产生沿吊索方向的拉力，在其他方向上无附加分力，故能较好地对重力进行补偿。根据补偿力产生的方式，吊索悬挂方法分为两类：被动悬挂方法和主动悬挂方法。

加速运动法和外力平衡法虽然都可以实现微重力模拟，但其效果和适用范围是有很大不同的。加速运动法实现的微重力环境与太空失重环境最为相近，本质上是一种微重力场模拟，能够做到航天器内部材料级的微重力模拟，但它也存在模拟时间短、成本高，对航天器的体积和质量有严格的限制等问题。另外，加速过程必然对应着减速过程，也就是说加速运动模拟法必然存在超重过程，航天器必须能够"挺住"超重环境。

外力平衡法，只能产生一种航天器对外部无重力的模拟环境，航天器内部仍然受到重力的作用和影响。水浮法的外力作用于航天器表面，而气浮台法的外力作用于航天器的吊点或支撑点上，浮力法的静态模拟效果好于悬吊法，动态模拟效果不如悬吊法，这是因为浮力法中的液体（气体）流动阻力比较明显。

水浮法主要用于航天员训练。执行哈勃望远镜维修任务的 7 名航天员在地面接受的各种密集训练中就包括中性水池中的操作训练，我国的多名航天员在地面训练期间也都进行了水浮微重力环境训练。

外力平衡法对产品的体积、质量限制少，适应能力强，主要用于空间机构的地面运动测试，如太阳翼展开测试、天线展开测试、机械臂运动测试等。

通过比较，可以得出这些方法的特点如表 5-1 所示。

表 5-1　常用微重力模拟方法比较

		自由度	持续时间	承重能力	模拟精度	复杂度	成本
加速运动法	落塔法	3	≤10 s	弱，≤500 kg	极高，可达 0.001%	高	高
	抛物线飞行法	3	≤30 s	弱	很高	高	高
外力平衡法	水浮法	3	无限制	强	低，受水阻影响	高	中
	气浮台法	2	无限制	强	高	低	低
	悬吊法	3	无限制	强	中，可达 1.9%	低	中

以上诸方法中，气浮台法和悬吊法应用较为广泛，已被大量用于空间机械臂的运动测试，尤其是气浮平台应用最为广泛。

5.2.3　航天器微重力模拟与试验的工艺难点

航天器的微重力模拟与试验主要采用的是外力平衡法，这类方法的工艺难点主要在于以下几个方面：

（1）外力施加点的选择

外力施加点的选择主要考虑到施加点强度、等效施加到质心的效果、干涉的影响等因素。

（2）外力施加方法的选择

不同的外力施加方法（水浮法、气浮台法、悬吊法）将会影响试验的可靠性、微重力模拟精度、试验的覆盖率等指标。

（3）微重力模拟效果的检测与评价

微重力的模拟效果有些情况下可以通过传感器直接进行测量，而多数情况下无法直接测量，这就需要一些算法的研究，利用测量数据间接计算得出。

5.2.4　常见航天器产品的微重力模拟与试验

（1）太阳能电池翼

太阳能电池翼是常见的航天器部件，其作用是将太阳能转化为电能提供给航天器使用。太阳能电池翼的面积决定了其所能提供的电能功率，所以太阳能电池翼的面积越大越好，然而有限的发射体积又要求其体积越小越好。大多数太阳能电池翼都以折叠的方式解决体积和面积之间的矛盾，以折叠的状态发射，入轨后再展开工作。太阳能电池翼是航天器的核心部件，在轨展开故障将使航天器供电异常，无法正常工作，所以太阳能电池翼都要进行地面微重力环境下的展开试验。太阳能电池翼的地面展开常采用悬吊方式或气浮方式。

（2）可展开天线

航天器天线被广泛应用于空间和对地无线通信、电子侦察、导航、遥感、深空探测及射电天文等领域，由于距离远、信号弱，故要求航天器天线具有较大的有效面积，另外，多功能、多波段、大容量、高功率的需求也使得航天器天线正朝着大型化方向发展，可展开天线的使用势在必行。常见的展开天线有如合成孔径雷达（Synthetic Aperture Rader，SAR）天线、大口径微波辐射计等。大型可展开天线的结构一般比较复杂，形式也比较多样，常用的微重力模拟方法为气浮方式和悬吊方式。

（3）空间机械臂

空间机械臂本身是一个智能机器人，具备精确操作能力和视觉识别能力，既具有自主分析能力，也可由航天员进行遥控，是集机械、视觉、动力学、电子和控制等学科为一体的高端航天装备，是由航天飞机开创的一个空间机构发展新方向。随着空间技术的飞速发展，特别是空间站、航天飞机、空间机器人等的诞生及成功应用，空间机械臂作为在轨支持、服务的一项关键性技术已经进入太空，并越来越受到人们的关注。通过航天飞机和国际空间站的实际使用，空间机械臂显示出强大的应用能力和广阔的应用前景，对空间科学和应用的发展起到了很大的带动作用，可以说是人类太空活动日益增多，活动规模不断扩大的产物。空间机械臂具有体积大、质量大、自由度多、结构复杂的特点，其微重力模拟方法主要有：水浮法、气浮法和悬吊法（图 5 - 3～图 5 - 6）。

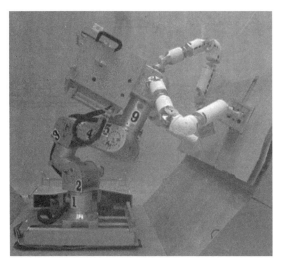

图 5 - 3　RANGER 水浮实验

图 5 - 4　ERA 水浮实验

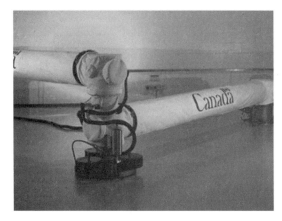

图 5 - 5　加拿大臂气浮实验

图 5 - 6　ERA 悬吊实验

（4）星球车

星球车是人类探测月球、火星等地外天体的重要手段，可以实现探测、考察、收集和分析样品等复杂任务。航天器在地外天体表面所受的重力与在地球表面所受的重力不同，所以星球车在发射前需要进行微重力行走试验，以验证诸如行走平稳性、转向灵活性等指标。星球车的微重力环境模拟主要通过悬吊方式实现。嫦娥三号上的玉兔号使用月面低重力系统（Small Lunar Gravity System，SLGS）来进行地面行走试验。图 5 - 7 为位于洁净间内的嫦娥三号洁净间重力补偿系统，图 5-8 为位于内场的嫦娥三号内场重力补偿系统。

图 5-7　位于洁净间内的嫦娥三号
洁净间重力补偿系统

图 5-8　位于内场的嫦娥三号内场重力补偿系统

（5）在轨 3D 打印机

在轨 3D 打印技术将在未来空间站运营、深空探测等任务中发挥不可或缺的作用。空间站等待一次地球补给至少需要半年，而 3D 打印只需要 1~2 天就能生产出需要更换的零部件。因此在轨 3D 打印可帮助航天员在失重环境下自制所需的实验和维修工具及零部件，大幅提高空间站实验的灵活性和维修的及时性，减少空间站备品备件的种类与数量及运营成本，降低空间站对地面补给的依赖性。

在轨 3D 打印机打印出的材料呈流体状态，难以利用外力平衡法，必须使用加速运动的方法抵消重力的影响，而且微重力模拟的持续时间不能太短，所以飞机抛物线飞行法是首选方法。

2014 年 9 月，NASA 的首台零重力 3D 打印机搭乘 Falcon 9 火箭前往国际空间站，两个月后，完成了首个太空 3D 打印项目。在此之前，美国空间制造公司对这个项目已经有了超过三万个小时的三维立体打印技术试验和 400 多次抛物线失重飞行的测试结果。图 5-9 为 NASA 在轨 3D 打印验证。

2016 年，由中科院重庆绿色智能技术研究院和中科院空间应用工程技术中心共同研制的国内首台空间 3D 打印机在法国波尔多成功完成抛物线失重飞行试验。该次试验验证了微重力环境下 3D 打印装备关键技术与工艺，实现了 2 种材料、3 类工艺参数、4 种模型的微重力打印，成功获取了微重力环境对 3D 打印工艺参数影响的实验数据。

图 5 - 9　NASA 在轨 3D 打印验证

（6）舱段对接、航天器捕捉

舱段对接是空间站建设的重要过程，如图 5 - 10 所示。而航天器捕捉是空间攻防、航天器回收利用等任务的基本动作。舱段对接、航天器捕捉任务的地面验证主要是验证航天器导航与控制（Guide Navigation and Control，GNC）系统的功能与性能，要求微重力模拟精度要足够高，一般使用气浮台方式实现，如图 5 - 11 所示。

图 5 - 10　中国空间交会对接

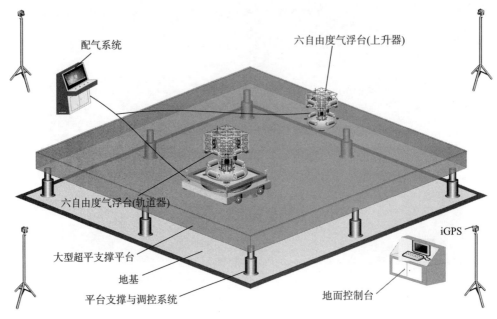

图 5-11　空间对接、空间捕捉模拟系统

5.3　基于悬吊方式的微重力模拟与试验

5.3.1　悬吊式微重力模拟原理

悬吊式微重力模拟是通过吊索向产品施加重力补偿的一种微重力模拟方法。根据吊索力产生的方式的不同，悬吊系统可以分为被动式悬吊系统和主动式悬吊系统。

被动式悬吊系统使用气球、配重、导轨来产生悬吊力，具有简单可靠的优点，但被动式无法补偿系统固有的空气阻力、摩擦力、附加惯量，在实现重力补偿的同时，也引入了一定的干扰，微重力模拟精度较低。

主动式悬吊系统使用电机、传感器主动识别航天器运动、主动控制吊点进行跟踪，具有较高的微重力模拟精度。

在进行被动方式和主动方式选择时，主要考虑如下几个方面的因素：

1）航天器质量，当质量较大时，宜采用主动方式，以减小模拟系统的体积和质量；

2）对精度的要求，一般来说被动方式的精度不如主动方式的高；

3）模拟环境，在热真空环境中进行微重力模拟，应优先选用被动方式，以提高系统可靠性。

5.3.2　被动式悬吊系统及应用

被动式悬吊系统包括无纵向运动悬吊系统、配重式悬吊系统、气球悬吊系统、恒力装置悬吊系统等。

　　无纵向运动悬吊系统的特点是在试验中将航天器的运动自由度水平放置，其结果是吊点在竖直方向上没有运动分量，使得恒拉力索长度几乎恒定，避免了恒拉力的收放线机构，使整个系统大大简化。哈尔滨工业大学的空间伸展臂低重力系统[19]和英国剑桥大学的可折叠太阳帆板展开机构[20]都是以这种方法进行低重力实验的，如图 5 - 12 和图 5 - 13 所示。

图 5 - 12　空间伸展臂低重力实验

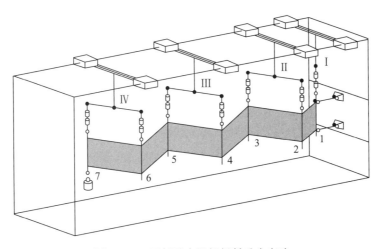

图 5 - 13　可折叠太阳帆板低重力实验

　　配重式悬吊系统通常由配重、吊索、滑轮组和悬吊机构组成。配重依靠自身重力产生吊索力，滑轮组用于改变吊索力的方向，产生竖直向上的悬吊力，悬吊机构用于将悬吊力施加于产品的质心。

　　配重式悬吊系统结构简单且静态模拟精度高，但动态模拟精度差。原因主要在于配重式悬吊系统存在附加惯量，影响产品的加速性能。随着产品的加速度的增加，配重产生的悬吊力将发生严重偏离。

　　配重式悬吊系统使用吊索改变力的方向，需尽量选择柔软的吊索，同时考虑尽量使用较大半径的滑轮，以避免弯曲力对模拟精度的影响。典型的三种配重式悬吊系统如图 5 - 14 所示。

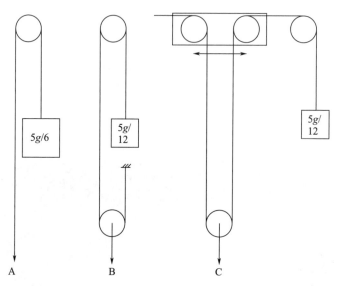

图 5 - 14　　配重法原理示意图

　　A 方案使用质量为被测产品 5/6 的重物作为配重块，实现 1/6 g 低重力模拟。在被测产品水平运动过程中，该方案相当于给被测产品增加了 5/6 的惯量（不计滑轮、吊索质量）。B 方案使用质量为被测产品 5/12 的重物作为配重块，实现 1/6 g 低重力模拟，通过使用滑轮组，仍能产生 5/6 重力的抵消效果，但在被测产品水平运动过程中，该方案相当于给被测产品增加的惯量却减小到了 5/12（不计滑轮、吊索质量）。C 方案使用质量为被测产品 5/12 的重物作为配重块，实现低重力模拟，且配重块不跟随被测产品水平运动，在不考虑滑轮吊索质量时，不会有附加惯量的产生。从附加惯量大小的角度考虑，C 方案优于 B 方案，B 方案优于 A 方案，但是 C 方案使用的滑轮数量要比 B 方案多，吊索的转角也相应增加，于是增加了吊索运动过程中的摩擦力和弯曲力，B 方案相比 A 方案也是如此。

　　配重式悬吊系统能够使用纯机械的方式实现，完全不需要电气控制的参与，因此系统相对简单，风险因素少。但配重式悬吊系统动态性能差，模拟精度低，只适用于对动态模拟精度要求不高的微重力模拟场合。

　　气球悬吊系统的吊索力是由气球的浮力产生的，是最简单的一种悬吊系统。气球悬吊系统由气球、吊索和悬吊机构组成。

　　气球悬吊系统通常使用氦气球。氦气密度比空气小，这使得氦气球在空气中受到的浮力要大于其自身的重力。通过设计合适的气球大小可以获得合适的吊索力。

　　气球悬吊系统所能产生的吊索力与气球的体积密切相关，越大的吊索力需要越大体积的气球。然而气球不能设计得太大，太大影响运动空间且受空气阻力影响大，所以气球悬吊系统更适用于一些质量较小的航天器产品的微重力环境模拟。

　　当一个航天器产品的微重力模拟需要多根吊索实现时，需要多个气球产生悬吊力，这时要考虑气球之间的干涉问题，为此，多个吊点的气球悬吊系统的气球往往设计成非球形，来避免相互之间的干涉。

　　气球悬吊法具有简单、可靠的特点，特别适用于质量较小、运动速度较慢的航天器产品的微重力模拟。对于质量稍大一些的航天器，如果使用气球来产生悬吊力，将需要设计非常大体积的气球，这时干涉问题、空气流动的影响、附加惯量的影响就必须要考虑。

　　恒拉力机构悬吊系统主要分为四类：平行四连杆式、正负弹性式、凸轮绕绳式和恒力摆杆式。平行四连杆式在苏联整车实验中曾被采用，通过车辆跟随星球车，使用图 5 - 15 所示的平行四边形机构配合弹簧产生竖直向上的恒拉力。

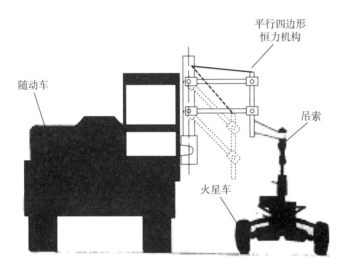

图 5 - 15 　苏联火星车地面实验

　　正负弹性式恒拉力机构的原理如图 5 - 16 所示。主辅式恒力弹簧支吊架采用一对辅助弹簧和摆动刀形凸轮，将主弹簧压缩时的力-位移三角形特性曲线切补成矩形，可以看出在整个过程中机构所提供的力是恒定的。

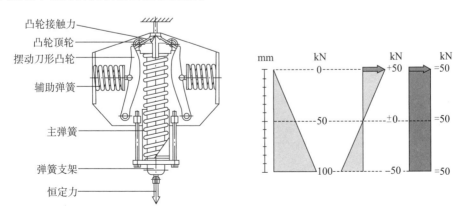

图 5 - 16 　正负弹性式恒力机构

凸轮绕绳式恒力机构如图 5-17 所示。当凸轮旋转时，弹簧被拉伸此时弹力增大，但是由于凸轮的外廓成渐开线式的收拢，力臂随之减小，使得力矩保持为恒定，这样就实现了恒力的目标。

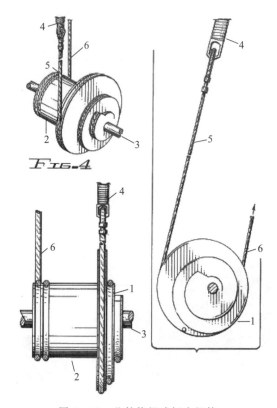

图 5-17　凸轮绕绳式恒力机构

1—凸轮；2—卷筒；3—转轴；4—弹簧；5—凸轮绳；6—恒力绳

哈工大研制的摆杆式恒力机构如图 5-18 所示。它以旁路张紧的方式为吊索提供等效刚度。

图 5-18　摆杆式恒力机构

5.3.3　主动式悬吊系统及应用

主动式悬吊系统使用电机卷动吊索产生悬吊力或使用气缸、液压缸产生悬吊力，因为使用了电机控制或气压、液压控制，因而得名。其中基于电机控制的主动式悬吊系统最为灵活，使用也最为广泛，本节将主要围绕其展开，基于气缸、液压缸的主动式悬吊系统与之类似，不作详细介绍。

最基本的基于电机的主动式悬吊系统主要包括基架、恒拉力电机、卷筒、拉力传感器、悬吊机构。为了适应航天器产品水平运动的模拟需求，主动式悬吊系统往往还配有二维随动平台。下面就一些典型的主动式悬吊系统，讨论其原理与组成。

日本富士通空间机电一体化实验室开发了恒张力的空间机械臂微重力试验系统，如图 5 - 19 所示。它采用双臂系统，属于完全主动式。吊索上端是与被测试系统完全相同的六自由度机械臂，吊索与机械臂通过万向节连接，可以实时保持吊索的竖直。

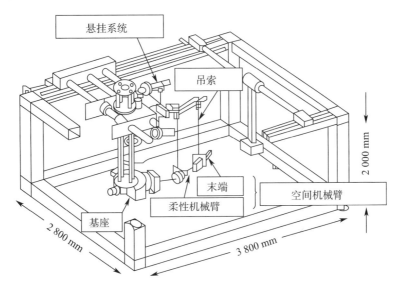

图 5 - 19　富士通空间机电一体实验室的微重力试验系统

卡内基梅隆大学为 SM2 机械臂设计的低重力实验系统采用了主、被结合的随动机构，如图 5 - 20 所示。其随动机构具有与机械臂根部关节同轴的旋转自由度，随动自由度是跟随末端杆件某确定点在平面内投影的平动自由度。对 SM2 机械臂进行重力补偿的目的是使得机械臂关节的力矩能够驱动机械臂，而不是准确地模拟机构臂的运动。这一点是 SM2 机械臂重力补偿系统使用配重机构产生拉力的主要原因。

欧洲空间机械臂（The European Robotics Arm，ERA，简称欧洲臂）被用在国际空间站的俄罗斯舱上，为了在地面上测试机械臂的性能，使用了图 5 - 20 所示的悬吊法。主要用于测试 ERA 对物体的抓取特性。在这个实验中，ERA "中间的关节"被挂在吊框上，两个操作端和一个被抓取物分别用吊索进行重力补偿。吊索只有拉力，没有水平位置随动功能。

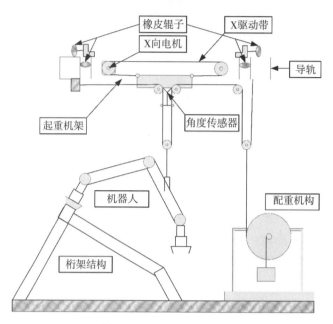

图 5 - 20　SM2 悬吊实验

　　全主动式重力补偿系统已逐步开始应用于各类航天产品及航天员的微重力模拟。目前可查的全主动重力补偿系统包括 NASA 于 2009 年完成的 ARGOS 航天员训练系统（如图 5 - 21 所示）和由中国于 2012 年完成的 SLGS 月面巡视器低重力系统。ARGOS 系统特点是拉力系统响应频带较高但精度较差，这主要是由于 ARGOS 主动跟随系统主要用于人的微/低重力体感训练，不需要太高的补偿精度，而需要较高的响应频带。

图 5 - 21　ARGOS 航天员体感训练系统

5.4　基于气浮台的微重力模拟与试验

5.4.1　气浮台微重力模拟原理

气浮台法主要通过气悬浮的方式在气浮平台上将飞行器平托起来，即托举力与重力抵消来实现微重力模拟的一种方法。产生托举力的关键部件是平面空气止推轴承（也称止推空气轴承、推力空气轴承、气浮垫、气垫、气浮块、气脚等），工作原理如图 5-22 所示。

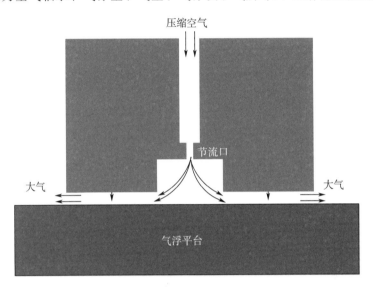

图 5-22　平面空气止推轴承的工作原理

压缩空气通过节流口流入空气平面止推轴承与气浮平台间的气隙，使气隙内产生气压 P，气压 P 高于大气压，从而对平面空气止推轴承产生压力 F，压力 F 即为托举力。

气浮微重力系统主要由平面空气止推轴承、气浮平台、供气系统组成。

平面空气止推轴承目前已经成为成熟的标准产品，比较著名的生产厂商包括德国 AeroLas 公司，其常用的标准圆形平面空气止推轴承系列分为 $\phi12 \sim \phi400$ mm 等数种规格。

选择平面空气止推轴承时，主要应考虑下述因素。

（1）承载能力

足够的承载能力可确保平面空气止推轴承将系统"浮"起来，这是基本的要求。选择时应注意比较不同厂商平面空气止推轴承在同样条件下（规格、气隙、供气压力）的承载能力。

（2）刚度（static stiffness 和 tilt stiffness）

足够的刚度是保证气浮系统在设计条件下稳定工作的必要条件。选择时一般考虑静刚度（static stiffness），但有些情况下也必须考虑倾侧刚度（tilt stiffness），否则系统可能也无法达到设计性能指标要求。选择时应注意比较不同厂商平面空气止推轴承在同样条件下（规格、气隙、供气压力）的刚度。

图 5-23 为平面空气止推轴承外观。

图 5-23　平面空气止推轴承外观

需特别注意：当使用球头螺杆连接平面空气止推轴承时，气浮系统的刚度会有较大损失（超过 50%）。

（3）工作气隙（气膜厚度）

每个平面空气止推轴承都必须在一定的气隙范围内工作，应根据具体应用场合选择，一般高刚度应用场合选工作气隙较小的（5～6 μm），高动态应用场合选稍大的（8～10 μm），而单纯用于移动精密装备和仪器的气隙则更大些（20～30 μm），选择时应注意询问生产厂商平面空气止推轴承的设计使用气隙。

（4）自激振动

自激振动对高精度装备的影响不言而喻，因此没有自激振动的平面空气止推轴承最好。平面空气止推轴承使用的压缩空气正常工作压力范围为 4～6 bar，在此压力范围内，应不产生自激振动。

（5）阻尼特性

阻尼大的平面空气止推轴承较好，这样可以保证气浮系统工作稳定。由于平面空气止推轴承采用的节流技术和制造工艺不同，所以不同厂商产品的平面空气止推轴承阻尼特性也有很大差异。

（6）性能稳定性

有些平面空气止推轴承在使用过程中性能指标会发生较大的变化，原因是实际使用条件发生了改变，即使改变程度非常之小。平面空气止推轴承对使用条件的敏感程度主要与节流方式和制造工艺有关，比如表面复合节流型平面空气止推轴承对气隙和角度的变化非常敏感，多孔质型则对温度变化以及压缩空气中残留的油、水和微颗粒非常敏感。

气浮平台可使用花岗岩、铸铁、环氧树脂或玻璃作为表面材料，以提供光滑平整的运动平面。花岗岩平台取材于地下优质的岩石层，经过亿万年自然时效，形态极为稳定，不用担心因常规的温差而发生变形。经严格物理试验和选择的花岗石料，结晶细密，质地坚硬，抗压强度达 2 290～3 750 kg/cm²，硬度达莫氏硬度 6～7 级。极耐磨损、耐酸、耐碱，有很高的耐腐蚀性，永远不会生锈。由于花岗岩石系非金属材料，无磁性反应，亦无塑性变形。其硬度比铸铁高 2～3 倍（相当于 HRC＞51），因此精度保持性好。在使用中即使遭硬物磕碰，仅会掉几粒石碴而已，而不会像金属工具那样，因变形而破坏精度。花岗岩优于优质铸铁和钢材制作的精密测量基准零件，可以获得高而稳定的精度。花岗岩气浮平台由花岗岩台面和支撑托架构成，如图 5-24 所示。

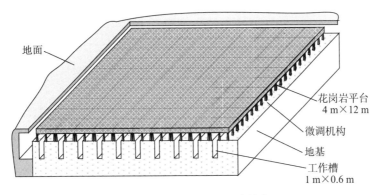

图 5-24　花岗岩气浮平台结构

由于单块花岗岩难以做到足够大面积，因此气浮平台多采用多块拼接方案，每块平台的支架具有水平微调机构，该机构能够调节平台水平度并具有锁紧功能，通过调节能够保证该平台与其他平台连接在一起后的平面度要求。花岗岩平台须经过表面处理和研磨，以保证其表面的强度、刚度、平整度及光滑度要求。通过支撑托架对单个平台进行调平，使其具有良好的水平度，再通过各个平台间支撑托架的联调来实现各个小平台间具有良好的平行度。最后用特殊的添加剂对各块之间的接缝进行填充处理，要求添加剂具有一定的环境温度和湿度适应能力，最后再进行整体的研磨，以达到整体平台的平面度和光洁度。

铸铁气浮平台由铸铁台面和支撑托架构成，如图 5-25 所示。

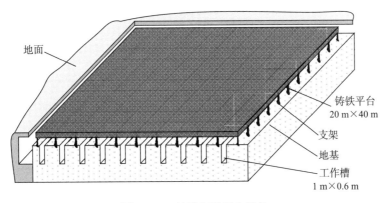

图 5-25　铸铁气浮平台结构

铸铁平台须经过表面处理和研磨，以保证其表面的强度、刚度、平整度及光滑度要求。通过支撑托架对单个平台进行调平，使其具有良好的水平度，再通过各个平台间支撑托架的联调来实现各个小平台间具有良好的平行度。最后用特殊的添加剂对单个平台之间的接缝进行填充处理，要求添加剂具有一定的环境温度和湿度适应能力，最后再进行整体的研磨，以达到整体平台的平面度和光洁度。

铸铁气浮平台的运行稳定性与花岗岩平台接近，平台表面平整度、光洁度较好，但成本相比花岗岩平台要低得多。

自流平气浮平台由环氧自流平台面和混凝土地基构成，如图5-26所示。

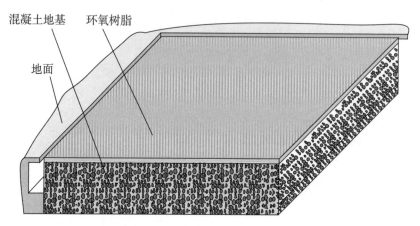

图5-26　自流平气浮平台结构

整个平台采用混凝土或水泥压光地基，环氧自流平是在地基上把着色合成无溶剂树脂涂抹上去，浇筑而成，一次成型。环氧自流平选用无溶剂高级环氧树脂加优质固化剂，无毒、无味、无污染。浇筑后强度高、耐磨损、抗冲击，并且耐酸、耐碱、耐盐、耐化学溶剂、耐油类腐蚀性能好。环氧自流平表面平滑、美观，可达镜面效果。由于环氧自流平整体无接缝，所以不存在其他拼接平台应用时的过缝问题。并且环氧自流平表面易清洁维护，防尘、防滑性能优良，施工简便、快速，系统使用寿命长。

玻璃气浮平台由玻璃台面和支撑托架构成，如图5-27所示。

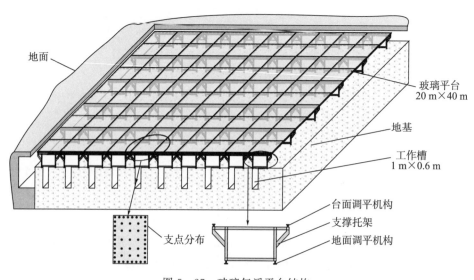

图5-27　玻璃气浮平台结构

玻璃平台经过表面处理、硬化、时效处理和研磨，以保证其能满足工作要求。通过支撑托架对单个平台进行调平，使其具有良好的水平度，再通过各个平台间支撑托架的联调来实现小平台间的良好平行度。最后用特殊的添加剂对玻璃之间的接缝进行填充处理，要求添加剂具有一定的环境温度湿度适应能力，最后再进行整体的研磨，以达到整体平台的平面度和光洁度。

几种气浮平台方案的性能比较如表 5-2 所示。

表 5-2　平台性能比较表

性能	花岗石平台	铸铁平台	自流平台	玻璃平台
形成方式	拼接	拼接	一次成型	拼接
质量	大	大	较大	较小
可调整性	好	好	不可调	好
长期稳定性	好	好	一般	较好
可搬运性	较好	较好	不可搬运	好

供气系统需要为平面空气轴承提供 4～6 bar（1 bar＝0.1 MPa）的压缩空气，一般使用厂房的压缩空气或自带压缩气瓶。

5.4.2　气浮台微重力系统及应用

基于气浮台微重力模拟的试验技术被广泛应用于空间机械臂地面展开试验中。用在航天飞机上的大型空间机械臂系统（也称加拿大臂）是最早的大型空间机械臂，长 15 m，质量 600 kg，具有六个自由度，如图 5-28 所示。国际空间站的美国舱段安装的移动服务系统（MSS）机械臂（Canadarm 2）长 17.6 m，质量 1 800 kg，具有七个自由度。在俄罗斯舱段，类似的任务由欧洲机械臂（ERA）完成。欧洲机械臂是由荷兰空间中心为 ESA 研制的，ERA 是具有 7 个内置式关节的机械臂，长 11.2 m，如图 5-29 所示。国际空间站上的日本实验舱 JEM 上有类似航天飞机上的机械臂，称为 JEMRMS，它由主臂 MA、小灵巧臂 SFA 串联而成，如图 5-30 所示。主臂长约 10 m，有 6 个关节和 2 个臂杆。

图 5-28　加拿大臂（Canadarm）

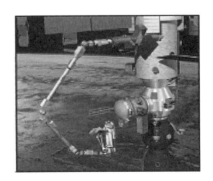

图 5-29　欧洲臂（ERA）

图 5 - 30　日本臂（JEMRMS）

　　Canadarm，ERA，JEMRMS 均曾经使用气浮台微重力模拟法来完成地面试验，如图 5 - 31～图 5 - 33 所示。通常气浮台模拟法只能进行二维微重力模拟，所以这些空间机械臂在试验时只能进行机械臂的某些特殊状态下关节的部分转角测试。

图 5 - 31　加拿大机械臂地面试验

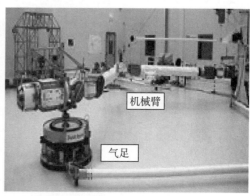

图 5 - 32　ERA 地面试验

图 5 - 33　地面装调 JEMRMS

5.5　典型微重力试验介绍

空间站机械臂是我国空间站计划的重要组成部分，发射入轨后将承担舱段对接、航天员舱外作业辅助等多项任务。该臂总长达到 10 m，共有 7 个转动关节，其大尺寸、高复杂度给地面运动测试提出了严峻挑战。中国空间技术研究院总装与环境工程部为此研制出全主动式大型微重力模拟系统——舱上运动测试系统，能够实现空间站机械臂在地面上 7 个关节全自由度的展开运动。本节以舱上运动测试系统为例，介绍典型微重力试验系统的组成和试验效果。

舱上运动测试系统的组成如图 5 - 34 所示。具体包括：恒拉力分系统（包括悬挂机构、恒拉力系统）、二维随动分系统（包括二维随动平台、位姿测定装置和综控）、监测分析分系统和支撑分系统。另外，还配备了一套自检工装（包含模拟机械臂及其控制、测量部分）用于系统的调试。

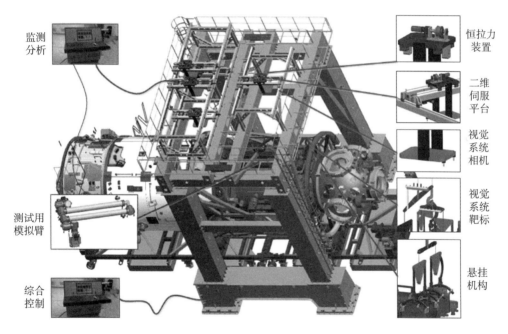

图 5 - 34　机械臂零重力模拟系统主要构成

图 5 - 35 显示了恒拉力分系统的主要结构，力矩电机通过抱闸、减速器驱动卷筒，然后串接一个弹簧缓冲机构，悬挂机构通过钢丝绳连接到缓冲机构摆杆端的滑轮处，拉力传感器模块安装在滑轮和悬挂机构之间的钢丝绳上。

拉力控制精度由力矩电机的主动控制和弹簧缓冲机构的被动调整两级控制来保证。其中力矩电机主要的功能是驱动滚筒实现吊索的收放，补偿吊索上的低频干扰力；弹簧缓冲机构补偿吊索上的高频干扰力，同时为系统突然掉电等意外发生时提供一个缓冲过程，增强系统的安全性。

通过巧妙的悬挂机构设计，可以使吊索延长线始终通过机械臂各构件的质心。此时，恒拉力分系统的拉力设定值应等于机械臂各构件的质量，从而各吊点分别抵消各自所悬挂的机械臂机构件的质量，各构件相互之间的原本由重力产生的作用力和力矩被消除，机械臂处于理想的微重力环境中。

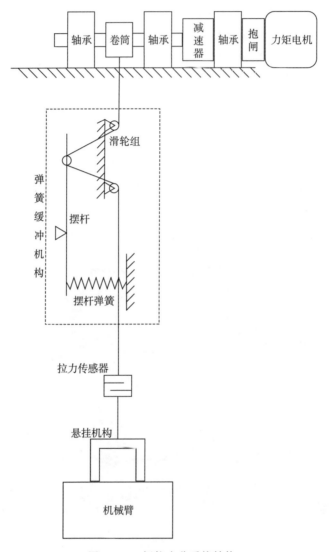

图 5 - 35　恒拉力分系统结构

悬挂机构的设计基于相似悬吊原理，如图 5 - 36 所示，无论机械臂如何运动，由三角板 $A'B'C'$ 和杆 AA'、杆 BB' 组成的悬挂机构始终将吊索力等效地作用于机械臂内部质心 C 上。

悬挂机构在实际设计过程中，还考虑了以下几个方面内容：

1）悬挂机构自身各部分的质量，这部分质量也必须能够与航天器一起实现平衡；

2）悬挂机构的变形，受力后产生的变形量无法忽略，在设计时予以了考虑；

3）悬挂机构的运动范围、强度。

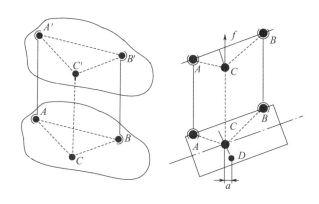

图 5 - 36　相似悬吊原理

为了防止相邻的吊索过近出现干涉，系统在设计时将可以合并的吊点进行了合并。符合合并条件的吊点满足：两个吊点对应的质心空间距离不变，对应的质量大小不变。

二维随动分系统使恒拉力分系统具有水平面上的两个平动自由度，当机械臂运动时，吊索上端的恒拉力分系统在二维随动分系统的带动下，做跟踪运动，使吊索始终保持竖直方向。系统配备了 5 套独立的二维随动分系统，分别实现对机械臂各个关节运动的随动跟踪，每个二维平台的结构如图 5 - 37 所示。

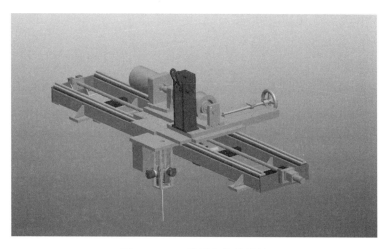

图 5 - 37　二维平台结构设计

每个二维随动分系统具备两种工作模式：手动模式和跟踪模式。在手动模式下，二维随动分系统通过自身的位移传感器测量反馈形成闭环，实现高精度的定位控制，主要用于产品安装时的初始对准，控制框图如图 5 - 38 所示。在跟踪模式下，二维随动平台与视觉位姿测量系统测量跟踪偏差并反馈形成闭环系统，实现对恒拉力吊点的水平跟踪，如图 5 - 39 所示。

视觉位姿测量系统用于测量固连在悬挂机构上的吊索下吊点相对于安装在二维随动分系统平台恒拉力分系统的上吊点在水平方向上的偏移量，并将测量结果传递给二维随动分

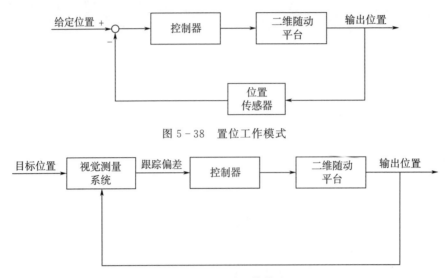

图 5 - 38　置位工作模式

图 5 - 39　跟踪工作模式

系统，二维随动分系统据此调整水平方向偏移。如图 5 - 40 所示，悬挂机构上安装有可被相机识别的红外 LED 光源靶标。在二维随动平台上固定安装一个相机，镜头垂直朝下，用于采集靶标图像。图像处理单元接收相机采集的图像并进行处理，最后计算出吊索下吊点相对于上吊点在水平方向上的偏移量。

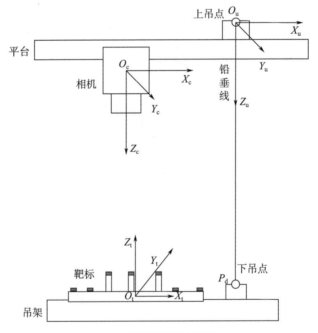

图 5 - 40　位姿测定装置测量原理

靶标如图 5 - 41 所示，其 LED 在空间呈立体布局。LED 的水平间距和高度值都经过了设计和标定。位姿测定装置通过采集靶标上红外 LED 的投影图像，根据视觉透视模型，即可计算出靶标相对于相机的空间位置和姿态（即靶标定义的坐标系相对于相机定义的坐标系的关系）。

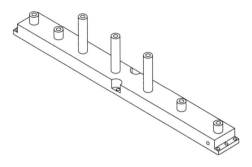

图 5 - 41　LED 立体靶标

综控实现系统工作状态的显示、记录、地面控制和应急处理。在试验过程中，二维随动分系统和恒拉力分系统的闭环控制由各分系统分别执行，相互独立，可靠性高。

监测分析分系统内置机械臂力学模型，在调试阶段通过模拟臂采集的关节力矩和弯矩数据对模型进行参数校正，在正式微重力试验时，通过拉力大小及方向数据和模型计算出真实产品的关节力矩和弯矩，评估残余重力对机械臂的影响。

自检工装在调试、验收过程中模拟机械臂运动、测量系统性能，它具有和真实机械臂一致的外形尺寸、质量分布和相似的运动性能。模拟机械臂上安装有真实机械臂不具备的扭矩传感器，能够实时测量微重力模拟系统的卸载效率，评估重力卸载误差对机械臂的影响。

图 5 - 42 显示了空间站机械臂在地面运动测试过程中各关节的附加力矩变化情况，可以看出，由残余重力引起的关节附加力矩最大值小于 110 N·m，系统很好地满足了空间站机械臂的地面测试需求。

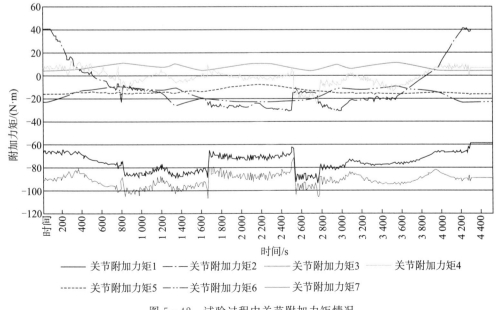

图 5 - 42　试验过程中关节附加力矩情况

5.6　小结

航天器微重力模拟与试验技术作为重要的航天器装调支撑技术，在航天器研制过程中正发挥着越来越重要的作用。本章就微重力模拟与试验技术的分类、原理及应用进行了展开介绍。

各类微重力模拟方法中，加速运动的方法虽然对产品有诸多的限制且成本高，但其模拟精度和模拟效果仍然是其他方法无法达到的，在一些专业试验中，如燃烧试验、材料成型试验，仍将持续被采用。

外力平衡法中水浮法是航天员训练的主要方法，而气浮法和悬吊法则是各类空间机构地面试验的主要方法。气浮微重力模拟法用于二维微重力模拟，能够达到较高的重力抵消精度，但受气足质量的影响，难以达到较高的运动速度。采用主动控制方式的悬吊微重力模拟法理论上可以达到很高的模拟精度和运动速度，但受到吊索弹性和框架固有频率的限制，也很难再进一步提高。

针对目前应用最为广泛的悬吊式微重力模拟方法，为了提高其控制精度和响应速度，可以考虑从以下几方面加以改进：

1）使用力矩控制模式的驱动装置控制吊索拉力，避免受到位置环带宽的影响；

2）使用高弹性模量的材料制作吊索，提高吊索的响应频率；

3）设计高刚度框架或者采用坑式安装，提高平台的一阶振动频率；

4）使用具有高动态响应能力的驱动装置，如直线电机，作为水平跟踪驱动装置，减小跟踪误差。

随着航天器产品运动精度和运动速度的不断提高，未来对微重力模拟的重力抵消精度和跟踪速度的要求也将不断提高，从而形成任务需求的牵引，带动微重力模拟技术的进步。同时，随着以人工智能技术为代表的各种先进的支撑技术的进步，也会形成技术推动作用，促使微重力模拟方法和系统也将不断推陈出新，在功能和性能上进一步提高。

参 考 文 献

[1] CASTET J F, SALEH J H. Satellite and satellite subsystems reliability: Statistical data analysis and modeling. Reliability Engineering & System Safety, 2009, 94 (11): 1718 – 1728.

[2] CALLENS N, VENTURA – TRAVESET J, LOPHEM T L D, et al. ESA Parabolic Flights, Drop Tower and Centrifuge Opportunities for University Students. Microgravity Science & Technology, 2011, 23 (2): 181 – 189.

[3] CHEN C I, CHEN Y T, WU S C, et al. Experiment and Simulation in Design of the Board – Level Drop Testing Tower Apparatus. Experimental Techniques, 2012, 36 (2): 60 – 69.

[4] KAMPEN P V, KACZMARCZIK U, RATH H J. The new Drop Tower catapult system. Acta Astronautica, 2006, 59 (1 – 5): 278 – 283.

[5] NICOLAU E, POVENTUD – ESTRADA C M, ARROYO L, et al. Microgravity effects on the electrochemical oxidation of ammonia: A parabolic flight experiment. Electrochimica Acta, 2012, 75 (4): 88 – 93.

[6] SATOH T, SATO T, KUBO A, et al. Tandem time – of – flight mass spectrometer with high precursor ion selectivity employing spiral ion trajectory and improved offset parabolic reflectron. Journal of the American Society for Mass Spectrometry, 2011, 22 (5): 797 – 803.

[7] LOSCH S, GUNTHER B H, ILES G N, et al. Microgravity compatible equipment for inert gas condensation of metals during parabolic flights. Review of Scientific Instruments, 2009, 80 (8): 511 – 583.

[8] Ranger Telerobotic Shuttle Experiment: Status Report, 2001.

[9] BON B, SERAJI H. Real – time model – based obstacle detection for the NASA Ranger Telerobot, 1997.

[10] LAKE M S, HEARD J W L, WATSON J J, et al. Evaluation of Hardware and Procedures for Astronaut Assembly and Repair of Large Precision Reflectors, 2000.

[11] RODERICK S, ROBERTS B, ATKINSE, et al. The Ranger Robotic Satellite Servicer and Its Autonomous Software – Based Safety System. IEEE Intelligent Systems, 2005, 19 (5): 12 – 19.

[12] SCHMITZ E. Modeling and control of a planar manipulator with an elastic forearm, 2002.

[13] MEGURO A, JIN M. Ground verification of deployment dynamics of large deployable spacestructures. Journal of Spacecraft & Rockets, 1992, 29 (6): 835 – 841.

[14] TABATA M, NATORI M C, TASHIMA T, et al. Adjustment Procedure of a High Precision Deployable Mesh Antenna for MUSES – B Spacecraft. Journal of Intelligent Material Systems & Structures, 1997, 8 (8): 801 – 809.

[15] GAO H, FENG H, DENG Z, et al. Zero – g Simulation of Space Manipulator in Furled Status. Robot, 2011, 33 (1): 9 – 15.

[16] LIN P Y, SHIEH W B, CHEN D Z. A theoretical study of weight – balanced mechanisms for design of spring assistive mobile arm support (MAS) . Mechanism & Machine Theory, 2013, 61 (1):

156 – 167.

[17] BON B，SERAJI H. On – line collision avoidance for the Ranger telerobotic flight experiment，1995.

[18] DENG Z，LIU Z，GAO H，et al. An approach for gravity compensation of planetary rovers，2010.

[19] 刘荣强，郭宏伟，邓宗全. 空间索杆铰接式伸展臂设计与试验研究 [J]. 宇航学报，2009，30 (1)：315 – 320.

[20] FISCHER A，PELLEGRINO S. Interaction Between Gravity Compensation Suspension System and Deployable Structure，1998，37 (1)：93 – 99.

[21] KEMURDJIAN A，KHAKHANOV U A. Development of Simulation Means for a Gravity Forces，2000.

[22] 冯维明，李辉. 恒力弹簧支吊架凸轮曲线方程推导 [J]. 现代制造工程，2006，(8)：95 – 97.

[23] RILEY R Q，CAREY D L. Exercise machine with spring – cam arrangement for equalizing the force required through the exercise stroke.

[24] 刘振，高海波，邓宗全. 星球车地面低重力模拟系统设计 [J]. 机器人，2013，35 (6)：750 – 756.

[25] BROWN H B J，DOLAN J M. A Novel Gravity Compensation System for Space Robots，1994.

[26] BOUMANS R，HEEMSKERK C. The European Robotic Arm for the International Space Station. Robotics & Autonomous Systems，1998，23 (1 – 2)：17 – 27.

[27] SICILIANO B，KHATIB O. Springer Handbook of Robotics. Springer Handbook of Robotics，2007，56 (8)：987 – 1008.

[28] LARYSSA P，LINDSAY E，LAYI O，et al. International Space Station Robotics：A Comparative Study of ERA，JEMRMS and MSS，2002.

[29] SATO N. JEMRMS Design Futures and Topics from Testing，2001.

[30] NAKAJIMA A，NOGAMI M，TAWARAYAMA Y，et al. Payloads on the Japanese Experiment Module and Their Unique Safety Controls，2002.

第6章 面向航天器装配的机器人技术

6.1 引言

　　航天器研制具有单件小批量、个性化的特点，目前的装配作业仍以人工操作为主，并辅以吊具、升降车、架梯等工艺装备进行不同航天器的装配工作。受航天器自身结构和设计布局等的限制，某些设备在装配时存在各种机、电、热等集成特征的空间约束，需要嵌入安装在某狭小空间内，这类嵌入式安装存在操作空间狭小、操作环境复杂的问题。对于外形和质量较大的设备，受嵌入式工况限制难以采用传统的吊装助力形式，一般由经验丰富的操作人员依靠人力抬举进行设备安装。在这种装配模式下，由于操作人员长时间用力，容易造成疲劳，难以对被安装件进行位姿调整和保持，易与周围约束环境发生磕碰，影响操作的安全性。

　　工业机器人是面向工业生产任务的多关节操作臂或多自由度机械手，是现代制造业中重要的自动化装备，通常应用于批量产品的生产流水线，具有载重量大、精度高、响应速度快等特点，汽车生产线是工业机器人的典型应用领域。工业机器人在 20 世纪 60 年代就已应用于工业生产中，经过半个世纪的发展，现有工业机器人产品已经具有较高的可靠性和安全性。

　　机器人具有载重量大、调整精度高等特点，可以实现大重量零部件的稳定保持与精确调整。但机器人通常应用于批量产品的生产流水线，面对固定的工况，不断重复相同的动作，生产效率高。航天器产品通常不成批量，将工业机器人应用于航天器装配中无法体现其效率上的优势，但对于航天器中特殊大质量设备的安装，可以利用工业机器人稳定可靠、载重量大、调整精度高、路径可记忆等特点，解决相应的安装难题，降低安装过程中产品损伤的风险，这对保证产品质量有重要意义。

　　由于机器人在航天器装配中的应用工况不具有重复性，因此需要机器人系统具有充分的柔性，快速适应变化的工况，这是机器人在航天应用中与传统行业的主要区别。本章就近年来在我国航天器装配中得到应用的机器人技术进行介绍，主要包括国外发展情况介绍、机器人力觉感知、视觉感知、装配柔顺控制、装配应用案例等内容。

　　当前，随着工业 4.0 及中国制造 2025 概念的发展深入，小批量、个性化生产成为未来的一个发展趋势，生产线向柔性可定制化发展。在航天器装配中应用的机器人技术也可供其他行业的柔性化生产制造参考。

6.2　机器人技术在国内外航天领域的应用情况

6.2.1　工业机器人的发展

工业机器人是最早进入人类实际生产领域的机器人类型之一。1958 年美国联合控制公司研制出第一台工业机器人。它的结构是：机体上安装有回转长臂，手部是装有电磁铁的工件吸附机构。

1962 年，美国联合控制公司在上述方案的基础上又试制成一台数控示教再现型工业机器人，名为 Unimate。Unimate 的运动系统仿造坦克炮塔，臂可以回转、俯仰和伸缩，采用液压驱动。许多球坐标式通用工业机器人就是在此基础上发展起来的。同年该公司和普鲁曼公司合并成立万能自动公司（Unimation），专门生产工业机器人。同年美国机械铸造公司也试验成功一种叫 Versatran 的工业机器人，意思是灵活搬运。该工业机器人的中央立柱可以转动，臂可以回转、升降和伸缩，采用液压驱动。Unimate 和 Vcrsatran 都出现在 20 世纪 60 年代初，是国外工业机器人发展的基础。

多自由度工业机器人具有高速、灵活等特点，在生产生活中扮演着重要的角色，应用越来越广泛。然而，大部分的工业机器人都是工作在已知的环境中的。若环境发生变化，则需要对工业机器人做出相应调整。工业机器人自主适应未知环境的能力较差。为了使工业机器人具有自主从未知环境中获取信息的能力，需要给工业机器人配备各种外部传感器，如触觉、距离和视觉传感器等。其中视觉传感器具有信号范围大、信息完整等特点，被认为是最重要的传感器。机器人视觉控制技术的出现，为解决工业机器人在未知环境中的自主动作问题提供了基础。随着工业机器人数量的增多和应用领域的扩大，对多自由度工业机器人进行视觉控制研究的需求显得越来越迫切。

从 1970 年开始，工业机器人陆续在联邦德国机器制造业中出现，主要用于起重运输、焊接和设备的上下料等。

日本是世界上工业机器人发展最快、应用最多的国家。目前日本的工业机器人总量占世界首位。在日本，使用工业机器人最多的是汽车行业，其次是电机和电器行业。

目前工业机器人的应用主要体现在以下两个方面：

一方面，世界工业机器人装机总量连年上升。据 2016 年国际机器人联合会（IFR）发布的全球工业机器人统计报告，2014 年，全球工业机器人销量较 2015 年增长 29%，共计229 261 台。2005 到 2008 年，工业机器人年均销量约为 115 000 台。从 2010 年到 2014年，数量增长到 171 000 台，增长量约 48%。

另一方面，工业机器人在传统应用上又有了新的应用。传统工业机器人的应用主要分为四类：起重运输、工艺、操作和维修。目前在国内，汽车业是工业机器人的主要应用领域。加工制造业的迅猛发展增大了工业机器人的市场需求。随着工业机器人技术的成熟，在仓储物流、医疗等其他领域，也会有越来越多的企业购买工业机器人代替或协助人员操作。

6.2.2　工业机器人航天领域的应用概况

　　美国、俄罗斯、欧洲等国际航天发达国家与地区的航天器装配工艺自动化、智能化水平较高。其在精密部件安装、大部件装配等方面均采用较先进的自动化装配系统。一般而言，自动化装配系统采用测量系统确定相对位姿关系，在视觉跟踪系统的监视之下，由中央控制器控制工业机器人完成输送、定位、螺钉连接等装配工作。

　　目前，在 NASA、ESA 等航天部门，复杂的总装过程已经较多采用了工业机器人自动化装配的模式，图 6-1～图 6-4 是工业机器人辅助航天器自动化装配的应用实例。

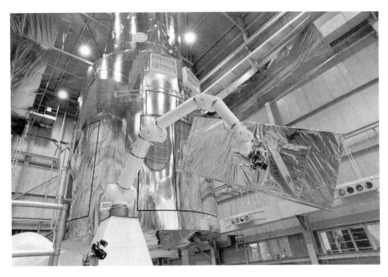

图 6-1　NASA 利用工业机器人装配舱板

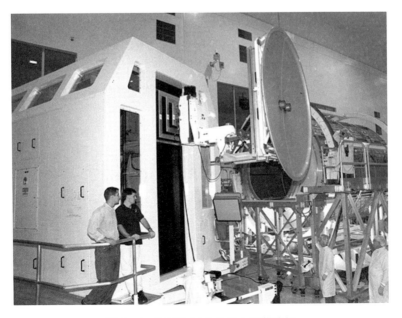

图 6-2　NASA 工业机器人安装舱门

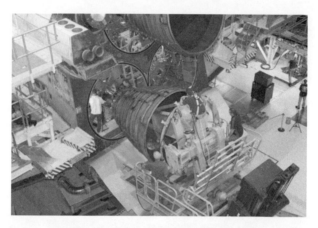

图 6 - 3　NASA 工业机器人安装发动机

图 6 - 4　ESA 利用工业机器人装配

　　NASA、ESA 采用工业机器人进行空间在轨装配维修试验、在轨加注试验、货运飞船与国际空间站模拟对接试验等，如图 6 - 5～图 6 - 8 所示。

图 6 - 5　NASA 工业机器人在轨装配维修试验

图 6 - 6　NASA 工业机器人在轨装配模拟试验

图 6 - 7　NASA 工业机器人在轨加注试验

图 6 - 8　ESA 机器人模拟飞船与空间站对接

工业机器人实现自动化装配的模式，主要采用远程集成控制的模式，包括虚拟仿真、定位定姿、实时监视跟踪，如图6-9所示。

图6-9　NASA工业机器人远程集成控制

此外，为实现复杂的功能，国外航天领域已经开展了大量的多个机器人协调工作的研究工作，并且已经在多个航天器的研制过程中进行应用。如加拿大研究设计2个七自由度机器人组成的空间站遥操作机器人系统，机器人上安装有视觉相机，末端装有力传感器和遥操作器。该系统可实现空间站上大型设备的安装、维护及探测等工作。德国航天局（DLR）设计了分别安装在上、下导轨上的双机器人，协调操作进行卫星维修与舱内电路板的地面模拟实验。JPL研制了遥操作多机器人系统，该系统由2个八自由度AAI型机器人、腕部灵巧手、本地分布式控制系统和遥操作系统组成。该系统可以使操作者进行双手协调遥操作，面向空间作业，完成更换卫星主电气控制盒等较复杂的任务。日本的Tohoku大学搭建了一个多空间机器人系统（DARTS），该系统由2个七自由度的Pa-10机器人、两个Barrett手和安装在臂末端的六维力/力矩传感器构成。整个系统是一个由地面系统、空间系统以及软件开发系统组成的遥操作机器人系统。

国内方面，北京卫星环境工程研究所率先将工业机器人应用至航天器装配中，开展了基于力觉、视觉的机器人装配技术研究，形成了机器人力觉感知、柔顺控制、视觉定位、路径规划等一系列研究成果，实现将工业机器人以人机协作的方式应用至航天器装配中，取得了良好的应用效果，应用型号涵盖我国载人、通信、遥感、导航等各领域的航天器中。

6.3　机器人力觉技术

航天器部件的机器人装配中，为保证装配界面的作用力在安全范围内，需要能够反馈被装配部件的外部受力情况。在加工、装配等工业机器人应用中，机器人末端工具或工件与外界环境的接触力需要被精确地感知，控制系统据此修正机器人的运动，才能保证作业的柔顺性。在医用手术机器人的操作中，也需要实时精确反馈手术工具与外界的接触力，保证手术过程的安全。对机器人末端负载受力的精确感知是进行机器人柔顺控制与安全保障的基础。

在现有应用中，通常在工业机器人腕部与末端负载之间安装六维力传感器，用于机器人的力反馈控制。六维力传感器能够测量空间任意力系中的三维正交力（F_x，F_y，F_z）和三维正交力矩（M_x，M_y，M_z）。在静态条件下，机器人腕部六维力传感器测得的力与力矩数据由三部分造成，即：1）传感器自身系统误差；2）负载重力作用；3）负载所受外部接触力。若要得到负载所受外部接触力，需要消除传感器系统误差、负载重力作用两方面的影响。

传感器自身系统误差方面，六维力传感器在空载状态下的读数并不为零，假定传感器自身的系统误差为常数，并称之为"零点"。六维力传感器在安装负载后，负载与传感器间的紧固安装方式及紧固程度也会对传感器零点造成影响，因此传感器零点无法在传感器空载时准确得到，对于零点的测定必须在负载安装的条件下进行。

负载重力影响方面，在机器人运动过程中，负载姿态随之改变，而重力方向始终竖直向下，因此负载重力对六维力传感器数据的影响随机器人的运动不断变化，对于负载重力影响的消除需要根据当前机器人姿态实时进行。

6.3.1　六维力传感器力与力矩的关系

将六维力传感器三个力分量的零点值记为 F_{x0}、F_{y0}、F_{z0}，三个力矩分量的零点值记为 M_{x0}、M_{y0}、M_{z0}。

六维力传感器坐标系中负载重力的作用示意图如图 6 – 10 所示，六维力传感器的坐标系为空间直角坐标系，有 X、Y、Z 三个坐标轴，负载重力为 G，负载重心在六维力传感器坐标系中的坐标为（x，y，z），负载重力 G 在 X、Y、Z 轴方向的作用分力分别为 G_x、G_y、G_z，负载重力 G 对 X、Y、Z 轴的作用力矩分别为 M_{gx}、M_{gy}、M_{gz}，根据力与力矩的关系，参照图 6 – 10 易得到

$$\begin{cases} M_{gx} = G_z \times y - G_y \times z \\ M_{gy} = G_x \times z - G_z \times x \\ M_{gz} = G_y \times x - G_x \times y \end{cases} \quad (6-1)$$

将六维力传感器直接测得的三个力分量记为 F_x、F_y、F_z，三个力矩分量记为 M_x、M_y、M_z。若没有外力作用在负载上，则传感器测得的力与力矩信息由负载重力影响及零

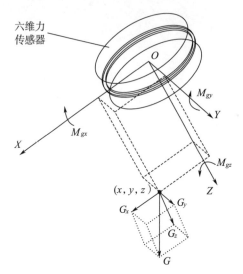

图 6 - 10　六维力传感器坐标系中负载重力作用示意图

点值组成，于是有

$$
\begin{cases}
G_x = F_x - F_{x0} \\
G_y = F_y - F_{y0} \\
G_z = F_z - F_{z0} \\
M_{gx} = M_x - M_{x0} \\
M_{gy} = M_y - M_{y0} \\
M_{gz} = M_z - M_{z0}
\end{cases}
\tag{6-2}
$$

将式（6-2）代入式（6-1）有

$$
\begin{cases}
M_x = F_z \times y - F_y \times z + M_{x0} + F_{y0} \times z - F_{z0} \times y \\
M_y = F_x \times z - F_z \times x + M_{y0} + F_{z0} \times x - F_{x0} \times z \\
M_z = F_y \times x - F_x \times y + M_{z0} + F_{x0} \times y - F_{y0} \times x
\end{cases}
\tag{6-3}
$$

式（6-3）中 F_{x0}、F_{y0}、F_{z0}，M_{x0}、M_{y0}、M_{z0}，x、y、z 均为常数，令

$$
\begin{cases}
k_1 = M_{x0} + F_{y0} \times z - F_{z0} \times y \\
k_2 = M_{y0} + F_{z0} \times x - F_{x0} \times z \\
k_3 = M_{z0} + F_{x0} \times y - F_{y0} \times x
\end{cases}
\tag{6-4}
$$

将式（6-4）代入式（6-3）得到

$$
\begin{bmatrix} M_x \\ M_y \\ M_z \end{bmatrix}
=
\begin{bmatrix}
0 & F_z & -F_y & 1 & 0 & 0 \\
-F_z & 0 & F_x & 0 & 1 & 0 \\
F_y & -F_x & 0 & 0 & 0 & 1
\end{bmatrix}
\begin{bmatrix} x \\ y \\ z \\ k_1 \\ k_2 \\ k_3 \end{bmatrix}
\tag{6-5}
$$

　　控制机器人变换末端姿态，取 N 个不同的负载姿态（ $N \geqslant 3$ ，为避免病态矩阵，要求至少有 3 个姿态下机器人末端的方向矢量不共面，且尽量不接近共面），得到 N 组六维力传感器数据，可得

$$
\begin{bmatrix}
M_{x1} \\
M_{y1} \\
M_{z1} \\
M_{x2} \\
M_{y2} \\
M_{z2} \\
\vdots \\
M_{xN} \\
M_{yN} \\
M_{zN}
\end{bmatrix}
=
\begin{bmatrix}
0 & F_{z1} & -F_{y1} & 1 & 0 & 0 \\
-F_{z1} & 0 & F_{x1} & 0 & 1 & 0 \\
F_{y1} & -F_{x1} & 0 & 0 & 0 & 1 \\
0 & F_{z2} & -F_{y2} & 1 & 0 & 0 \\
-F_{z2} & 0 & F_{x2} & 0 & 1 & 0 \\
F_{y2} & -F_{x2} & 0 & 0 & 0 & 1 \\
\vdots & \vdots & \vdots & \vdots & \vdots & \vdots \\
0 & F_{zN} & -F_{yN} & 1 & 0 & 0 \\
-F_{zN} & 0 & F_{xN} & 0 & 1 & 0 \\
F_{yN} & -F_{xN} & 0 & 0 & 0 & 1
\end{bmatrix}
\begin{bmatrix}
x \\
y \\
z \\
k_1 \\
k_2 \\
k_3
\end{bmatrix}
\tag{6-6}
$$

即

$$
\boldsymbol{m} = \boldsymbol{F} \cdot \boldsymbol{p} \tag{6-7}
$$

其中

$$
\boldsymbol{p} = \begin{bmatrix} x & y & z & k_1 & k_2 & k_3 \end{bmatrix}^{\mathrm{T}} \tag{6-8}
$$

　　在式（6-7）两边左乘 $\boldsymbol{F}^{\mathrm{T}}$ ，可得到

$$
\boldsymbol{p} = (\boldsymbol{F}^{\mathrm{T}} \boldsymbol{F})^{-1} \cdot \boldsymbol{F}^{\mathrm{T}} \boldsymbol{m} \tag{6-9}
$$

　　由此即得到了负载重心在六维力传感器坐标系中的坐标 (x, y, z) 及常数 k_1 ， k_2 ， k_3 。

6.3.2　机器人底座倾角及传感器零点计算

　　各坐标系的定义示意图如图 6-11 所示，记世界坐标系为 $O_0 - X_0 Y_0 Z_0$ ，令其 Z_0 轴方向竖直向上，为重力的反方向，世界坐标系可以绕重力方向任意旋转定义；机器人基坐标系记为 $O_1 - X_1 Y_1 Z_1$ ，假设 $O_1 - X_1 Y_1 Z_1$ 可以通过 $O_0 - X_0 Y_0 Z_0$ 先绕 X 轴旋转角度 U ，再绕 Y_1 轴旋转角度 V 得到。则由 $O_1 - X_1 Y_1 Z_1$ 向 $O_0 - X_0 Y_0 Z_0$ 的姿态转换矩阵为

$$
{}_1^0\boldsymbol{R} =
\begin{bmatrix}
1 & 0 & 0 \\
0 & \cos U & -\sin U \\
0 & \sin U & \cos U
\end{bmatrix}
\cdot
\begin{bmatrix}
\cos V & 0 & \sin V \\
0 & 1 & 0 \\
-\sin V & 0 & \cos V
\end{bmatrix}
\tag{6-10}
$$

　　记机器人工具坐标系为 $O_2 - X_2 Y_2 Z_2$ ，工具坐标系 $O_2 - X_2 Y_2 Z_2$ 可通过基坐标系 $O_1 - X_1 Y_1 Z_1$ 绕 Z_1 轴旋转角度 A ，再绕 Y_2 轴旋转角度 B ，最后绕 X_2 轴旋转角度 C 得到，则由 $O_2 - X_2 Y_2 Z_2$ 向 $O_1 - X_1 Y_1 Z_1$ 的姿态转换矩阵为

$$
{}_2^1\boldsymbol{R} = \boldsymbol{R}_Z(A)\boldsymbol{R}_Y(B)\boldsymbol{R}_X(C) \tag{6-11}
$$

其中

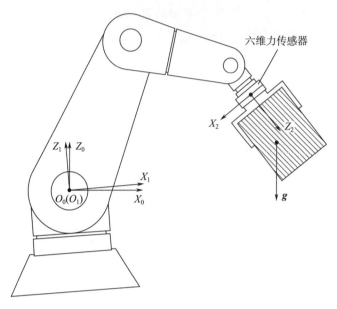

图 6 - 11　坐标系定义示意图

$$\boldsymbol{R}_Z(A) = \begin{bmatrix} \cos A & -\sin A & 0 \\ \sin A & \cos A & 0 \\ 0 & 0 & 1 \end{bmatrix} \qquad (6-12)$$

$$\boldsymbol{R}_Y(B) = \begin{bmatrix} \cos B & 0 & \sin B \\ 0 & 1 & 0 \\ -\sin B & 0 & \cos B \end{bmatrix} \qquad (6-13)$$

$$\boldsymbol{R}_X(C) = \begin{bmatrix} 1 & 0 & 0 \\ 0 & \cos C & -\sin C \\ 0 & \sin C & \cos C \end{bmatrix} \qquad (6-14)$$

对于现有一般的工业机器人，A、B、C 的值可由机器人控制系统直接得到。

对于传感器坐标系与机器人工具坐标系间的姿态转换，假定传感器坐标系坐标轴与机器人工具坐标系坐标轴平行，传感器坐标系与机器人工具坐标系间无需姿态转换。现有的机器人及六维力传感器产品均设计有机械定位基准，通过设计精密的连接装置，利用定位基准进行传感器到机器人的安装，可以较好地保证二者坐标系坐标轴的平行，因此这样的假定是合理的，传感器安装实例见后续部分。

重力在世界坐标系 $O_0 - X_0 Y_0 Z_0$ 中的方向矢量为

$$\boldsymbol{g}_0 = \begin{bmatrix} 0 \\ 0 \\ -1 \end{bmatrix} \qquad (6-15)$$

通过坐标变换，可得到重力在传感器坐标系中的矢量为

$$\boldsymbol{g}_2 = {}_2^1\boldsymbol{R}^{\mathrm{T}} \cdot {}_1^0\boldsymbol{R}^{\mathrm{T}} \cdot \boldsymbol{g}_0 = {}_2^1\boldsymbol{R}^{\mathrm{T}} \begin{bmatrix} \cos U \sin V \\ -\sin U \\ -\cos U \cos V \end{bmatrix} \qquad (6-16)$$

记负载重力大小为 G ，由式（6-2）有

$$\begin{bmatrix} F_x \\ F_y \\ F_z \end{bmatrix} = \begin{bmatrix} G_x \\ G_y \\ G_z \end{bmatrix} + \begin{bmatrix} F_{x0} \\ F_{y0} \\ F_{z0} \end{bmatrix} = \boldsymbol{G} \begin{bmatrix} g_{x2} \\ g_{y2} \\ g_{z2} \end{bmatrix} + \begin{bmatrix} F_{x0} \\ F_{y0} \\ F_{z0} \end{bmatrix} = {}_2^1\boldsymbol{R}^{\mathrm{T}} \begin{bmatrix} G\cos U \sin V \\ -G\sin U \\ -G\cos U \cos V \end{bmatrix} + \begin{bmatrix} F_{x0} \\ F_{y0} \\ F_{z0} \end{bmatrix} \qquad (6-17)$$

令

$$\begin{cases} L_x = G\cos U \sin V \\ L_y = -G\sin U \\ L_z = -G\cos U \cos V \end{cases} \qquad (6-18)$$

则式（6-17）可写为

$$\begin{bmatrix} F_x \\ F_y \\ F_z \end{bmatrix} = \begin{bmatrix} {}_2^1\boldsymbol{R}^{\mathrm{T}} & | & \boldsymbol{I} \end{bmatrix} \begin{bmatrix} L_x \\ L_y \\ L_z \\ F_{x0} \\ F_{y0} \\ F_{z0} \end{bmatrix} \qquad (6-19)$$

其中 $\boldsymbol{I}$ 是 3×3 单位矩阵，对 N 个不同的机器人姿态，可以得到 N 个姿态下的 A、B、C 值，则 N 个姿态下的 ${}_2^1\boldsymbol{R}$ 均可以得到，可得

$$\begin{bmatrix} F_{x1} \\ F_{y1} \\ F_{z1} \\ F_{x2} \\ F_{y2} \\ F_{z2} \\ \vdots \\ F_{xN} \\ F_{yN} \\ F_{zN} \end{bmatrix} = \begin{bmatrix} {}_2^1\boldsymbol{R}_1^{\mathrm{T}} & | & \boldsymbol{I} \\ {}_2^1\boldsymbol{R}_2^{\mathrm{T}} & | & \boldsymbol{I} \\ \vdots & \vdots & \vdots \\ {}_2^1\boldsymbol{R}_N^{\mathrm{T}} & | & \boldsymbol{I} \end{bmatrix} \begin{bmatrix} L_x \\ L_y \\ L_z \\ F_{x0} \\ F_{y0} \\ F_{z0} \end{bmatrix} \qquad (6-20)$$

即

$$\boldsymbol{f} = \boldsymbol{R}\boldsymbol{l} \qquad (6-21)$$

其中

$$\boldsymbol{l} = \begin{bmatrix} L_x & L_y & L_z & F_{x0} & F_{y0} & F_{z0} \end{bmatrix}^{\mathrm{T}} \qquad (6-22)$$

在式（6-21）两边左乘 $\boldsymbol{R}^{\mathrm{T}}$ ，可得到

$$\boldsymbol{l} = (\boldsymbol{R}^{\mathrm{T}}\boldsymbol{R})^{-1} \cdot \boldsymbol{R}^{\mathrm{T}}\boldsymbol{f} \qquad (6-23)$$

由此即得到了六维力传感器三个力分量的零点值 F_{x0}，F_{y0}，F_{z0} 及常数 L_x，L_y，L_z。

已求得负载重心坐标 $(x，y，z)$ 及常数 k_1，k_2，k_3，由式 $(6-4)$ 有

$$\begin{cases} M_{x0} = k_1 - F_{y0} \times z + F_{z0} \times y \\ M_{y0} = k_2 - F_{z0} \times x + F_{x0} \times z \\ M_{z0} = k_3 - F_{x0} \times y + F_{y0} \times x \end{cases} \quad (6-24)$$

由式 $(6-18)$，负载重力大小 G 为

$$G = \sqrt{L_x{}^2 + L_y{}^2 + L_z{}^2} \quad (6-25)$$

再由式 $(6-18)$，角度 U，V 的值为

$$\begin{cases} U = \arcsin\left(-\dfrac{L_y}{G}\right) \\ V = \arctan\left(-\dfrac{L_x}{L_z}\right) \end{cases} \quad (6-26)$$

至此，传感器零点、机器人安装倾角、负载重量及重心数据已全部得出。

6.3.3　外力感知计算

在机器人力反馈控制中，可根据以上求得的参数消除传感器零点，并结合当前机器人姿态 ${}_2^1\boldsymbol{R}$，实时消除负载重力的影响，由式 $(6-16)$ 及式 $(6-18)$ 可求得负载重力在六维力传感器坐标系 X、Y、Z 轴方向的分量为

$$\begin{bmatrix} G_x \\ G_y \\ G_z \end{bmatrix} = \boldsymbol{G} \cdot \boldsymbol{g}_2 = {}_2^1\boldsymbol{R}^{\mathrm{T}} \begin{bmatrix} L_x \\ L_y \\ L_z \end{bmatrix} \quad (6-27)$$

再由式 $(6-1)$ 可求得负载重力在 X、Y、Z 轴方向的作用力矩分量 M_{gx}、M_{gy}、M_{gz}。

外部力在传感器 3 个坐标轴上的分量为

$$\begin{cases} F_{ex} = F_x - F_{x0} - G_x \\ F_{ey} = F_y - F_{y0} - G_y \\ F_{ez} = F_z - F_{z0} - G_z \end{cases} \quad (6-28)$$

外部力矩在传感器 3 个坐标轴上的分量为

$$\begin{cases} M_{ex} = M_x - M_{x0} - M_{gx} \\ M_{ey} = M_y - M_{y0} - M_{gy} \\ M_{ez} = M_z - M_{z0} - M_{gz} \end{cases} \quad (6-29)$$

式 $(6-28)$、式 $(6-29)$ 即完成了对传感器零点及负载重力影响的补偿，得到了负载所受的外部力与力矩。得到的外部力与力矩信息可用于机器人的力觉反馈控制。

6.4　机器人视觉技术

与大批量工业产品相比，航天器研制通常为单件小批量，装配工况不固定，变化多样，需要系统具有充分的柔性来满足不同的装配需求，需要系统具有一定的测量定位功能，在人难以准确判断的情况下，通过测量定位并结合路径规划，完成设备安装。

工业机器人装配系统的一种控制模式是通过路径规划自动完成设备安装。由于航天器装配工况不固定，无法重复使用同一路径，需要系统能够根据不同工况重新规划路径。这就需要工业机器人系统具有视觉定位功能，确定不同工况下工业机器人、被安装件、航天器舱体等不同部分间的相对位姿关系，进而进行路径规划，精确地完成设备装配任务。

6.4.1　视觉测量装置的组成及测量原理

航天器装配应用中，需要确定装配目标位置的空间位姿，通常采用双目视觉进行目标定位。

双目视觉测量装置由两个相机分别从不同角度观察组件表面的定位孔，将采集到的图像返回计算机，通过图像处理获得定位孔在两幅图像中的图像坐标，根据三角测量原理，即可计算出定位孔在相机坐标系下的三维坐标。若已知相机坐标系与机器人执行器末端坐标系的位置关系，那么可将测得的定位孔在相机坐标系的三维坐标转换到机器人坐标系下，获得定位孔在机器人坐标系下的坐标。

如图 6-12 所示，测量装置由两个相机组成，两个相机成一定角度安装在保护装置内。为减少现场环境下的光线干扰，可以在相机镜头前加装滤光片。

图 6-12　双目视觉测量装置

在进行视觉测量前，首先要对双目视觉测量装置进行标定。测量装置的标定包括相机内部参数（相机焦距、相机的主点位置）的标定，两个相机之间外部参数（两个相机坐标系之间的旋转和平移矩阵）的标定。要获得定位孔在工业机器人坐标系下的位置，还需要对测量装置和工业机器人末端执行器进行标定，即工业机器人的手眼标定。

6.4.2 视觉测量装置的标定

(1) 相机成像的坐标系转换

相机采集的图像以数字信号的形式输入计算机，每幅图像在计算机内表示为 $M \times N$ 的一个数组，M 行 N 列的图像中每一个像素数值即为图像点的亮度。如图 6-13 所示，在图像上定义坐标系，每一个像素坐标值 (u, v) 分别是该像素在图像数组中的行数和列数，所以 (u, v) 是以像素为单位的图像坐标系的坐标。由于 (u, v) 指示的是像素位于数组中的列数和行数，并没有物理单位，不能表示出该像素在图像中的位置，因此需要建立以物理单位表示的图像坐标系。该坐标系以图像内某一点 O_i 为原点，X 轴与 Y 轴分别与 (U, V) 轴平行。原点 O_i 定义在摄像机光轴与图像平面的交点，该点一般位于图像中心处。若 O_i 在图像坐标系中的坐标为 (u_0, v_0)，每一个像素在 x 轴与 y 轴方向上的物理尺寸为 $\mathrm{d}x$、$\mathrm{d}y$，则图像中任意一个像素点在两个坐标系下有如下关系

$$\begin{bmatrix} u \\ v \\ 1 \end{bmatrix} = \begin{bmatrix} \dfrac{1}{\mathrm{d}x} & 0 & u_0 \\ 0 & \dfrac{1}{\mathrm{d}y} & v_0 \\ 0 & 0 & 1 \end{bmatrix} \begin{bmatrix} x \\ y \\ 1 \end{bmatrix} \tag{6-30}$$

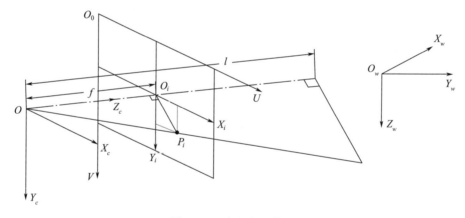

图 6-13 相机针孔模型

O 点为相机光心，X_c 轴与 Y_c 轴与图像的 x 轴与 y 轴平行，Z_c 为相机光轴，与图像平面垂直。光轴与图像平面的交点，即为图像坐标系的原点，由点 O 与 X_c，Y_c，Z_c 轴组成的直角坐标系称为摄像机坐标系，OO_i 为相机焦距。

在环境中选择一个基准坐标系来描述相机的位置，并用来描述环境中任何物体的位置，该坐标系称为世界坐标系，由 X_w，Y_w，Z_w 轴组成。相机坐标系和世界坐标系之间的关系可以用旋转矩阵 $\boldsymbol{R}$ 和平移矢量 $\boldsymbol{t}$ 来表示。因此，空间中一点 P 在世界坐标系与相机坐标系下的齐次坐标分别是 $(X_w, Y_w, Z_w, 1)^{\mathrm{T}}$ 与 $(X_c, Y_c, Z_c, 1)^{\mathrm{T}}$，存在如下关系

$$\begin{bmatrix} X_c \\ Y_c \\ Z_c \\ 1 \end{bmatrix} = \begin{bmatrix} \boldsymbol{R} & \boldsymbol{t} \\ 0 & 1 \end{bmatrix} \begin{bmatrix} X_w \\ Y_w \\ Z_w \\ 1 \end{bmatrix} \tag{6-31}$$

其中，$\boldsymbol{R}$ 为 3×3 的正交矩阵，$\boldsymbol{t}$ 为三维平移矢量。

（2）双目视觉测量

在视觉测量中，常用的相机模型为针孔模型。如图 6-14 所示，点 O 为相机的光心，空间中一点 P 发出的光线经过光心，与相平面交于一点 p，称为中心射影或透视投影。有如下关系

$$x = \frac{fX_c}{Z_c} \tag{6-32}$$

$$y = \frac{fY_c}{Z_c} \tag{6-33}$$

其中，(x, y) 为 p 点的图像坐标，(X_c, Y_c, Z_c) 为空间点 P 在相机坐标系下的坐标。用齐次坐标与矩阵表示上述投影关系为

$$Z_c \begin{bmatrix} x \\ y \\ 1 \end{bmatrix} = \begin{bmatrix} f & 0 & 0 & 0 \\ 0 & f & 0 & 0 \\ 0 & 0 & 1 & 0 \end{bmatrix} \begin{bmatrix} X_c \\ Y_c \\ Z_c \\ 1 \end{bmatrix} \tag{6-34}$$

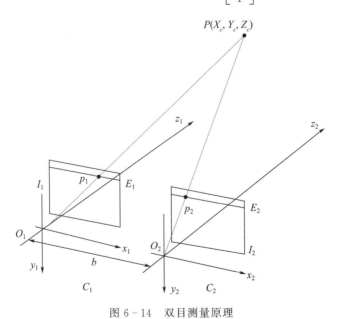

图 6-14 双目测量原理

通过以上关系可以得到以世界坐标系表示的 P 点坐标与其投影点 p 的坐标 (u, v) 之间的关系

$$Z_c \begin{bmatrix} u \\ v \\ 1 \end{bmatrix} = \begin{bmatrix} a_x & 0 & u_0 & 0 \\ 0 & a_y & v_0 & 0 \\ 0 & 0 & 1 & 0 \end{bmatrix} \begin{bmatrix} \boldsymbol{R} & \boldsymbol{t} \\ 0 & 1 \end{bmatrix} \begin{bmatrix} X_w \\ Y_w \\ Z_w \\ 1 \end{bmatrix} = \boldsymbol{M}_1 \boldsymbol{M}_2 \boldsymbol{X}_w = \boldsymbol{M} \boldsymbol{X}_w \qquad (6-35)$$

其中 $a_x = f/\mathrm{d}x$，$a_y = f/\mathrm{d}y$；$\boldsymbol{M}$ 为 3×4 矩阵，称为投影矩阵；$\boldsymbol{M}_1$ 完全由 a_x，a_y，u_0，v_0 决定，由于 a_x，a_y，u_0，v_0 只与相机内部结构有关，这些参数称为内部参数；$\boldsymbol{M}_2$ 完全由相机与世界坐标系的关系决定，因此称为外部参数，确定某一相机的内外参数称为相机的标定。

当两个相机同时观察空间中一个三维点 P 时，该点在两个相平面上的投影分别为 p_1 和 p_2，如果此时知道两个相机的位置关系，那么根据三角测量的原理，可获得该点 P 在相机坐标系下的三维坐标。

（3）基于平面靶标相机标定

相机的参数标定包括相机的内部参数与外部参数的标定。标定时一般需要在相机前放置一个特制的高精度的参照物，由相机获取该参照物的图像，并由此计算相机的内外参数。标定参照物上的每一个特征点相对于世界坐标系的位置在制作时应精确测定，在标定应用中，参照物固定不动，参照物本身的物体坐标系可以作为世界坐标系使用。相机图像平面上的点与世界坐标系下一点的关系可由下式表示

$$Z_{ci} \begin{bmatrix} u_i \\ v_i \\ 1 \end{bmatrix} = \begin{bmatrix} m_{11} & m_{12} & m_{13} & m_{14} \\ m_{21} & m_{22} & m_{23} & m_{24} \\ m_{31} & m_{32} & m_{33} & m_{34} \end{bmatrix} \begin{bmatrix} X_{wi} \\ Y_{wi} \\ Z_{wi} \\ 1 \end{bmatrix} \qquad (6-36)$$

其中，$[X_{wi} \quad Y_{wi} \quad Z_{wi} \quad 1]$ 为空间第 i 点的坐标，$[u_i \quad v_i \quad 1]$ 为第 i 点的图像坐标；m_{ij} 为投影矩阵 $\boldsymbol{M}$ 的第 i 行 j 列元素。通过上式可以得到三个方程，化简以后得到如下两个关于 m_{ij} 的线性方程

$$\begin{cases} X_{wi}m_{11} + Y_{wi}m_{12} + Z_{wi}m_{13} + m_{14} - u_i X_{wi} m_{31} - u_i Y_{wi} m_{32} - u_i Z_{wi} m_{33} = u_i m_{34} \\ X_{wi}m_{21} + Y_{wi}m_{22} + Z_{wi}m_{23} + m_{24} - v_i X_{wi} m_{31} - v_i Y_{wi} m_{32} - v_i Z_{wi} m_{33} = v_i m_{34} \end{cases}$$

$$(6-37)$$

因此，如果标定物上有 n 个已知点，并且已知其空间坐标 $(X_{wi}, Y_{wi}, Z_{wi})(i = 1, \cdots, n)$ 与它们对应的图像坐标 $(u_i, v_i)(i = 1, \cdots, n)$，那么可以得到 $2n$ 个关于 $\boldsymbol{M}$ 矩阵元素的线性方程。由空间中 6 个以上的已知点和它们的图像坐标，可以求出 $\boldsymbol{M}$ 矩阵。在实际标定时，在标定物上设置几十个标志点，使方程数量大大超过未知数的个数，从而使用最小二乘法求解以降低误差造成的影响。

由于相机镜头加工存在误差，实际成像过程中存在畸变，若 (x, y) 为实际成像的图像坐标点，δ_x 与 δ_y 为非线性畸变值，它与图像点在图像中的位置关系可用下列公式表示

$$\begin{cases} \delta_x(x, y) = k_1 x(x^2 + y^2) + [p_1(3x^2 + y^2) + 2p_2 xy] + s_1(x^2 + y^2) \\ \delta_y(x, y) = k_2 x(x^2 + y^2) + [p_2(3x^2 + y^2) + 2p_1 xy] + s_2(x^2 + y^2) \end{cases} \qquad (6-38)$$

δ_x 或 δ_y 的第一项为径向畸变，第二项为离心畸变，第三项为薄棱镜畸变，式中的 k_1，k_2，p_1，p_2，s_1，s_2 称为非线性畸变系数。在进行三维重建时考虑镜头畸变的影响，可以获得更高的重建精度。由于二维靶标加工较为简单，且能获得较高的加工精度，因此实际标定中常用二维靶标进行标定。图 6-15 所示为使用棋盘格进行标定时的图像。通过相机标定，可以获得相机的内外参数以及畸变参数，如图 6-16 所示。

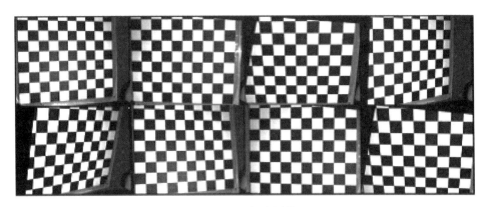

图 6-15　标定图像

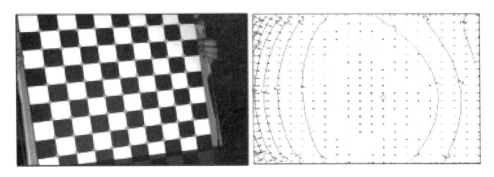

图 6-16　相机成像畸变

（4）双目标定

对测量装置的标定主要是指对相机进行标定。相机标定包括单个相机的参数标定及两个相机的外参标定，两种标定可通过一次采集图像即可完成。

进行相机标定时，将标定板放置在两个相机的共同视野内，由两个相机同时获得标定板的一组图像。图 6-17 所示为两个相机在某位置下同时采集得到的标定板的图像。

移动标定板到多个位置，两个相机同时拍摄标定板的图像，理论上只需 3 组图像即可完成相机参数的标定，但是为了提高标定的精度，通常需要拍摄 10 组以上的图像。

进行相机标定时，首先应对每个相机单独进行相机内参的标定，即分别获得单个相机的焦距以及主点位置。将左相机拍摄的标定板的图像导入标定软件，选取标定板的某个角点作为标定板的坐标原点，依次选择剩下四个角点，组成一个封闭的矩形，则可建立以第一个角点为坐标原点的坐标系，如图 6-17 所示。注意在整个标定过程中棋盘格的坐标系原点应选择固定的角点，且坐标系的建立也应选择相同的 x，y 方向。

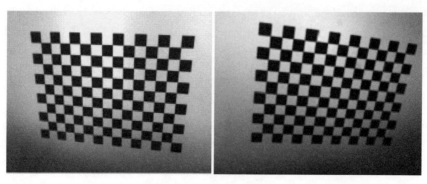

图 6 – 17　标定板图像

　　确定棋盘格的坐标系后，即可对图像进行角点检测，图 6 – 18 为进行角点检测后的图像，对获得的每一幅图像均进行角点检测。将棋盘格的尺寸信息输入标定软件，运行标定程序，即可计算出相机的内部参数，以及相机与标定板之间的相对位置关系。使用同样的方法对右侧相机进行标定，结果如图 6 – 19 所示。

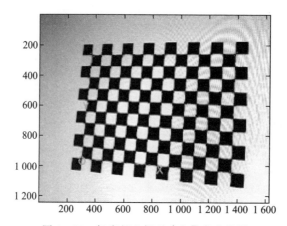

图 6 – 18　标定板坐标系建立及角点检测

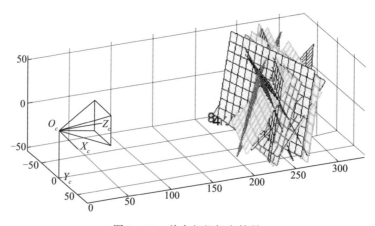

图 6 – 19　单个相机标定结果

通过对每个相机单独进行参数标定，可以得到单个相机与标定模板的外参，如果两个相机与标定模板的外参分别用 $\boldsymbol{R}_1$，$\boldsymbol{t}_1$ 与 $\boldsymbol{R}_2$，$\boldsymbol{t}_2$ 表示，对于任意一点 P，如果该点在世界坐标系、相机坐标系 C_1 与相机坐标系 C_2 下的非齐次坐标分别为 $\boldsymbol{x}_w$，$\boldsymbol{x}_{c1}$，$\boldsymbol{x}_{c2}$，那么有如下关系

$$\boldsymbol{x}_{c1} = \boldsymbol{R}_1 \boldsymbol{x}_w + \boldsymbol{t}_1 \tag{6-39}$$

$$\boldsymbol{x}_{c2} = \boldsymbol{R}_2 \boldsymbol{x}_w + \boldsymbol{t}_2 \tag{6-40}$$

将上式中 $\boldsymbol{x}_w$ 消去后得到

$$\boldsymbol{x}_{c1} = \boldsymbol{R}_1 \boldsymbol{R}_2^{-1} \boldsymbol{x}_{c2} + \boldsymbol{t}_1 - \boldsymbol{R}_2^{-1} \boldsymbol{t}_2 \tag{6-41}$$

因此，两个相机之间的几何关系可以用以下 $\boldsymbol{R}$ 和 $\boldsymbol{t}$ 表示

$$\boldsymbol{R} = \boldsymbol{R}_1 \boldsymbol{R}_2^{-1} \tag{6-42}$$

$$\boldsymbol{t} = \boldsymbol{t}_1 - \boldsymbol{R}_2^{-1} \boldsymbol{t}_2 \tag{6-43}$$

双目标定结果如图 6-20 所示。

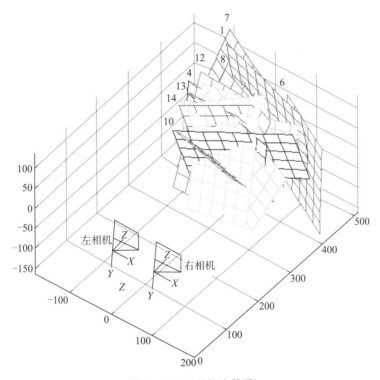

图 6-20 双目标定结果

（5）工业机器人手眼标定

工业机器人手眼标定的目的是获得测量装置坐标系与工业机器人端执行器坐标系之间的位置转换关系。标定过程视觉测量装置坐标系以左侧相机坐标系为基准坐标系。标定过程中保持标定板固定不动，通过控制工业机器人的各个关节运动，使标定板尽量在左侧相机的视野范围内。手眼标定的过程如图 6-21 所示，根据标定板已知的棋盘格之间的距离，可以求得标定板与双目视觉传感器之间的位姿矩阵 $\boldsymbol{C}$，双目视觉传感器与工业机器人

第六轴的位姿矩阵 $\boldsymbol{X}$ 为未知系数，工业机器人第六轴与机器人底座坐标系的位姿矩阵为 $\boldsymbol{D}$ ，可以根据工业机器人当前位置的 6 个读数，x，y，z，a，b，c，通过下面的公式求得。

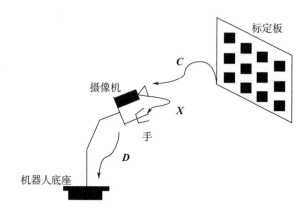

图 6-21　工业机器人的手眼标定

$$\boldsymbol{D} = \begin{bmatrix} \cos a \cos b & \cos a \sin b \sin c - \sin a \cos c & \cos a \sin b \cos c + \sin a \sin c & x \\ \sin a \cos b & \sin a \sin b \sin c + \cos a \cos c & \sin a \sin b \cos c - \cos a \sin c & y \\ -\sin b & \cos b \sin c & \cos b \cos c & z \\ 0 & 0 & 0 & 1 \end{bmatrix} \quad (6-44)$$

标定过程中通过示教盒调整工业机器人的位置参数，标定过程的始终标定板的位置与机器人底座的位置保持相对不变，也就是说标定板的世界坐标系与机器人底座坐标系之间的位置关系从未发生变化，同时双目视觉传感器与工业机器人第六轴之间的位置关系也没有发生变化，即矩阵 $\boldsymbol{X}$ 不变。假设标定板的坐标系为 $W_{标}$，工业机器人底座的坐标系为 $W_{座}$，对于两个不同的工业机器人姿态，有以下等式

$$\begin{cases} W_{标} \times \boldsymbol{C}_1 \times \boldsymbol{X} \times \boldsymbol{D}_1 = W_{座} \\ W_{标} \times \boldsymbol{C}_2 \times \boldsymbol{X} \times \boldsymbol{D}_2 = W_{座} \end{cases} \quad (6-45)$$

根据以上等式可以得到

$$\boldsymbol{C}_2 \times \boldsymbol{X} \times \boldsymbol{D}_2 = \boldsymbol{C}_1 \times \boldsymbol{X} \times \boldsymbol{D}_1 \quad (6-46)$$

$$\boldsymbol{C}_1^{-1} \boldsymbol{C}_2 \boldsymbol{X} = \boldsymbol{X} \boldsymbol{D}_1 \boldsymbol{D}_2^{-1} \quad (6-47)$$

可以将上述方程写为

$$\boldsymbol{C}' \boldsymbol{X} = \boldsymbol{X} \boldsymbol{D}' \quad (6-48)$$

方程中只有矩阵 $\boldsymbol{X}$ 为未知系数，手眼标定过程中，同样需要摆多个姿态，一般来说 9 个姿态左右，这样计算矩阵 $\boldsymbol{X}$ 的复杂度就不是很高，同时也可以采用多个冗余的方程降低误差造成的影响，使手眼标定的结果尽量准确。

式（6-48）为手眼标定的基本方程式，其物理依据就是机器人底座与标定板的位置关系保持不变。式中，$\boldsymbol{X}$ 是待求参数，$\boldsymbol{C}'$ 由两次摄像机定标的外参数得到，$\boldsymbol{D}'$ 由机器人控制器给出。如果将式（6-48）中的各 4×4 矩阵分别用相应的旋转矩阵与平移矢量写出，则可写成

$$\begin{bmatrix} \boldsymbol{R}_c & \boldsymbol{t}_c \\ \boldsymbol{0}^{\mathrm{T}} & 1 \end{bmatrix} \begin{bmatrix} \boldsymbol{R} & \boldsymbol{t} \\ \boldsymbol{0}^{\mathrm{T}} & 1 \end{bmatrix} = \begin{bmatrix} \boldsymbol{R} & \boldsymbol{t} \\ \boldsymbol{0}^{\mathrm{T}} & 1 \end{bmatrix} \begin{bmatrix} \boldsymbol{R}_d & \boldsymbol{t}_d \\ \boldsymbol{0}^{\mathrm{T}} & 1 \end{bmatrix} \tag{6-49}$$

展开上式得

$$\begin{cases} \boldsymbol{R}_c \boldsymbol{R} = \boldsymbol{R} \boldsymbol{R}_d \\ \boldsymbol{R}_c \boldsymbol{t} + \boldsymbol{t}_c = \boldsymbol{R} \boldsymbol{t}_d + \boldsymbol{t} \end{cases} \tag{6-50}$$

上式中已知的是 $\boldsymbol{R}_c$，$\boldsymbol{R}_d$，$\boldsymbol{t}_c$，$\boldsymbol{t}_d$，且 $\boldsymbol{R}$，$\boldsymbol{R}_c$，$\boldsymbol{R}_d$ 均为正交单位矩阵，需要求解的是 $\boldsymbol{R}$ 与 $\boldsymbol{t}$。

若在标定过程中，控制机器人末端执行器作两次运动，则可以得到下面四个关系式

$$\begin{cases} \boldsymbol{R}_{c1} \boldsymbol{R} = \boldsymbol{R} \boldsymbol{R}_{d1} \\ \boldsymbol{R}_{c1} \boldsymbol{t} + \boldsymbol{t}_{c1} = \boldsymbol{R} \boldsymbol{t}_{d1} + \boldsymbol{t} \\ \boldsymbol{R}_{c2} \boldsymbol{R} = \boldsymbol{R} \boldsymbol{R}_{d2} \\ \boldsymbol{R}_{c2} \boldsymbol{t} + \boldsymbol{t}_{c2} = \boldsymbol{R} \boldsymbol{t}_{d2} + \boldsymbol{t} \end{cases} \tag{6-51}$$

其中，$\boldsymbol{R}_{c1}$，$\boldsymbol{t}_{c1}$，$\boldsymbol{R}_{c2}$，$\boldsymbol{t}_{c2}$ 分别为两次运动的参数，由摄像机标定得到的外部参数给出；$\boldsymbol{R}_{d1}$，$\boldsymbol{t}_{d1}$，$\boldsymbol{R}_{d2}$，$\boldsymbol{t}_{d2}$ 由两次运动时机器人控制器给出。联合求出 $\boldsymbol{R}$。再将 $\boldsymbol{R}$ 代入方程式解出 $\boldsymbol{t}$。实际标定时需要将工业机器人移动到多个位置，从多个角度拍摄标定板的图像，使标定结果更加精确。

6.4.3　定位孔位置的测量

对定位孔的位置进行测量时，通过控制工业机器人的运动调整视觉测量装置的位置，使得所要测量的定位孔在两个相机的共同视野内，且尽量靠近两个相机视野的中间位置。两个相机同时拍摄定位孔的图像，对图像进行处理获得定位孔中心在图像坐标系下的坐标值，在已经标定得到视觉测量装置参数的情况下，根据双目视觉测量原理计算得到定位孔中心在相机坐标系下的坐标值。最后将该坐标值转换到工业机器人坐标系下，即可完成对定位孔的三维测量。

（1）定位孔中心的提取

对相机采集到的图像首先进行滤波处理，以去除成像过程中的噪声。经过滤波后，根据定位孔与背景灰度值的不同，对图像进行二值化，使得定位孔与环境分割开。由于圆形定位孔经过透视变换后，在像平面上的成像为椭圆，因此对二值化后的图像进行椭圆检测，使用提取的椭圆边缘进行椭圆拟合，获得椭圆的中心。图 6-22 为相机采集到的定位孔的原始图像，图 6-23 为经过边缘检测的图像，图 6-24 为椭圆中心的检测结果。

（2）定位孔中心三维坐标计算

在图像处理得到定位孔中心在左右两个相机中的图像坐标后，必须获得定位孔中心在左右两幅图像中的一一对应关系，才能根据三角测量的原理计算得到定位孔中心在相机坐标系下的坐标值。要想建立这种对应关系，需要使用双目测量中的极线约束。

如图 6-25 所示，p_1 和 p_2 分别为空间中一点 P 在两个相机平面上所成的像点，那么根据极线约束，p_1，p_2 以及两个相机的光心 O_1 和 O_2 共面，设该平面与图像 I_2 的交线为

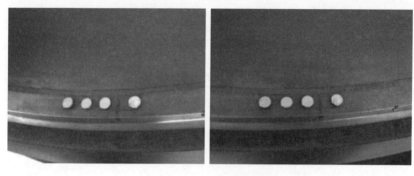

图 6 - 22　原始图像

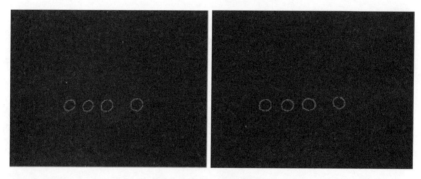

图 6 - 23　边缘检测

图 6 - 24　椭圆中心检测

l_2，那么与 p_1 对应的点 p_2 必然在该直线上。在已知两个相机 **M** 矩阵以及外部参数的情况下，可以计算得到该直线在相平面 I_2 上的方程。于是，对于图像平面 I_1 上检测到的每个光斑点，可计算其在相平面 I_2 上的极线方程，那么 I_2 上通过该极线方程的光斑点即为与之相对应的点。

　　以左相机坐标系为视觉测量系统的主坐标系，在获得定位孔在左右相机图像坐标的一一对应关系后，可根据三角测量的原理计算出定位孔在左相机坐标系下的三维坐标值，如图 6 - 26 所示。

　　根据前述的标定方法，可以获得相机坐标系与工业机器人末端执行器坐标系的位置关系，若视觉测量装置与工业机器人末端的位置关系用矩阵表示为

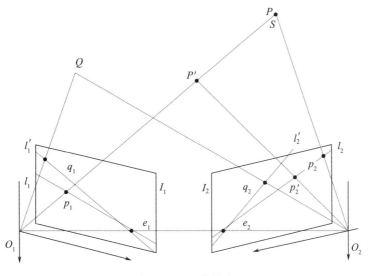

图 6 - 25　极线约束

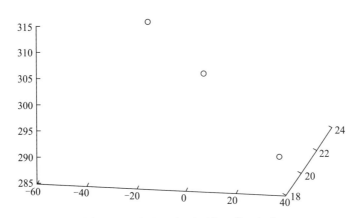

图 6 - 26　相机坐标系下的三维坐标值

$$\boldsymbol{H}_{cg} = \begin{bmatrix} R_{cg} & t_{cg} \\ 0 & 1 \end{bmatrix} \qquad\qquad (6-52)$$

同时，在测量定位孔坐标时工业机器人末端在工业机器人基坐标系下的位置用矩阵表示为

$$\boldsymbol{H}_{gr} = \begin{bmatrix} R_{gr} & t_{gr} \\ 0 & 1 \end{bmatrix} \qquad\qquad (6-53)$$

那么，定位孔在工业机器人基坐标系下的坐标值可表示为

$$\boldsymbol{X}_r = \boldsymbol{H}_{gr}\boldsymbol{H}_{cg}\boldsymbol{X}_c \qquad\qquad (6-54)$$

定位孔在工业机器人基坐标系下的坐标如图 6 - 27 所示。

得到了目标孔的空间位置，就可以引导机器人进行自动装配。

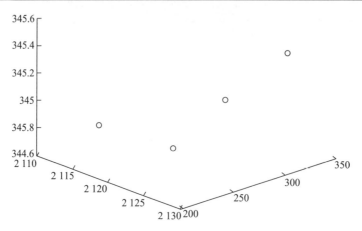

图 6 - 27　定位孔在工业机器人基坐标系下的坐标

6.5　机器人柔顺控制技术

机器人具有载重量大、调整精度高等特点，可以实现大质量零部件的稳定保持与精确调整。但机器人通常应用于批量产品的生产流水线，面对固定的工况，不断重复相同的动作，生产效率高。如何在工况多变的航天器装配中有效、灵活地发挥机器人的特点，解决大质量设备的安装难题，提高装配过程的安全可靠性，提高产品质量及生产效率，是应用机器人进行航天器装配需要解决的问题。

工业机器人的一些特殊应用（如轴孔装配、曲面磨削、去毛刺等）中，通常采用"柔顺控制"使工业机器人末端顺应工件边界，并能将接触力保持在适当的范围内。柔顺控制方法分为被动柔顺和主动柔顺 2 种：被动柔顺控制是设计一种柔性机械装置，并把它安装在工业机器人的腕部，用来提高工业机器人末端顺应外部环境的能力；主动柔顺是根据力传感器的反馈信息，结合适当的控制方法（如阻抗控制、力/位混合控制等），根据实际作用力与理想作用力之间的误差对工业机器人的运动轨迹进行实时修正，以使接触力保持在要求的范围内。

柔顺控制可以使工业机器人在既定轨迹的基础上作微小修正，将接触力保持在适当、安全的范围内，还可以通过对工业机器人末端施力牵引其进行大范围的运动。德国 KUKA 公司开发的 LWR 轻型机器人借助关节力矩、位置的反馈控制可以实现随人手牵引运动，但该款机器人的额定负载较小（14 kg），在随人手运动控制中未考虑负载重力的影响。

现有工业机器人的柔顺控制一般针对负载较小或者空间微重力的情况，不考虑负载重力的影响。但在地面环境、负载较大的情况下，负载重力对工业机器人力反馈的影响不可忽略，要利用工业机器人实现航天器大质量设备的柔性随动控制，必须对负载重力的影响进行补偿，相关的重力补偿算法已在本章机器人力觉部分进行了叙述。

我国航天器装配中得到应用的一种机器人柔顺控制方法为：在工业机器人末端安装六维力传感器感知作用其上的力与力矩信息，通过负载重力补偿算法消除负载重力的影响，将得到的外部作用的力/力矩信息作为输入控制工业机器人运动，实现负载的柔性随动及碰撞检测。采用这种方法操作者用较小的力即可控制调整大质量工件的位姿，且可以直观地按照日常操作习惯对工业机器人末端负载进行位姿调整，不易出现误操作。这种方法将工业机器人载重量大、运行稳定精度高的特点，与人观察、操作的灵活性相结合，适用于航天器复杂多变的装配工况。

工业机器人柔性力控系统如图 6-28 所示，主要由工控机、工业机器人控制器、工业机器人、大小两个六维力传感器、末端执行器、工件等组成。

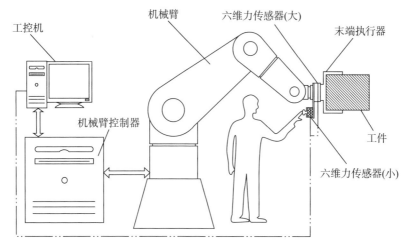

图 6-28　工业机器人柔性力控系统组成示意图

系统中，工控机对六维力传感器信号进行采集与处理，根据受力信息及柔性力控算法生成工业机器人运动指令，发送至工业机器人控制器中，控制工业机器人运动，实现工件的柔性随动及碰撞检测。大六维力传感器的量程较大，安装在工业机器人末端与负载（即末端执行器与工件）之间，通过重力补偿算法消除负载重力的影响后，可感知负载受到的外部作用力，如碰撞力、人手作用力等。单独使用大六维力传感器可以实现对负载的柔性随动控制，此外还在工业机器人末端设置了小六维力传感器。

小六维力传感器的量程较小，测量灵敏度高，专用于感知人手的操作力。在需要利用大六维力传感器精确感知工件接触力，或工件安装空间狭小不便于人手操作的情况下，可以通过操控小六维力传感器实现对工件的位姿调整，而大六维力传感器在这种情况下专用于碰撞检测。

6.5.1　机器人柔性随动

柔性随动控制要达到的理想效果是工件随人手的作用跟随人手运动，操作者用较小的力就可以稳定地操作大质量工件。若人手直接作用于工件，则通过对大六维力传感器进行重力补偿即可得到人手作用的力与力矩信息；若人手作用于小六维力传感器，则无需对负载进行重力补偿即可得到人手作用的力与力矩信息。柔性随动控制就是根据获得的人手作用信息制定控制策略，控制工业机器人产生柔性随动效果，工业机器人柔性力控系统的控制框图如图 6-29 所示。

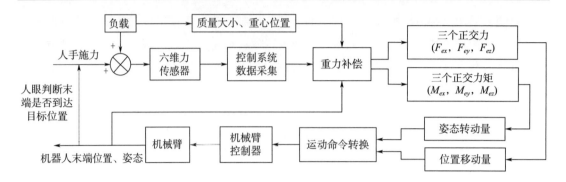

图 6-29　工业机器人柔性随动控制原理图

在柔性随动控制中根据应用需求设计了 4 种模式：连续移动、连续转动、点动移动、点动转动。连续移动/转动用于工件的大范围移动/转动，点动移动/转动用于对工件进行精确定量的移动/转动，4 种模式在实际使用中根据需要进行切换，每种模式的详细设计如下所述。

（1）连续移动

连续移动模式下负载按人手作用力的方向运动，运动速度与人手作用力的大小相关，连续移动模式的控制流程图如图 6-30 所示。

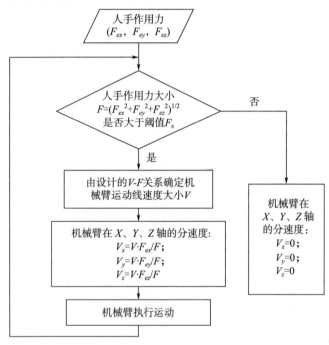

图 6-30　连续移动模式控制流程图

连续移动模式控制中，系统获得的外部作用力为控制输入，由于传感器自身误差或者重力补偿误差，在实际没有外力作用至传感器或负载上的情况下，系统得到的外部作用力并不为 0，因此为系统获得的外部作用力大小 F 设定阈值 F_s，当 $F > F_s$ 时方能对工业机器人产生作用。

工业机器人运动速度大小 V 与外部作用力大小 F 的关系如图 6 - 31 所示。当 $F_s < F < F_{s2}$ 时，V 随 F 的增大线性增加，当 $F \geqslant F_{s2}$ 时，$V = V_{max}$ 。这样的 V - F 关系中，V 随 F 连续变化，没有跳变，可以避免外力变化带来的工业机器人剧烈抖动；当 $F_s < F < F_{s2}$ 时，外部作用力越大，工业机器人运动速度越快，这符合人的日常习惯；为避免工业机器人速度过快影响操作安全，为 V 设置上限 V_{max} 。总速度 V 确定后，按照各轴力的分量 (F_{ex}, F_{ey}, F_{ez}) 将 V 分配为 (V_x, V_y, V_z) 各轴分速度，使工业机器人运动方向与外部作用力方向相同，实现柔性跟随移动。

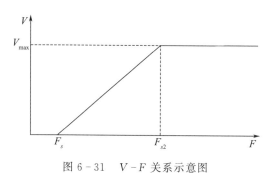

图 6 - 31　V - F 关系示意图

（2）连续转动

连续转动模式下工业机器人绕 X、Y、Z 三个方向中人手作用力矩最大的方向转动，转动速度与相应作用力矩的大小相关，连续转动模式控制流程图如图 6 - 32 所示。

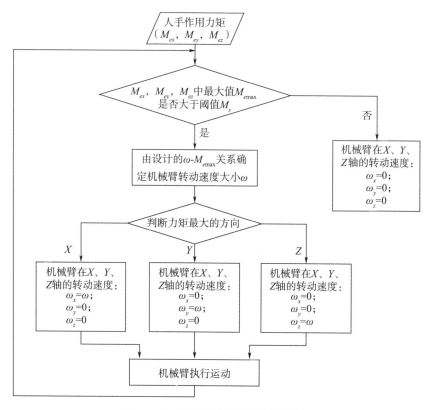

图 6 - 32　连续转动模式控制流程图

连续转动模式控制中，首先比较得到 X、Y、Z 三个方向力矩（M_{ex}，M_{ey}，M_{ez}）中的最大值 M_{emax}，同理为 M_{emax} 设定一阈值 M_s，当 $M_{emax} > M_s$ 时方能对工业机器人产生作用。工业机器人转动角速度 ω 与 M_{emax} 的关系如图 6-33 所示，与上述 V-F 关系类似。

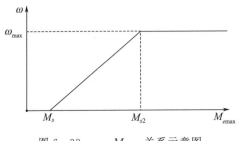

图 6-33　ω-M_{emax} 关系示意图

（3）点动移动

在点动移动模式中，工业机器人沿 X、Y、Z 三个方向中人手作用力最大的方向点动移动，每次有效的外部作用力只引起工业机器人按预设的速度移动一个步长 L_s。点动移动模式的控制流程图如图 6-34 所示。

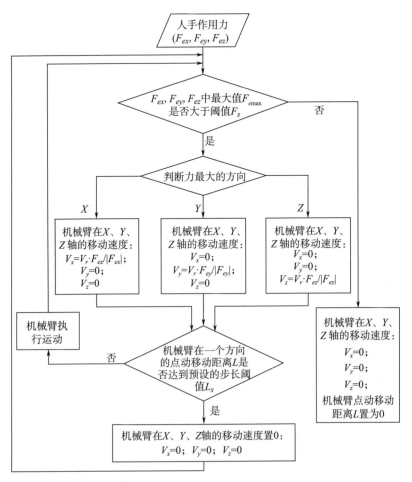

图 6-34　点动移动模式控制流程图

点动移动模式控制中，首先比较得到 X、Y、Z 三个方向作用力$(F_{ex}$，F_{ey}，$F_{ez})$ 中的最大值 $F_{e\max}$，当 $F_{e\max}$ 超过阈值 F_s 时，作用力可以对工业机器人产生作用，判断作用力最大的方向，并将工业机器人在该方向的运动速度置为预设的值 V_r，速度方向与最大作用分力的方向相同。当工业机器人在最大作用力方向的移动距离 L 未达到步长 L_s，且 $F_{e\max}$ 超过 F_s 时，工业机器人沿最大作用分力方向运动；当 L 未达到步长 L_s，但 $F_{e\max}$ 变得低于 F_s 时，工业机器人停止运动，L 置为 0；当 L 已达到步长 L_s，但 $F_{e\max}$ 仍超过 F_s，工业机器人不再运动，直至 $F_{e\max}$ 变得低于 F_s，L 置为 0 后，工业机器人才相应下一次点动运动，这样避免了作用力始终大于阈值的情况下工业机器人产生连续运动。

（4）点动转动

点动转动模式的控制流程与点动移动模式类似，控制流程图如图 6 - 35 所示。

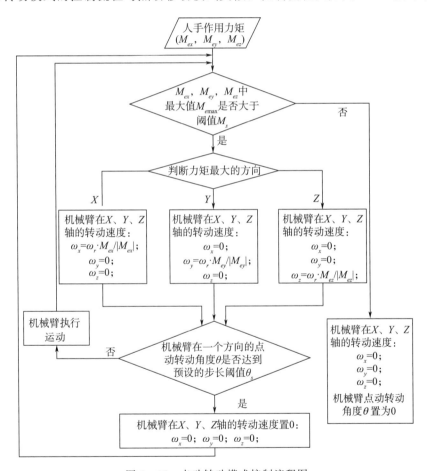

图 6 - 35　点动转动模式控制流程图

上述机器人柔性随动控制方法已在我国航天器的装配中得到应用，两个六维力传感器安装在工业机器人上的实物见图 6 - 36。通过大、小六维力传感器进行机器人柔性随动控制的照片如图 6 - 37、图 6 - 38 所示。

图 6 - 36　六维力传感器安装图

图 6 - 37　大六维力传感器柔性力控

图 6 - 38　小六维力传感器柔性力控

6.5.2　机器人柔顺装配

在使用机器人装配过程中，待安装工件与安装面接触后，需要控制安装界面的接触力，保证工件完全安装到位的同时，安装面上的接触力在安全范围，以保证产品的安全。

采用力觉感知技术，获得工件所受的外部接触力，对机器人进行反馈控制，可以实现柔顺装配，相关技术已在我国航天器总装中得到应用。这里对航天产品安装中面对较多的两种工况的柔顺装配技术进行介绍，即面面柔性对接，以及紧固件柔性安装。

（1）面面柔性对接

在使用机器人安装工件过程中，工件安装面与航天器主体表面存在贴合的过程。如果两个贴合面间存在间隙，则在紧固件拧紧时会对航天器舱体结构造成牵拉，存在损坏舱体结构的风险，如果贴合过紧，工件对舱体表面压力过大，也可能损坏舱体结构。

机器人柔性对接位姿调整示意图如图 6-39 所示，两对接面在不平行的情况下相互靠近时，首先发生点接触或线接触，此时需要在保持接触力在安全范围的同时，根据接触产生的力与力矩信息调整被安装工件位姿，使两个安装面不断贴近，趋于平行，直至在保证安全接触力的前提下无法继续贴近，即完成了安装面的对接。

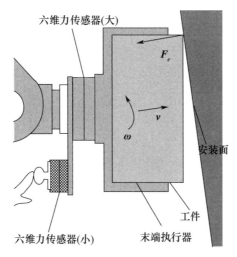

图 6-39　机器人柔性对接位姿调整示意图

考虑实际安装需求，在对接调整中，在垂直于安装面的方向，要求保持接触力在安全范围内，而在平行于安装面的方向，希望工件仍能够沿安装面移动，这需要明确安装面在机器人坐标系下的方向参数，并在安装面定义坐标系控制机器人运动。

在安装面定义机器人基坐标系（记为 BASE），定义垂直于安装面向外的方向为 BASE 的 Z 轴，工件与安装面发生接触后，工件受到的外力 $\boldsymbol{F}_e$ 垂直于安装面，因此可得到 BASE 的 Z 轴在机器人工具坐标系下的方向矢量为

$$\boldsymbol{e}_{Bz} = \frac{\boldsymbol{F}_e}{|\boldsymbol{F}_e|} = \frac{1}{\sqrt{F_{ex}^2 + F_{ey}^2 + F_{ez}^2}} \begin{bmatrix} F_{ex} & F_{ey} & F_{ez} \end{bmatrix}^{\mathrm{T}} \tag{6-55}$$

机器人工具坐标系 Z 轴的方向矢量为

$$\boldsymbol{e}_{Tz} = [0 \quad 0 \quad 1]^{T} \quad\quad\quad (6-56)$$

定义 BASE 的 X 轴在机器人工具坐标系中的方向矢量为

$$\boldsymbol{e}_{Bx} = \frac{\boldsymbol{e}_{Tz} \times \boldsymbol{e}_{Bz}}{|\boldsymbol{e}_{Tz} \times \boldsymbol{e}_{Bz}|} = \frac{1}{\sqrt{F_{ex}^{2} + F_{ey}^{2}}} [-F_{ey} \quad F_{ex} \quad 0]^{T} \quad\quad (6-57)$$

则 BASE 的 Y 轴在机器人工具坐标系中的方向矢量为

$$\boldsymbol{e}_{By} = \frac{\boldsymbol{e}_{Bz} \times \boldsymbol{e}_{Bx}}{|\boldsymbol{e}_{Bz} \times \boldsymbol{e}_{Bx}|}$$

$$= \frac{1}{\sqrt{F_{ex}^{2} + F_{ey}^{2} + F_{ez}^{2}} \cdot \sqrt{F_{ex}^{2} + F_{ey}^{2}}} [-F_{ez} \cdot F_{ex} \quad -F_{ez} \cdot F_{ey} \quad F_{ex}^{2} + F_{ey}^{2}]^{T}$$

$$(6-58)$$

以上定义了 BASE 坐标轴在机器人工具坐标系下的方向矢量，其中 Z 轴垂直于安装面，X、Y 轴构成的平面平行于安装面，在柔性对接中可以对 X、Y、Z 轴方向的速度独立控制，实现保持接触力的同时工件能够沿安装面移动。

机器人柔性对接控制流程图如图 6-40 所示，控制中实时获取负载受到的外部力/力矩信息，根据不同的外部作用信息进行判断控制：

1）未接触时移动：首先判断外力的合力 $|\boldsymbol{F}_{e}|$ 是否大于预设的阈值 F_{s1}，若 $|\boldsymbol{F}_{e}| < F_{s1}$，则认为未发生接触，按照在自由空间的控制策略控制机械臂向安装面移动；若 $|\boldsymbol{F}_{e}| > F_{s1}$，则认为接触发生，按照力/位控制的策略控制机械臂使工件柔性对接；

2）接触时移动：$|\boldsymbol{F}_{e}| > F_{s1}$ 时认为接触发生，可根据外力 $\boldsymbol{F}_{e}$，按照上述定义算法得到 BASE 坐标系 3 个坐标轴方向矢量，并对 BASE 坐标系 X、Y、Z 轴方向的速度独立控制。由控制输入的机器人工具坐标系速度换算至 BASE 坐标系 X、Y 轴的分量，得到 BASE 坐标系 X、Y 方向的速度。BASE 坐标系 Z 方向的速度则根据接触力的大小进行反馈控制，当 $|\boldsymbol{F}_{e}| > F_{s2}$ 时，工件做回退运动，当 $|\boldsymbol{F}_{e}| < F_{s2}$ 时，工件做前进运动。

3）接触时转动：$|\boldsymbol{F}_{e}| > F_{s1}$ 时认为接触发生，判断外力矩大小 $|\boldsymbol{M}_{e}|$ 是否大于预设的阈值 M_{s}，若 $|\boldsymbol{M}_{e}| < M_{s}$，则认为不需要旋转，若 $|\boldsymbol{M}_{e}| > M_{s}$，则根据力矩分量换算机械臂角速度分量，对工件进行姿态调整。

机器人柔性对接试验照片如图 6-41 所示，工件对接完成后，垂直于安装面方向移动的自由度及两个方向的转动自由度被约束。此时仍然可以在保持贴合的同时，控制工件沿安装面移动，还可以通过人手轻微推动工件，使工件在垂直于安装面的方向上做转动调整，确保了在未被安装面约束的自由度上仍然可以控制调整，便于实际应用中安装孔位的找准。

（2）紧固件柔性安装

紧固件柔性安装控制的目的是使机器人负载能够在紧固件的作用力下，自适应调整位置和姿态，使设备的全部螺钉孔能够在各螺钉的综合作用下，自适应对准。紧固件柔性安装控制的流程图如图 6-42 所示。

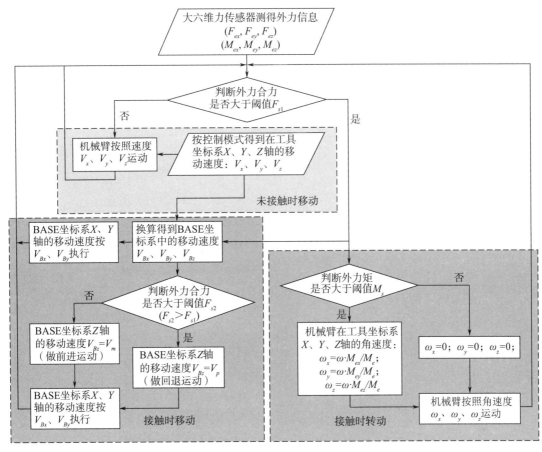

图 6-40　机器人柔性对接控制流程图

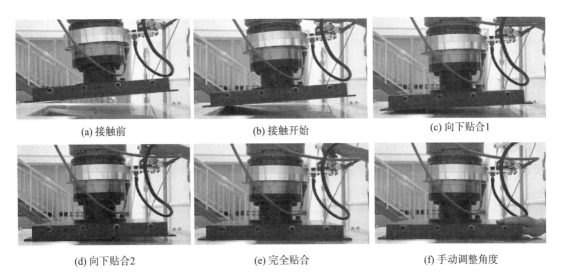

(a) 接触前　　　　　　　　(b) 接触开始　　　　　　　(c) 向下贴合1

(d) 向下贴合2　　　　　　(e) 完全贴合　　　　　　　(f) 手动调整角度

图 6-41　机器人柔性对接试验照片

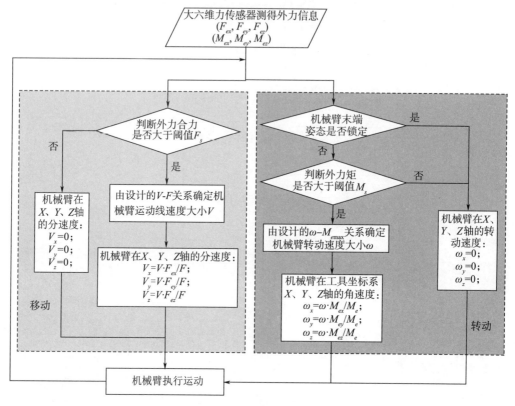

图 6-42　紧固件柔性安装控制流程图

6.6　机器人路径规划技术

机器人装配过程中应当具备在复杂环境中快速避障的能力，即实现狭小空间条件下的部件无碰撞安装及拆除。由于产品的三维几何外形极为复杂，机器人在进行狭小空间部件安装时，产品对机器人的运动构成了复杂的约束条件。机器人的运动轨迹只有满足这一复杂约束条件的要求，才能保证在产品的装配过程中不出现机器人、待安装部件与产品之间的干涉碰撞现象，确保机器人顺利地完成辅助装配任务。此外，工业机器人是一个 6 自由度的运动机构，具有较高的运动维度，同时机器人本体也具有非常复杂的三维几何外形，这些都对机器人的运动轨迹规划带来了很大的难度。

6.6.1　机器人虚拟装配环境构建

机器人虚拟仿真对于模拟机器人的空间运动、轨迹规划及碰撞检测等具有重要的指导意义。通过创建具有立体感、真实感的机器人、工件和相应工作场景，逼真地模拟现实状况，进行机器人的轨迹规划、碰撞检测，验证正、逆运动学，检验控制系统的可靠性等，从而对机器人的运动有一个直观认识。

在进行机器人虚拟装配环境构建时，必须对机器人和产品的三维模型进行轻量化处理。原因在于：

1）机器人和产品的三维网格模型超出了所需要的精度，导致占用大量的计算机内存；

2）在有限大小的屏幕上绘制非常稠密的三角网格，许多较小的三角形往往会退化成屏幕上的一个像素点，这样就给绘制系统带来了不必要的负担；

3）为保证碰撞检测算法的实时性，也需要对三维网格模型进行轻量化处理。

按照构造简化逼近模型的方式，模型简化算法可以分为细化提升（refinement）和抽取简化（decimation）两大类。细化提升算法从一个简单的初始逼近模型开始，逐渐向其中增加元素，直至该逼近模型达到逼近误差的要求；而抽取简化算法则是从原始模型开始，逐渐删除一些元素，直到逼近误差达到允许的上限。

在简化的过程中，一些算法禁止对模型的拓扑结构进行改变，从而可以忠实地保存模型的拓扑性质。相反，有些算法为了大量消减三角形，则直接考虑了对拓扑细节的简化。另外，一般的简化算法通常都假设简化的对象是流形（manifold），即每个顶点周围的邻域都可以拓扑等价于一个圆盘。事实上，通过一些预处理方法，是可以将非流形的网格转化成流形的。基于这样的前提，可假设三角形网格都满足流形的条件。对于形状复杂的三维网格模型，构造它的初始逼近网格并不容易，因此细化提升的方法应用得比较少。常见的一些网格简化方法多属于抽取简化方法，大致可归类如下：

1）顶点聚类方法：将网格分割成小块，每一块中的顶点聚合为一个新顶点。该方法简单高效，易于实现，但简化质量通常较差。

2）区域合并方法：先将网格表面分成若干区域，然后将区域的边界简化成多边形，最后对多边形进行三角剖分，得到简化网格。简化质量较高，但实现比较复杂。

3）小波分解方法：利用小波分解理论将表面模型分解成一个基本形状加上一系列顺序的表面细节。得到的逼近模型质量较差，且无法完全重建。

4）顶点抽取方法：迭代简化算法，每次删除一组顶点后，将留下的空洞进行三角剖分。易于实现，简化模型的质量也比较高，是目前常用的方法之一。

5）迭代收缩方法：目前最为常用的一种方法，每次迭代中将网格中的一对顶点合并成为一个新的顶点。易于实现，简化模型的质量很高。有可能改变模型的拓扑结构。

上述几类算法在一般数据量的三维模型上能够取得较好的简化效果，尤其是顶点聚类、顶点抽取和迭代收缩方法，应用十分广泛。图 6 - 43 为模型简化示例。

6.6.2　虚拟环境碰撞检测方法

机器人与产品碰撞检测方法处理如下看似简单的问题：检测机器人与产品是否相交。

特别地，碰撞检测将确定机器人与产品是否、何时以及在何处形成碰撞。"是否碰撞"将产生一个布尔值，并计算机器人与产品是否相交。"何时碰撞"将额外测定碰撞发生的时刻。"何处碰撞"将解释机器人与产品如何形成碰撞。以上述给定顺序分析这 3 类问题是一个比较复杂的过程。

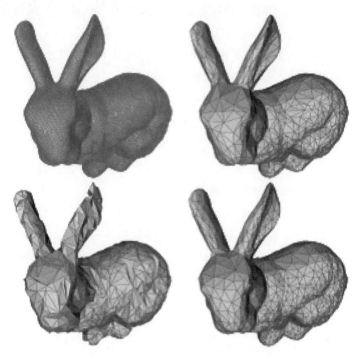

图 6 - 43　模型简化示例

　　这里介绍基于包围盒的碰撞检测算法，包括三个主要组成部分：对象表示；建立层次包围体；层次遍历。

　　（1）对象表示

　　所有的形状表示具有两个接口：1）重叠，用于检查一个几何形状边界与层次结构中其他物体的节点之间的重叠，它也可以被用来执行剔除操作；2）相交，检查几何对象之间的精确相交或其他对象的三角形/点之间相交，主要是用来进行低级元素之间的精确相邻检测。

　　采用包围体（Bounding Volume，BV）表示机器人和产品所包括的对象，包围体是一个简单的体空间，且包围了一个或多个具有复杂形状的物体。这种简单体测试与具有复杂形状的物体相比，具备一定的计算优势。利用包围体可以执行快速的剔除测试，因为只有当包围体产生碰撞时，才有必要进一步计算具有复杂形状的几何体测试。当然，当物体对象之间真正产生碰撞时，进一步的处理将导致计算量的显著增加。然而，在大多数情况下只是存在少数物体彼此靠近并可能产生碰撞。因此，包围体通常可以获取有效的性能改善；同时，复杂物体对象的前期剔除，更验证了为包围体测试所付出的较小代价是值得的。

　　轴对齐包围盒（AABB）是应用最为广泛的包围体之一。在 3D 空间中，AABB 是一个 6 面盒状长方体（在 2D 空间中是包含 4 条边的矩形），且其面方向性划分按如下方式进行：面法线皆平行于给定的坐标轴。AABB 的最大特点是能够实现快速的相交测试，即仅执行相应坐标值之间的比较。AABB 之间的相交测试比较直观且无须考虑其表达方式。若

AABB 在 3 个轴向上都相交，则 AABB 相交，其中，AABB 沿每一个维度的有效范围可以看作是对应轴上的数值区间。图 6 - 44 为轴对齐包围盒示意图。

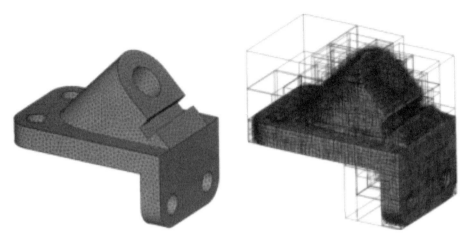

图 6 - 44　轴对齐包围盒示意图

（2）建立层次包围体

机器人和产品的几何对象使用层次包围体表示。层级结构与对象的配置信息一起存放在称为 CollisionObject 的结构中。采用包围体包围物体对象，并在几何图元测试之前首先针对包围体执行计算，这将有效地改善测试性能。然而，虽然测试过程得到了简化，但两组间测试数量仍未改变。同时，测试结果仍保持原有的渐进时间复杂度，且包围体技术只是在常数级别对测试过程加以调整。此处，通过将包围体整合至树结构中，即层次包围体技术（BVH），其时间复杂度可降至对数级别。

原包围体集合将对应层次树中的多个叶节点，于是叶节点可形成多个小集合，并可采用一个较大的包围体加以限定。这一过程可以递归方式执行，最终将构造出一棵层次树结构并在树根节点处呈现出一个独立包围体。采用相应的层次结构时，在碰撞测试过程中，如果父节点不存在相交，则无须对子节点进行检测。图 6 - 45 为层次包围体示意图。

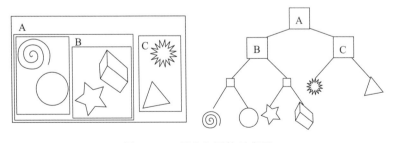

图 6 - 45　层次包围体示意图

关于树型构造算法，主要分为 3 类：自顶向下、自底向上以及插入算法。其中，自顶向下算法将输入集划分为两个（或多个）子集，并利用包围体加以构造且继续在该包围体中实现递归划分。

自顶向下的构造算法可以按照递归的方式加以描述，该算法的主要特点描述如下：

1）算法始于输入图元（或物体对象）集合的包围体。在后续操作中，上述图元将划分至两个子集中，该过程将再次针对这两个子集实现递归调用以构造分支层次结构，同时作为子节点链接至其父包围体节点上。当输入集合只包含单一图元时，递归过程结束且退出之前须构造该图元的包围体。

2）为了简化划分过程，采用分割超平面将原集合划分为两个子集。有时，会出现所选分割面跨越图元这一情况，且集合划分过程中，对这类跨越图元须采用某种方式加以正确处理。本项目采取的方法是将图元一分为二且置入对应子集中。同时，图元分割将使子包围体较小，从而降低或完全消除了相应的相交测试量。但是，对跨越图元实施分割也存在一个缺陷：分割图元可能两次面临分割——这将使得图元数急剧增加。

3）划分策略。本项目采用的划分算法为中值切割算法。此处，集合将根据某一轴向上的投影分为等尺寸的两子集，从而生成平衡树。分割面的选择通常包含两个步骤。首先应确定相应的分割轴，其次沿该轴向上的某一位置进行分割。

4）分割轴的选择。对于存在的多个可能的候选分割轴，需要以某种方式进行筛选以确定最终结果。理论上，可以采用迭代优化算法（如爬山算法）获取最佳分离轴。但是在实际应用中，该算法即使在预处理阶段也将十分耗时。因此，搜索过程只能在较小范围内获取最佳分割轴。在本项目中，AABB 的面法线作为首选轴，其他包围体若包含附带的固定轴，可作为分割轴的首选方案。即使上述优化步骤无法实现，一旦选择了某一分割轴，仍然可采用爬山算法中的相关步骤对该轴进行改进。这里，对该轴实施某种干扰，若该轴工作良好则可替代原始轴。可反复执行这一过程直至满足相应要求。

（3）层次遍历

在建立了层次包围体之后，就可以建立遍历层次结构来执行特定碰撞查询。

6.6.3 机器人路径规划方法

机器人路径规划的方法是依据机器人的运动约束要求，从某个特定的问题状态出发，寻求一系列行为动作，并建立一个操作序列，直到求得目标状态为止。当前，路径规划算法主要有 C 空间网格搜索法、间隔搜索法、势场法、基于采样的算法等。其中，基于采样的算法对高维 C 空间十分有效，因为不同于组合算法，其运行时间不是（明显地）指数性地依赖于 C 空间的维度。这种算法也（一般情况下）更容易实现。基于采样的算法是概率性完整的，即如果花费更多的时间，获得解的概率接近于 1，十分适合复杂约束条件下的高维系统（机器人 6 维）路径规划问题。

（1）机器人轨迹规划算法描述

基于采样的算法将轨迹规划分为两个阶段：1）学习阶段：在此阶段构建一个 Qfree 内的路线图；2）查询阶段：在此阶段将用户定义的查询配置与预先计算的路线图连接。路线图的节点是 Qfree 中的配置，路线图的边对应于局部规划器计算的自由路径。第一阶段的目的是获得 Qfree 的连通性，使得路径规划查询可以有效地进行。

对于给定的工作空间，基本的 PRM 算法首先以概率的方法构建一个路线图。该路线图由一个无向图 $G=(V, E)$ 表示。节点 V 是一组用某种方法在 Qfree 选择的机器人配置。首先假设配置的生成是随机均匀分布的。边 E 对应于路径；边 (q_1, q_2) 对应一个连接配置 q_1 和 q_2 的无碰撞路径。这些路径（称为本地路径），由局部规划器计算。如果采取最简单的形式，若 Qfree 中连接两个配置的直线存在，则局部规划器直接连接两个配置。

在查询阶段，路线图用来解决单独路径规划问题。给定一个初始配置 qinit 和目标配置 qgoal，该方法首先试图分别连接 qinit 和 qgoal 至 V 中的两个节点 q' 和 q''。如果成功的话，规划器在图 G 中搜索位于 E 中的连接 q' 至 q'' 的边序列。最后，把这个序列通过重新计算相应的局部路径并连接它们转化为一个机器人的可行路径。

（2）构建机器人运动路线图

为便于讨论，设：

1）Δ 为局部规划器，输入为 $(q, q') \in$ Qfree $\times$ Qfree，返回一个 q 至 q' 的无碰撞路径，如果不能找到这样的路径返回 NULL。假定此时是对称的和确定的。

2）dist 是一个 $Q \times Q \to R^+ \cup \{0\}$ 函数，称为距离函数，通常是一个 Q 上的矩阵。

算法 1 描述了路线图构建的步骤（见图 6-46）。

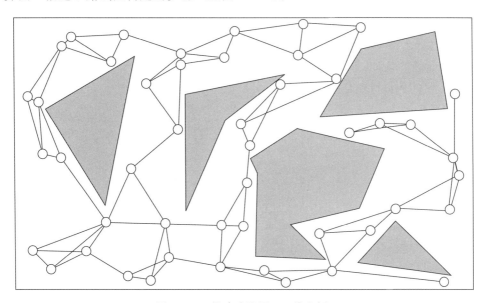

图 6-46　构建路线图（二维空间）

算法 1：路线图构建算法
输入：
n：要加入路线图的节点数量
k：每个配置的相邻节点个数
输出：
路线图 G＝（V，E)

```
V←∅
E←∅
while | V | <n do
    repeat
        q←Q 中的随机配置
    until q 不干涉
    V←V∪ {q}
end while
for all q∈V do
    Nq←V 中选择的 k 个相邻节点 q
    for all q'∈Nq do
        if (q, q')! ∈E and (q, q')! =NULL then
            E←E∪ { (q, q') }
        end if
    end for
end for
```

最初，图 $G=(V, E)$ 是空的。然后，在 Q 中重复地进行配置采样。目前，首先假设采样是一个 Q 上的均匀随机分布。如果配置是无干涉的，它被添加到路线图中。重复上述过程，直到已经采样 N 个无干涉的配置。对于每一个节点 $Q∈V$，根据度量 dist 从 V 中选择具有 k 个相邻节点的集合 Nq。调用局部规划器连接 q 至每个节点 $q'∈Nq$。如果计算出 q 和 q' 之间的可行路径，就将边（q, q'）添加到路线图中。

（3）查询阶段

在查询阶段，使用在学习阶段构建的路线图，搜索任意的输入配置 qinit 和 qgoal 之间的路径。

假定此时的 Qfree 已连接，且路线图是单连通的。主要的问题是如何将 qinit 和 qgoal 连接到路线图。查询应尽快终止，所以这里描述一个简单的算法。算法 1 用于将 qinit 连接到路线图，它的策略是考虑路线图中 k 个邻近节点，以便根据度量 dist 增加 qinit 的距离，并尝试使用局部规划器将 qinit 连接每一个邻近节点，直到连接成功。在算法 2 考虑的相邻节点数目可以与算法 1 不同。同样过程用于连接 qgoal 至路线图。

如果 qinit 和 qgoal 与路线图连接成功，根据 dist 找出路线图中 qinit 和 qgoal 之间的最短路径（例如，使用 Dijkstra 算法或 A* 算法）。如果需要的话，这条路径可以通过后置处理算法进行平滑处理。

在一般情况下，路线图由几个部分连接而成。如果 Qfree 本身不连通，这很有可能发生；但是如果 Qfree 是连通的，这也可能发生，原因是路线图没有成功地捕捉 Qfree 的连通性。如果路线图包含多个区域，算法 7 可以用来连接 qinit 和 qgoal 至路线图中同一连通区域的两个节点。G 的所有区域都应加以考虑。如果路线图内 qinit 和 qgoal 连接同一连通区域成功，则如同在单个区域内一样进行路径构建。如果不能同时连接 qinit 和 qgoal 至路线图的同一区域，该方法返回失败。

算法 2：搜索算法

输入：

qinit：起始配置

qgoal：目标配置

k：每个配置检查的相邻节点个数

G＝（V，E）：算法 1 计算的路线图

输出：

从 qinit 至 qgoal 的路径或者失败

Nqinit←qinit 的 V 中距离不大于 dist 的 K 个相邻节点

Nqgoal←qgoal 的 V 中距离不大于 dist 的 K 个相邻节点

V← ｛qinit｝ ∪ ｛qgoal｝ ∪V

将 q′置为 Nqinit 内的 qinit 的相邻节点

repeat

if△（qinit，q′）！ ＝NULL then

　　　E← （qinit，q′） ∪E

else

　　　将 q′置为 Nqinit 内的 qinit 的下一个相邻节点

end if

until 连接成功建立或集合 Nqinit 为空

将 q′置为 Nqgoal 内的 qgoal 相邻节点

repeat

if △（qgoal，q）！ ＝NULL then

　　　E← （qgoal，q′） ∪E

else

　　　将 q′置为 Nqgoal 内的 qgoal 的下一个相邻节点

end if

until 连接成功建立或集合 Nqgoal 为空

P←最短路径 （qinit，qgoal，G）

if P 非空 hen

return P

else

return failure

end if

（4）平滑处理

　　由于受计算效率影响，在空间采样时设置的采样点数目有限，导致规划得到的路径往往是多个点连接起来的折线图（如图 6 - 47 所示），机器人在执行此动作时时常出现振荡等问题。鉴于此，本书对规划得到的路径采用样条插值进行加密处理，使路径更加平滑，便于机器人执行。

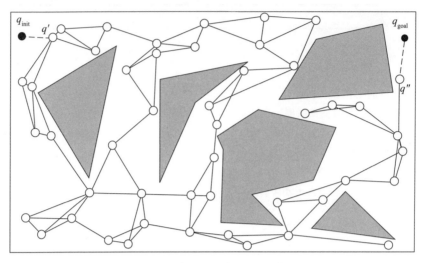

图 6 - 47　搜索路径示意图（二维空间）

6.6.4　机器人路径规划实例

在航天器的安装中，利用机器人视觉定位技术确定安装目标位置，而后在虚拟环境中进行路径规划，可得到无干涉的机器人运动路径。图 6 - 48 为虚拟装配仿真环境，图 6 - 49 为机器人装配路径运动仿真，图 6 - 50 为机器人路径规划实际试验。

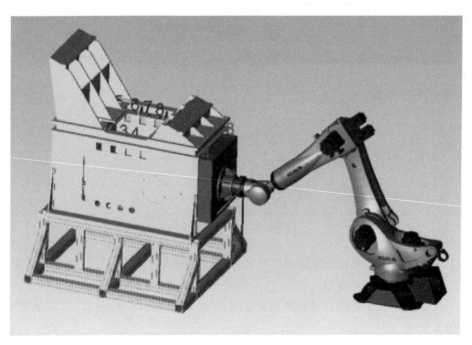

图 6 - 48　虚拟装配仿真环境

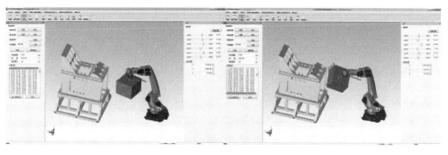

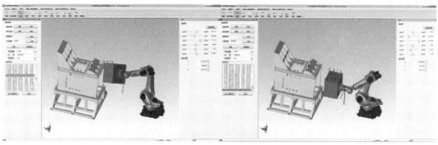

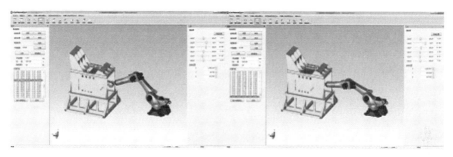

图 6 - 49　机器人装配路径运动仿真

图 6 - 50　机器人路径规划实际试验

6.7　机器人在我国航天器装配中的应用案例

6.7.1　某型号凹舱组件安装

凹舱组件是我国某型号的重要设备，集推进气瓶、管路、电缆和热控材料于一体，其装配质量直接影响返回舱推进分系统的正常工作，甚至影响飞船的安全返回。图 6-51 所示为凹舱组件模拟件的安装图。

（a）凹舱组件安装结构图

（b）凹舱组件模拟件

（c）凹舱舱体模拟件

图 6-51　凹舱组件模拟件安装图

凹舱组件外包络尺寸大（835 mm×438 mm×470 mm）、质量大（47.5 kg）、与返回舱凹舱结构间的安装间隙小（约 300 mm 送入行程，上、下单边间隙在 0.6 mm 左右），凹舱结构 16 个 M8 的安装螺孔和凹舱组件 16 个 ϕ8.5 通孔的配合量小，且孔位呈空间分布，对准难度大。

凹舱组件需要内嵌于凹舱结构中，且没有专用的工装夹持接口，真实产品外部结构较为复杂，周边缠绕着管路和电缆，可承力部分仅为左、右两侧的 2 个承力支架，承力支架与凹舱结构间的上、下单边间隙约 0.6 mm。凹舱组件大而沉重、安装位置周围空间狭小、施力部位受限，安装时无法采用传统的吊装助力形式完成，以往均依靠人力托举安装，凭借有经验的操作者进行装调，操作过程中难以平稳地调整、保持凹舱组件的位置和姿态，晃动幅度较大，与舱壁发生磕碰、刮蹭的风险极高。凹舱组件在飞船凹舱结构内部呈悬空状态，即使凹舱组件已送达指定位置，仍难以调整控制和保持其空间姿态，导致其与凹舱结构间的 16 个安装孔难以对正。

机器人技术成功应用于凹舱组件的安装中，安装现场照片如图 6-52 所示。在送入间隙极小的情况下，凹舱组件送入过程平稳无磕碰，安装孔位顺利对准。本次应用采用工业机器人进行凹舱组件的安装，大大降低了磕碰发生的风险，保证了产品安全，提高了安装效率。

图 6-52　工业机器人进行凹舱组件的安装

6.7.2　月球探测器大质量设备安装

我国月球探测器集成度较高，若干大质量设备位于探测器舱内顶面，需要倒挂安装，舱内空间有限，且周边存在脆弱部件，采用传统吊装方式安装难度大，安装风险高。因此，使用机器人柔性随动及柔顺装配技术进行了安装。图 6-53 为某月球探测器大质量设备安装位置示意，图 6-54 为某月球探测器大质量设备安装实施照片。

图 6-53　某月球探测器大质量设备安装位置示意

（a）柔性随动操作

（b）舱内操作

（c）倒挂安装

图 6-54　某月球探测器大质量设备安装实施照片

　　当前机器人行业中，能够进行人机交互的合作型机器人是发展的最前沿方向，把人从简单枯燥繁复的工作中解脱出来，从而激发他们从事更多更有创造力的工作。在我国航天领域以往的人工装配中，操作人员因观察不足、操控不准确，很容易造成干涉、磕碰问题，对产品质量带来风险。此次应用的机器人系统，具有灵敏的碰撞检测防护功能：在抓取工件与周围物体发生接触时，机器人立即停止继续运动，发生接触方向的运动被禁止，而其他方向的运动仍然可以进行。这同样是通过高灵敏度力传感器并结合智能控制算法实现的，使得系统能够在确保安全的前提下，协助人灵敏、准确、灵活地完成从简单到复杂的工作。

6.7.3　某卫星主结构梁安装

　　某卫星主结构梁位于实践十号密封舱，主结构梁分左、右主结构梁，分别由主梁和辅梁垂直装配组成，单个主结构梁重 75 kg，最大外形尺寸约为 2 100 mm×900 mm×900 mm（长×宽×高）。主结构梁须通过大舱门装配至密封舱内部，第一个主结构梁装配后，将占据大部分操作空间，使得第二个主结构梁很难进入。

　　以往实践系列返回式卫星总装中，主结构梁装配时，由不少于 6 个操作人员完成操作过程——3 个操作人员将主结构梁抬举至舱门位置，再由舱内 2 名操作人员完成接力，将主结构梁一侧抬至舱内，最后经过扭转才能将主结构梁抬到安装位置，期间还需要 2 名操作人员时刻观察主结构梁与舱体的安全距离。可以说，整个装配过程的完成靠的是操作人员的体力、耐力和观察力。图 6 - 55 为某卫星主结构梁安装现场照片。

图 6 - 55　某卫星主结构梁安装现场照片

如今，主结构梁的安装过程引入了具有载重量大、定位精度高、响应速度快等特点的机器人系统。通过设计专门的末端执行器，实现机器人与主结构梁之间的可靠固定；通过三维仿真，确定主结构梁的装配路径；最后，一名机器人操作人员，一名距离观察人员即可实现主结构梁的装配过程。装配中不再需要长时间的抬举，不再需要各种扭转的尝试，不再需要多人员的协同操作，机器人系统的应用，彻底改变了原返回式卫星主结构梁手举肩扛的装配方式。

6.8　小结

相对于汽车等传统工业生产领域，我国航天器生产制造的自动化、智能化水平仍然处于较低水平。随着传感器技术、智能控制技术等的不断发展，机器人系统的柔性逐渐提高，从只能执行示教好的动作发展到可以执行更为复杂的任务。现阶段的探索表明，在航天器总装中应用机器人，虽然面对的工况在不断变化，但通过开发柔性的机器人系统，能够很好地保证产品安装质量，提高安装效率。我国已有的应用均取得了良好的效果，机器人在我国未来的航天器总装中具有巨大的发展前景。

参 考 文 献

［1］ OLSSON T，HAAGE M，KIHLMAN H，et al. Cost – efficient drilling using industrial robots with high – bandwidth force – feedback ［J］. Robotics and Computer – Integrated Manufacturing，2010，26（1）：24 – 38.

［2］ T. KUBELA，A. POCHYLY，V. SINGULE，et al. Force – Torque Control Methodology for Industrial Robots Applied on Finishing Operations ［M］. Springer Berlin Heidelberg：Mechatronics，2012：429 – 427.

［3］ 索利骞. 力传感器结合机器人实现超长轴精密装配 ［J］. 机械研究与应用，2013，26（4）：1 – 7.

［4］ KIM W Y，HAN S H，PARK S，et al. Gravity Compensation of a Force/Torque Sensor for a Bone Fracture Reduction System ［C］//13th International Conference on Control，Automation and Systems. Gwangju，Korea，2013：1042 – 1045.

［5］ 魏秀权，吴林，高洪明，等. 遥控焊接工具装配力控制的重力补偿算法 ［J］. 焊接学报，2009，30（4）：109 – 113.

［6］ 赵磊，刘巍，巩岩. 预紧式 Stewart 结构六维力/力矩传感器 ［J］. 光学精密工程，2011，19（12）：2954 – 2962.

［7］ SHETTY B R，ANG JR M H. Active compliance control of a PUMA 560 robot ［C］//1996 IEEE International Conference on Robotics and Automation. Minneapolis，Minnesota，USA，1996，4：3720 – 3725.

［8］ STAVROS VOUGIOUKAS. Bias Estimation and Gravity Compensation For Force – Torque Sensors ［C］// 3rd WSEAS Symposium on Mathematical Methods and Computational Techniques in Electrical Engineering. Athens，Greece. Post – conference Book "Recent Advances in Simulation，Computational Methods and Soft Computing"，WSEAS Press，2001：82 – 85.

［9］ 林君健. 基于力传感器的工业机器人主动柔顺装配系统研究 ［D］. 广州：华南理工大学，2013.

［10］ 蔡明君. 基于力融合控制的遥操作机器人同构式手控器研究 ［D］. 长春：吉林大学，2015.

［11］ 张庆伟，韩利利，徐方，等. 基于打磨机器人的力/位混合控制策略研究 ［J］. 化工自动化及仪表，2012，39（7）：884 – 887.

［12］ MASSA D. Manual guidance for industrial robot programming ［J］. Industrial Robot，2015，42（5）：457 – 465.

［13］ DU H，SUN Y，FENG D，et al. Automatic robotic polishing on titanium alloy parts with compliant force/position control ［J］. Proceedings of the Institution of Mechanical Engineers Part B Journal of Engineering Manufacture，2015，229（7）：1180 – 1192.

［14］ 张光辉，王耀南. 末端 F/T 传感器的重力环境下大范围柔顺控制方法 ［J］. 智能系统学报，2015（5）：675 – 683.

［15］ 杨林，赵吉宾，李论，等. 有机玻璃研磨抛光机器人力控制研究 ［J］. 机械设计与制造，2015（4）：105 – 107.

[16] 盛国栋，曹其新，潘铁文，等．主从式机器人系统中力反馈的实现 [J]．中国机械工程，2015 (9)：1157-1166.

[17] 高强，田凤杰，杨林，等．机器人自动研抛系统平台搭建及重力补偿研究 [J]．工具技术，2015，49 (8)：47-50.

[18] 缪新，田威．机器人打磨系统控制技术研究 [J]．机电一体化，2014，20 (11)：8-14.

[19] 刘文波．基于力控制方法的工业机器人磨削研究 [D]．广州：华南理工大学，2014.

[20] WU Y，KLIMCHIK A，CARO S，et al. Geometric calibration of industrial robots using enhanced partial pose measurements and design of experiments [J]. Robotics and Computer-Integrated Manufacturing，2015，35：151-168.

[21] NUBIOLA A，BONEV I A. Absolute robot calibration with a single telescoping ballbar [J]. Precision Engineering，2014，38 (3)：472-480.

[22] MOSQUEIRA G，APETZ J，SANTOS K M，et al. Analysis of the indoor GPS system as feedback for the robotic alignment of fuselages using laser radar measurements as comparison [J]. Robotics and Computer-Integrated Manufacturing，2012，28 (6)：700-709.

[23] SLAMANI M，NUBIOLA A，BONEV I. Assessment of the positioning performance of an industrial robot [J]. Industrial Robot：An International Journal，2012，39 (1)：57-68.

[24] VILLANI L，DE SCHUTTER J. Force control [M]. Springer handbook of robotics. Springer International Publishing，2016：195-220.

[25] LEE S. Development of a new variable remote center compliance (VRCC) with modified elastomer shear pad (ESP) for robot assembly [J]. IEEE Transactions on Automation Science and Engineering，2005，2 (2)：193-197.

[26] SADEGHIAN H，VILLANI L，KESHMIRI M，et al. Task-space control of robot manipulators with null-space compliance [J]. IEEE Transactions on Robotics，2014，30 (2)：493-506.

[27] LOSKE J，BIESENBACH R. Force-torque sensor integration in industrial robot control [C]. Research and Education in Mechatronics (REM)，2014 15th International Workshop on. IEEE，2014：1-5.

[28] DAI F，WAHRBURG A，MATTHIAS B，et al. Robot Assembly Skills Based on Compliant Motion [C]. ISR 2016：47st International Symposium on Robotics；Proceedings of. VDE，2016：1-6.

[29] 姚建涛，崔朋肖，朱佳龙，等．预紧式并联六维力传感器容错测量机理与标定测试研究 [J]．机械工程学报，2016，52 (8)：58-66.

[30] SHETTY B R，ANG JR M H. Active compliance control of a PUMA 560 robot [C]. 1996 IEEE International Conference on Robotics and Automation. Minneapolis，Minnesota，USA，1996，4：3720-3725.

[31] 张立建，胡瑞钦，易旺民．基于六维力传感器的工业机器人末端负载受力感知研究 [J]．自动化学报，2017，43 (3)：439-447.

[32] HONGAN N. Impedance Control An Approach To Manipulation：' Part Ⅰ-theory，Part Ⅱ-implementation，Part Ⅲ-Applcation. J Dyn Sys Meas Cont，1985：1-24.

[33] KAZEROONI H，HOUPT P K，SHERIDAN T B. Robust Compliant Motion for Manipulators. Part I：The Fundamental Concepts of Compliant Motion. Part II：Design Methods. IEEE J Robotic

Automat，1986，RA - 2 (2)：83 - 105.

[34] FOCCHI M，MEDRANO - CERDA G A，BOAVENTURA T，et al. Robot impedance control and passivity analysis with inner torque and velocity feedback loops ［J］. Control Theory and Technology，2016，14 (2)：97 - 112.

[35] RAIBERT M H，CRAIG J J. Hybrid position/force control of manipulators ［J］. Journal of Dynamic Systems Measurement and Control，1980，103 (2)：126 - 133.

[36] 陈钢，王玉琦，贾庆轩，等. 机器航天员轴孔装配过程中的力位混合控制方法 ［J］. 宇航学报，2017，38 (4)：410 - 419.

[37] CHAUDHARY H，PANWAR V，PRASAD R，et al. Adaptive neuro fuzzy based hybrid force/position control for an industrial robot manipulator ［J］. Journal of Intelligent Manufacturing，2016，27 (6)：1299 - 1308.

[38] 肖丽芳. 基于光纤力传感器的机器人针穿刺阻抗控制研究 ［D］. 北京：北京交通大学，2017.

[39] KIM S，KIM J P，RYU J. Adaptive energy - bounding approach for robustly stable interaction control of impedance - controlled industrial robot with uncertain environments ［J］. IEEE/ASME Transactions on Mechatronics，2014，19 (4)：1195 - 1205.

[40] 常健，王亚珍，李斌. 基于力/位混合算法的 7 自由度机器人精细操控方法 ［J］. 机器人，2016，38 (5)：531 - 539.

[41] NIKOLEIZIG S，VICK A，KRUGER J. Compensating human feedback oscillation in compliance control for industrial robots ［C］. International Conference on Control，Automation and Robotics. 2017：221 - 224.

[42] 张永贵，刘晨荣，刘鹏. 6R 工业机器人刚度分析 ［J］. 机械设计与制造，2015 (2)：257 - 260.

[43] KROGER T，KUBUS D，WAHL F M. 6D force and acceleration sensor fusion for compliant manipulation control ［C］. Intelligent Robots and Systems，2006 IEEE/RSJ International Conference on. IEEE，2006：2626 - 2631.

[44] POLVERINI M P，ROSSI R，MORANDI G，et al. Performance improvement of implicit integral robot force control through constraint - based optimization ［C］. Intelligent Robots and Systems (IROS)，2016 IEEE/RSJ International Conference on. IEEE，2016：3368 - 3373.

第7章　航天器数字化测量技术与系统

7.1　引言

　　航天器装配技术正向着数字化、智能化、绿色化和高精度、高效率方向发展，装配检测与测试作为源头信息获取手段在航天器数字化发展中发挥着基础性作用，是实现航天器总装数字化的前提和基础，也是未来航天器长寿命、高可靠装配可持续发展的关键。

　　航天器装配检测与测试是指：航天器总装试验阶段的几何量精度测量、密封性能测量和质量特性测量。其中几何量测量技术又分为装配定位测量和过程测量。航天器装配定位测量是指对航天器装配中精密仪器设备的位置、姿态等进行测量，是保障航天器在轨正常工作的重要因素之一，在地面总装过程中，通过测量调整使陀螺、加速度计、星敏、地敏、激光测距等姿态敏感器，以及推力器、有效载荷等设备相对航天器安装到理论位置和姿态，从而为航天器在轨控制与测量提供基础。航天器装配过程测量是指在航天器总装阶段航天器展开试验、行走试验、着陆试验、结构稳定性试验等过程中进行位置和姿态的动态监测。如月球车行走试验中月球车位置姿态的实时监测、月球着陆器着陆试验中的位置姿态监测、高分辨率航天器在模拟高低温环境下的结构变形监测等。密封性能测量是指对舱体、推进系统等有密封要求产品的泄漏率进行检测。泄漏是航天器研制和在轨运行阶段的大敌，微小的漏孔也可能造成巨大的损失。航天器密封性能测量是采用各种不同的检漏方法，对有密封要求的零部件或系统产品进行密封性能评价，对不合格的零部件或系统产品找出泄漏的部位，以便进一步采取有效的补救措施，保证产品的质量，最终达到航天器在轨运行的安全性、可靠性和使用寿命。质量特性测量是对航天器的质量、质心、转动惯量和惯性积等基本工程参数进行测量。质量特性参数在航天器整个任务周期内各个阶段中发挥重要作用。在发射过程阶段，航天的质量特性参数对于运载的有效载荷，其准确性将影响航天器的入轨精度；在在轨飞行阶段，航天器的质量特性参数是轨道控制和姿态控制必需的和重要的参数，对轨道转移能否成功有重要意义；在航天器着陆阶段，航天器的质量特性参数对落月过程的控制以及着陆的稳定性有重大影响。在地面总装过程中，通过各种不同的测试方法，对航天器整器及重要的零部件的质量特性参数进行测试，并按照对质量特性参数理论要求进行质量特性参数的调整。从而为航天器发射、在轨飞行以及着陆等重要过程的姿态控制提供基础工程数据。

7.2　国内外技术现状

7.2.1　航天器装配检测的需求

测量技术是高端制造领域不可或缺的重要组成部分,是高端科学研究和先进制造的眼睛。随着航天器装配技术的发展和需求的提高,在航天领域先进测量技术不断更新,主要呈现几个特点:1)高精度,相对位置测量精度达到微米级,角度测量精度达到角秒级,漏率测量精度达到 1×10^{-5} Pa·m³/s,质量特性测量相对精度达到 0.1%;2)测量范围大,几何量测量范围达到几十米甚至百米,质量特性测量范围达到 5 t 甚至更高;3)测量难度高,航天器结构复杂,需要测量的参数和项目很多,因此对测量技术的集成度、测量效率和智能化要求高。

7.2.2　国内外航天器装配检测技术现状

随着航空航天技术的发展,各种用于先进制造和试验的几何量测量技术也不断推出新方法、新设备。用于国内外航天航空制造领域的装配几何量测量技术主要有:经纬仪测量技术、激光跟踪仪测量技术、激光雷达测量技术等。经纬仪测量技术已经广泛应用于国内外航天器总装生产过程中,通过经纬仪建站测量设备的安装位置和姿态,经纬仪测量需要人眼观测,其测量精度受环境和人员因素影响较大,位置测量精度一般达到 0.2 mm,角度测量精度可达到十几角秒。激光跟踪仪测量技术测量精度可以达到 10 ppm,在国外航空航天领域得到了广泛的应用,在国内的单机、部件生产过程中也开始广为应用,但目前还只能测点,无法直接测量面积较小的光学镜面。激光雷达测量技术是一种三维扫描测量技术,目前国外有许多公司如美国 Metric Vision、Cyra 和法国 Mensi 等都推出了不同类型的激光扫描测量系统,测量范围最大为 60 m,最小为 2 m,测量精度可以达到0.05 mm,目前主要应用于结构部件的面形测量。

在国内外航天器密封性能检测中,目前主要有真空检漏和非真空累积检漏两大类。其中非真空累积检漏技术的主要特点是造价低、无需建造大型真空容器及真空系统、测试灵敏度相对较低。而真空检漏技术测试灵敏度相对较高,造价昂贵测试成本较高。氦质谱非真空累积检漏法在国外已经使用了四十余年,如美国波音公司、欧洲空间局、法国、意大利均采用相似的检漏方法。英国 SB4000 平台卫星密封性能检测明确要求采用非真空累积检漏方法进行总漏率测试,测试的准确度为±50%。法国的某卫星也是采用氦质谱非真空累积检漏法,其测试结果的准确度为 50% 左右。在国内,小型卫星同英国一样采用真空检漏技术和非真空累积检漏技术相结合的检漏技术。我国针对嫦娥三号研制的自动氦质谱检漏技术,经综合评价其合成标准不确定度应为 20% 左右。

我国航天器质量特性测试一般采用传统的测试方法和技术,质心和质量的测量采用三点称重法,设备为质心台;转动惯量测量采用扭摆法,设备为扭摆台。随着我国航天事业的不断发展和型号任务的不断增加,传统的测试方法及测试设备在效率、安全、成本及卫星测试周期等方面逐渐显现不足。将传统质量、质心、转动惯量的测试方法和技术全部集成在一台设备上，来实现三个坐标系的质心测量和三个坐标轴的转动惯量和惯性积测量，即质量特性的集成综合测试是世界范围的发展趋势。综合测试系统在美国空间电子、德国申克已经有相应的产品，并在 NASA、ESA 及日本 NASDA 得到了应用。国内有西北工业大学、哈尔滨工业大学等开展了综合测试设备的研究，但到目前为止，还没有真正意义上的综合测试设备得到应用。

7.3　面向航天器装配定位的数字化测量技术与系统

航天器装配定位测量是为了将安装的设备和仪器调整到设计的理论位置和姿态，并为测控系统提供安装数据。用于航天器装配定位测量的方法主要有：经纬仪测量方法、激光跟踪仪测量方法、激光雷达测量方法等。

7.3.1　电子经纬仪测量系统

经纬仪测量系统是由多台高精度电子经纬仪构成的空间角度前方交会测量系统，是在工业测量领域应用最早和最多的一种系统。经纬仪测量系统由电子经纬仪、高精度基准标尺、通信供电控制接口、联机电缆、高稳定度的支架、测量软件及计算机等组成。电子经纬仪是整个系统的传感器，可以提供高精度角度信息；高精度基准标尺为系统提供可靠的尺度基准；通信供电控制接口为电子经纬仪和计算机的数据传输提供通道并给电子经纬仪供电；测量软件完成对系统定向、坐标测量、数据分析、数据管理和输出及对测量系统的控制；计算机是整个系统的数据处理中心和系统管理中心。图 7-1 为 Lecia TM6100A 电子经纬仪。

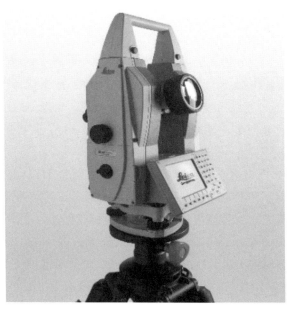

图 7-1　Lecia TM6100A 电子经纬仪

经纬仪测量系统的测量原理是空间前方交会的原理，现在以两台经纬仪构成的系统为例来说明经纬仪测量系统的基本原理。如图 7－2 所示，两台经纬仪为 A 和 B，以经纬仪 A 的中心为坐标原点，A、B 连线在水平方向的投影为 X 轴，过经纬仪 A 的中心的铅垂线方向为 Z 轴，以右手法则确定 Y 轴，由此构成测量坐标系。

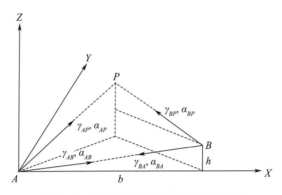

图 7－2　经纬仪测量系统的测量原理图

A、B 互瞄及分别观测目标 P 的观测值分别为：$(\gamma_{AB}，\alpha_{AB})$，$(\gamma_{BA}，\alpha_{BA})$，$(\gamma_{AP}，\alpha_{AP})$，$(\gamma_{BP}，\alpha_{BP})$。设水平角 A、B 为：$A=\gamma_{AB}-\gamma_{AP}$，$B=\gamma_{BP}-\gamma_{BA}$，则 P 点的三维坐标为[1]

$$X = \frac{\sin B \cos A}{\sin(A+B)} b \tag{7-1}$$

$$Y = \frac{\sin B \sin A}{\sin(A+B)} b \tag{7-2}$$

$$Z = \frac{1}{2}\left[\frac{\sin B \cot\alpha_{AP} + \sin A \cot\alpha_{BP}}{\sin(A+B)} b + h\right] \tag{7-3}$$

$$h = \frac{1}{2}(\cot\alpha_{AB} - \cot\alpha_{BA}) b \tag{7-4}$$

式（7-1）～式（7-4）中 b 为基线长，即经纬仪 A 和 B 的水平间距，h 为两台经纬仪的高差。上式中 γ_{AB}、α_{AB}、γ_{BA}、α_{BA}、b 等 5 个参数是系统参数，其中起始方向值 γ_{AB}、α_{AB}、γ_{BA}、α_{BA} 通过互瞄内规标或外规标直接测定，也可用间接的方法测定。尺度基准 b 可通过用两台经纬仪对某一基准量进行测量来反算求得，也可用高精度的测距系统直接测定。

1979 年，美国 HP 公司用一台计算机将其生产的两台 HP3820A 电子经纬仪连接起来，第一次组成了实时三角测量系统，即由两台电子经纬仪同时照准并观测被测点，并将观测值自动传输到计算机，由计算机计算出被测点的空间坐标。这一实时三角测量系统就是现代经纬仪测量系统的雏形。从 20 世纪 80 年代开始许多厂家都相继推出了多个商业化系统，如美国 K＋E 公司推出了 AIMS 系统，德国蔡司公司推出了 IMS 系统，Kern 公司推出了 ECDS 和 SPACE 系统等。Leica 公司推出的系统有 RMS2000、ManCAT、ECDS3 和 AXYZ MTM 等，采用的高精度电子经纬仪为 T2000/T3000/TM5000 系列，水平角和垂直角的测角精度为 $0.5''$。Leica 公司的 AXYZ MTM 经纬仪测量系统是目前国际上最先进的经纬仪测量系统。目前国产的经纬仪系统还有北京卫星环境工程研究所与哈尔滨工业大学研发的 "spatial magic"，郑州信息工程大学研发的 "MetroIn"。经纬仪测量系统一般采用手动照准或马达驱动人眼精确瞄准目标，经纬仪自动读数，逐点观测的方法。

目前，航天检测中常用由 2 台以上的电子经纬仪加上计算机辅助测量系统组成移动式的空间大尺寸测量系统，相对于传统的三坐标检测系统而言，这种测量系统有以下优点：1）大尺寸：测量范围可达几十米；2）移动式：便于携带和安装，以便于对大型的、固定的测量对象进行检测；3）非接触式：易于对不可接触的测量工况或者危险环境进行检测；4）精度高：在十几米的测量范围内，精度可达到 0.2 mm。

7.3.2　激光跟踪仪测量系统

激光跟踪仪测量系统可提供高精度的点位测量，可适合复杂的工作环境，最大测量范围达到 160 m，适用于大型工件的尺寸及形位公差测量，数控加工中心、三坐标测量机以及大型装置的校准。激光跟踪仪测量系统包括一台控制计算机、一个激光跟踪单元及一个可以自由移动的反射镜，测量时可手持反射镜单点测量或快速扫描测量曲面，还可以使用活动靶球代替普通靶球。跟踪单元中由激光干涉仪及两个精确的圆光栅共同作用以实现高精度测量，并且可以配合绝对测量实现断光续接功能。激光跟踪仪是一种便携式空间大尺寸坐标测量仪器，激光跟踪仪的组成除了主机之外，还包括控制器部分和支撑部分以及测量附件。

1）控制器部分：包括控制器、电源、电缆等，该部分用于向激光跟踪仪供电和进行数据交换。激光跟踪仪在进行测量时与计算机之间有大量的数据需要交换，而且要求很高的数据传输速度，故需要专门的控制器。

2）支撑部分：固定仪器用的三角架，用于固定激光跟踪仪和调整其高度。支撑部分要求使仪器在测量过程中保持非常稳固的状态。

3）测量附件：为提高测量精度、测量效率、测量自动化程度，拓展测量范围，激光跟踪仪配备了一些专用的附件以供选择，如便于对复杂形状进行测量用的智能测头；用于进行气象因素测定和修正的温湿度、气压传感器；用于隐藏点测量的测量杆；用于进行形面检测用的扫描器 T - SCAN；便于寻找目标用的 CCD 取景器；便于远距离测量以及不便于手工放置测量目标的场合用的爬行车；用于动态监测的活动靶标等。

激光跟踪仪的测量原理是以极坐标方式实现对被测物体空间三维坐标的测量。如图 7 - 3 所示，坐标系由激光跟踪头的水平回转轴线和竖直回转轴线及其交点组成[2]。

将激光反射器放置于被测点 p 点，激光头发射并接收反射器返回的激光，通过测得激光头偏转的两个角度参量 α、β 以及由激光头中心到被测点 p 的一个距离参量 S，由公式（7 - 5）～式（7 - 7）求得被测点的空间坐标 $p(x，y，z)$。

$$x = S \sin\alpha \sin\beta \tag{7 - 5}$$

$$y = S \cos\alpha \sin\beta \tag{7 - 6}$$

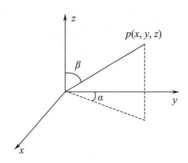

$$图 7-3　激光跟踪仪测量坐标系$$

$$z = S\cos\beta \tag{7-7}$$

距离量 S 由激光跟踪仪中的激光干涉仪测得，角度量 α、β 由激光跟踪仪中的两个角度编码器测得。激光头发出激光束后，经过带角度编码器的跟踪旋摆镜投向球形反射器反射回来，反射器反射回的光一部分与参考光相干涉测出反射器的相对位移，另一部分反射光经过 50% 分光器投向双轴位置传感器，传感信号输出至伺服马达控制旋摆镜的转角，使激光束始终指向反射器的中心，通过两个角度编码器测出旋摆镜的旋摆角 α、β。激光束通过单光束激光干涉仪后产生光学干涉，根据多普勒效应原理，通过干涉条纹的变化可以测量距离的变化量。如需测量跟踪头到空间点的绝对距离，则还需给出一个基准距离，激光跟踪仪的"鸟巢"即是为此设计的。如果在测量过程中激光束被中断，则必须重新回到基准点进行初始化才能继续测量，这会给实际工作带来诸多不便，因此目前的激光跟踪仪都配备一个绝对测距装置（ADM），ADM 可自动重新初始化，实现断光续接，但它只能用于静态点的测量，而不能用于动态跟踪测量。

激光跟踪仪的测量精度主要取决于它的角度和距离测量精度及测量环境的影响，由于干涉法距离测量的精度高，测量速度快，因此整体测量性能和精度要大大优于全站仪。在测量范围内，激光跟踪测量系统可以跟踪目标反射镜进行动态测量。实现跟踪的是一个四象限 PSD 传感器，由它控制马达，使激光束始终指向目标反射镜的中心。激光跟踪仪作为一种可移动式的空间坐标测量仪器一出现就受到普遍关注，它测量精度高、测量速度快、测量范围大，而且还可以跟踪测量动态目标点，可提供非常准确的动态和静态坐标测量，坐标重复测量精度达到 ±5 ppm，绝对坐标测量精度达到 ±10 ppm，是工业大尺寸现场测量、安装、定位、校准等方面首选的计量设备。但在单项指标上，如动态测角的精度比全站仪测角的精度要低，测量范围比全站仪要小。

目前国际上知名的跟踪仪生产商有瑞士的 Leica 公司、美国的 API 公司和 FARO 公司。Leica 公司传统激光跟踪仪最新一代为 AT901。其硬件分为激光头、角度编码度盘、驱动马达、分光镜、PSD 位置传感器、激光发射器等。干涉距离精度可达 0.5 ppm，ADM 测距精度可达 0.01 mm。该设备性能优越，预热时间短 5～8 min，无需现场校准，提高了工作效率，断光续接时间仅为 0.2″，断光续接精度损失全量程仅为 10 μm。API 公司的最新型号激光跟踪仪系统 Radian 6D 是在 3D 跟踪仪基础上发展起来的，被测目标的 6 个自由度（XYZ 加上俯仰、偏摆、滚动）可以同时测量。6D 跟踪仪由 3D 跟踪头、STS

六维传感器、控制器及电缆组成。将一个普通的目标靶放在激光束前面，系统将采用三维跟踪模式产生 XYZ 坐标值。当将一个 STS 六维传感器放在激光束前，系统将采用六维跟踪模式，产生 XYZ 和姿态的三个转角。可根据现场使用条件以及被测物的状况方便地选择测量方式。Radian 6D 最大测量直径可达 160 m，静态测量精度可达 5 ppm。

由于激光跟踪仪具备高精度、高可靠性、可动态测量、测量速度快、便携、环境适应强等特点，其在航天工业中正日益得到广泛应用，下面介绍一下它在航天器结构机构、大型舱段制造装配及试验等一些工程项目中的应用：

1）利用激光跟踪仪的动态测量特性测量卫星太阳电池帆板展开运动、天线展开运动，以求得行程、偏摆、速度等参数来进行计算分析。

2）空间机器人关节臂的运动姿态及轨迹的测量：判断机器人关节臂运动特性与设计的理论特性的符合程度。

3）航天器结构振动试验、压力试验的测量：测量试验过程中的结构响应以及结构变形情况。

4）卫星天线形面测量：卫星天线形面是一个大型抛物面，用激光跟踪仪的测量方法是先在天线形面上布设几百个特征点，然后以点云扫描方式快速测量形面，测量完毕后用测量系统软件处理，可以求得各点偏差并以图形方式显示。

5）航天器大型结构部件及大型舱段的测量：航天器大型结构部件及大型舱段有着大尺寸、精度要求高的特点，利用激光跟踪仪的远距离测量特性能够实现精确快速测量。

6）航天器推进、姿控、有效载荷仪器设备安装精度的测量：现有的测量技术方案是采用高精度电子经纬仪进行测量，测量工装是加工一种高精度的光学立方镜安装在星本体和被测仪器设备上，分别代表星本体坐标系和仪器设备的坐标系。由于立方镜的加工工艺复杂，精度要求极高，一般都是用挑选法进行加工使用，费时费力。采用激光跟踪仪测量则可以解决这一难题：测量工装可以采用加工相对容易的金属定位块，只要在定位块上加工出一个高精度定位面和四个定位点，就可以确定出一个坐标系，即可通过激光跟踪仪测出被测仪器设备的六个自由度。

7.3.3　激光扫描测量系统

激光扫描测量系统采用非干涉法测距方式，不需要合作目标即可实现距离的测量，通过激光扫描器和距离传感器来获取被测目标的表面形态。激光扫描器一般由激光发射器、接收器、时间计数器、微电脑等组成。激光脉冲反射器周期地驱动激光二极管发射激光脉冲，然后由接收透镜接收后向目标表面反射信号，产生接收信号，利用稳定的石英时钟对发射与接收时间差作计数，经由微电脑对测量资料进行处理，显示或存储，输出距离和角度资料，并与距离传感器获取的数据相匹配，最后经过相应系统软件进行一系列处理，获取目标表面三维坐标数据[3]。

目前国外有许多公司如美国 Metric Vision、Cyra 和法国 Mensi 等都推出了不同类型的激光扫描测量系统。激光扫描仪的测距原理分为三种：一是激光脉冲法测距，二是激光相位法测距，三是激光三角法测距。基于脉冲法测距的激光扫描仪准确度较低，一般为毫米级，但其测程较长，如 Leica 公司的 HDS3000 型激光扫描仪，最大测程 100 m，测距误差为±4 mm，曲面建模误差为±2 mm，故其主要应用于土木工程测量、文物和建筑物的三维测绘等领域。

相位法测距的准确度和调制频率有关，一般全站仪的测距频率最高为 50～100 MHz，而激光雷达的调制频率高达 100 GHz，因此测量精度更高。Leica 和美国 MetricVision 公司联合推出的激光雷达扫描仪 LR200，调制频率达到 100 GHz，它在 10 m 以上距离绝对测量误差可达±0.1 mm，测量范围为 2～60 m。

基于激光三角法测距原理的扫描测量系统又称结构光扫描仪。以半导体激光器作光源，使其产生的光束照射被测表面，经表面散射或反射后，用面阵 CCD 摄像机接收，光点在 CCD 像平面上的位置将反映出表面在法线方向上的变化，即点结构光测量原理，见图 7 - 4。

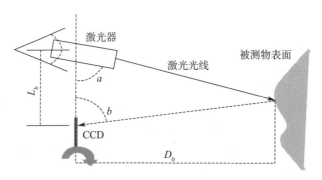

图 7 - 4　激光三角法测距原理图

目前世界上生产各种型号结构光扫描仪的厂家很多，如德国 GOM 公司的 ATOS 系列、德国 Steinbichler 公司的 Comet、德国 Breuckmann 公司的 optoTOP - HE，以及法国 Mensi 公司的 S10/S25 等。法国 Mensi 公司的 S10 激光扫描仪见图 7 - 5，扫描距离为 0.8～10 m，扫描误差为±1 mm，三维建模误差为±0.3 mm。

图 7 - 5　S10 激光扫描仪

激光扫描测量系统实现了非接触三维测量，可以获取海量的点云数据，适用于实体的三维建模，特别适用于在逆向工程中的应用，但其不足之处在于无法对某一特定的点进行精确测量，且由于价格昂贵，目前国内的应用相对还比较少。

7.4　面向航天器装配过程的数字化测量技术与系统

航天器装配过程中的数字化测量是指航天器总装集成后，对其运动机构、展开机构等进行动态监测或者对总体结构进行变形监测等。用于过程测量的设备主要有 iGPS 测量系统、高速摄影测量系统以及工业近景摄影测量系统等。

7.4.1　iGPS 系统

iGPS 系统是基于根据全球定位系统（GPS）原理的室内三维测量技术。它是一种高精度、高可靠和高效率的测量系统，主要用于解决大尺寸空间的测量与定位问题。iGPS 对大尺寸的精密测量提供了一种新的方法。过去，对飞机整机、船身、火车车身和装甲车身等大尺寸结构的精密测量是非常困难的。现在，采用 iGPS 就能很方便地解决这一难题。另外，iGPS 系统能够建立一个大尺寸的空间坐标系，所有的测量任务，如坐标测量、跟踪测量、准直定位、监视装配等都能够在这个坐标系下完成。在测量精度方面，该系统的最大优点是，其测量误差达到一定值后就不再随着测量范围的增大而增大，且可允许多名技术人员手持传感器独立而并行地进行测量。iGPS 亦可和其他先进的装配系统共同使用。通过实时测量，数据可传送至柔性装配系统。美国波音公司从 1998 年开始研究 iGPS 测量技术，该系统已应用于从 747 到 F/A18 飞机整机的装配线中。图 7-6 为美国 Arc Second 公司生产的 iGPS[4]。

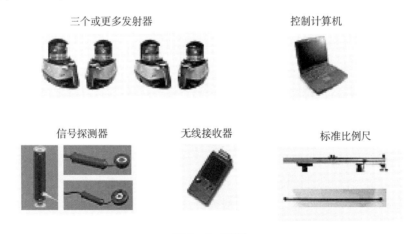

图 7-6　iGPS

iGPS 系统主要由发射器、传感器、手持测头和系统软件构成。发射器产生 2 个激光平面在工作区域旋转。每个发射器有特定的旋转频率，大约为 3 000 r/min 左右。根据接收器所能接收到的激光，它能够对水平角及垂直角进行测量。通过几个不同发射器的结合，可以计算测量点的空间位置。测量一个点所需要的最少发射器数量是 2 个，发射器越多测量越精确。iGPS 系统能够以水平和垂直的角度连续不断地从发射器到接收器进行测量。其中，发射器能够生成 3 种信号：两路围绕发射器头的红外激光扇形光束和一路红外 LED 的波束。这些光信号能够利用光电检测器转化成定时脉冲信号。发射器头的旋转速度可以单独设置，并允许有差别。此外，发射器的速度被连续跟踪，以便把定时区间转化成角度。在直角坐标系、圆柱坐标系及球坐标系中，唯有球坐标系是只要求一个长度量和两个角度量的，两个旋转的发射器头发出的扇束在垂直方向上为 ±30°。为了测量垂直角度，只需要在两路激光脉冲之间定时即可。iGPS 在完成设置后可以自动建立坐标系统。原点位于第一个发射器的中心，X 轴指向第二个发射器。整个系统通过比例尺或者矢量测量棒进行标定。

与 GPS 不同的是，室内 GPS 采用室内激光发射器来模拟卫星；它不是通过距离交会，而是用角度交会的方法。与经纬仪系统不同的是，它不是通过度盘来直接测量角度，而是通过接收红外激光来间接得到角度值，因而就不再需要人眼去瞄准待测点了。

室内 GPS 最大的特点是测量不受限，测量范围大，可达上百米，Arc Second 公司生产的室内 GPS 其测量频率可达到 40 Hz，测量空间范围从几米到几百米，如果采用四个以上的基站，10 m 测量空间内测量误差可以达到 ±0.35 mm，无论在工件外还是在工件内，都可以完成测量，适用于大型结构的整体精密测量。与其他 3D 测量技术相比，室内 GPS 拥有相当多的优势。如室内 GPS 可以围绕着被测物进行 360°空间测量，而不需要转换坐标系，从而降低或消除转站造成的误差。这一点是激光跟踪仪或者其他照相测量系统无法达到的。iGPS 与激光跟踪仪对比其优越性在于：

1) 在精密测量系统中进行测量不会由于断光而影响工作进程，这是由于室内 GPS 精密测量系统的原理决定的。它是由发射器以水平方向 [60°，270°] 的覆盖范围发射有用信号，传感器和接收器只要在这个信号的覆盖范围内，就能接收到光信号，并将无线信号传播到中央控制电脑。在这个过程中，传感器只要能同时接收到两个发射器发射出的信号就能将测点的三维坐标求得。如果能同时接收到 3~4 个发射器发射出的信号，就可增加自由度和精度。由此可见，在测量时如果有人走过，挡住了一个发射器发射的信号，不会影响这一点的坐标测量。即使所有的发射器信号被遮挡也没有关系。只要增加测量杆的长度就可以正常测量。

2) 能够满足多用户同时使用。在一个车间内，只需在车间的墙壁上和天花板上固定一定数量的发射器，就可以同时监控几个机床的关键点和面的位置关系。如在 30 m×30 m 的空间内放置 6 个发射器，信号全部覆盖了这个范围，机床的关键点和面的位置都会被监控。只要在不同的机床上放置不同的传感器和接收器，就可以实时监控它们的位置。也可以用几个测量杆组件，由不同的工作人员同时测量各个机床上的关键点和面的位置关系，互不干扰。也就是说，系统建立起来后，只要增加传感器和接收器就可以增加用户了。中央控制电脑可以同时处理这些数据并传递给不同的终端用户。

3) 进行一次固定装配标定后，就可以无限次数使用。所有进入这个区域的待测物都可以马上测量，无需建立坐标系。打开发射器电源开关预热 5 min，马上就可以开始测量工作。

4）最为突出的特点是可以进行大尺寸的测量。与 10 ppm 的激光跟踪仪相比，在 100 m×100 m 的测量空间中精度能达到 0.1 mm。这大大高于激光跟踪仪。而且该系统的测量范围可以无限增加。

5）可以实现自动装配测量，实时监控移动物体的运动曲线。例如：飞机翼与机身的自动对接过程。

6）可以对系统自身进行监控，如果有发射器出现位移或出现问题的情况，系统会自动报警，以便在最短的时间内发现系统的问题。

7）不受温度影响。工作范围为 −10～50 ℃。

其他 3D 测量设备如激光跟踪仪、机械臂，或基于光学照相法的测量系统，当配备有室内 GPS 时会更得力。通过提供系统坐标给这些设备，室内 GPS 能使由于转站造成的误差最小化。室内 GPS 也同样能提供坐标系统给生产设备，如机器人、激光器、工具等。同时，用户也能进行多参考点测量，也就是说，通过测量工件的关键点，可以得知工件的形位公差，从而判断某一零件的尺寸是否在误差内。

7.4.2　高速摄影测量系统

近年来随着航天事业的逐步成熟和稳定，电子信息科学与摄影测量技术的快速发展，多摄像机高速立体摄影测量系统在航天器研制各领域的应用越来越广泛，如在各种爆炸试验、分离试验、冲击试验、天线展开、碰撞测量以及各种工作台的振动变形测量中，需要利用多台高速 CCD 摄像机在不同位置和方向，通过控制系统进行影像同步获取，精确、实时地测量人工标志点的坐标及运动姿态及参数。高速摄影测量技术在航天器总装试验中的应用已成功用于月球航天器的着陆冲击试验、箭器分离试验，试验控制及测试均满足试验要求，验证了试验系统的可靠性及设计的符合性。

摄影测量是通过摄像成像系统拍摄的图像进行分析，测量出被测物体在三维空间中的几何参数和运动参数的一种测量手段，拍摄的图像是空间物体通过成像系统在像平面上的反映，数字图像每个像素的灰度反映了空间物体表面对应的光强度，该点的图像位置对应于空间物体表面的几何位置。在摄影测量中基于成像映射关系，确定各种几何和运动参数。通过摄像机和照相机等成像设备采用的针孔模型或称中心透视投影模型来描述成像关系。中心透视投影成像模型是线性的，而实际成像中，由于制造工艺等原因，成像存在几何畸变，其中主要是镜头畸变。在精度要求较高的摄影测量任务中，应在线性成像模型的基础上叠加非线性的像差来描述成像关系。在摄影测量任务中，要获得高精度的测量，就要对摄像机进行标定，主要的实施方式为利用摄像机采集标定参照物的图像，再通过图像来求解摄像机参数。摄像测量的任务主要从二维图像获取目标的二维或三维信息，其中最基本的是目标位置、姿态和结构参数，从而获得速度、加速度、角速度、变形参数等，这些是在目标位置、姿态和结构参数的基础上进行分析综合得到的。根据一个像点只能确定目标的方位，而无法得到距离信息，为了实现目标的三维参数，必须增加条件，如采用序列图像、已知目标结构或利用两台或多台摄像机同时成像，进行交会测量[5]。

在实际和科研工程应用中，许多应用对象的分布可以看成两个独立物平面，测量对象的几何参数的变化可以看成在两个独立平面内的相对变化。如果被测面与摄像机光轴垂直，即物平面与像平面平行，根据中心透视投影关系，显然目标及所成的像满足相似关系，只差一个放大倍数，再加上时间序列的图像时间轴信息就可以得到物体运动参数，但物体平面与摄像机光轴不垂直时，若已知光轴与物平面夹角，可以通过角度投影变换将图像校正成平行情况，也就同理算出放大倍率。高速摄影测量系统的硬件组成主要包括：

（1）图像采集系统

根据不同的运动特性，可以采用不同的摄像机、图像采集及存储设备，对于三维运动的情况，需要选择两台或多台摄像机进行。目前我国拥有的设备为美国 PHANTOM 公司的 2 台 V641、2 台 V711，其分辨率分别为 2 480×1 600 像素、1 280×800 像素，其拍摄速率为满量程 1 450 帧/秒和 7 530 帧/秒。在测量过程中根据现场和被测物选用合适的镜头、不同长度的测试线缆、同步触发装置及云台三脚架。

（2）测量靶标

测量过程常规采用四象限靶标固定在被测件上，便于摄像机拍照及后续软件识别，从而高效快速地分析出物体的运动参数。靶标粘贴位置的选取和数量及大小，要根据实际需要制定。图 7-7 为四象限靶标图样及应用。

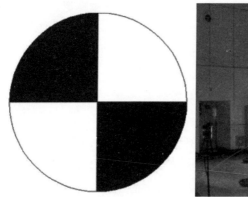

图 7-7　四象限靶标图样及应用

（3）标定参照物

根据不同的测量对象，制作相应的标定板和标定参照物，以标定测量摄像机的参数和比例系数。标定参照物的尺寸是经过标定和测量的。图 7-8 为标定板图样。

（4）照明

由于高速摄影拍摄速度很快，设定的拍摄速度在 500～3 000 帧/秒，曝光时间短，对光源的要求比较高，普通室内光照强度往往不能满足图像成像清晰度，高速摄影试验中必须要增加光源辅助系统，一般配备无闪频的补充光源。在试验过程中会根据现场试验件及

图 7 - 8　标定板图样

场地环境，避免图像中的阴影及补充光源对设备带来的干扰，来选用补充光源的台数，目前为了避免强光源的发热缺点，现阶段大部分先用 LED 光源。

（5）计算机软件系统

用于数据存储的计算机在高速摄影试验中同样起到关键作用，最好选用图形工作站，便于图像的快速存储和处理。高速摄影测量系统的软件组成主要包括图像采集软件和数据处理软件。摄像机承载着图像采集的任务，高速摄影像机有自身的控制软件，能够进行摄像机参数设置，如分辨率、拍摄速度、曝光时机、图像亮度、对比度、触发模式等，同时能够进行一定时间的分析回放功能，支持多种格式的视频文件，支持简单的图像处理功能及文件管理能力。数据处理软件由文件管理、摄像机标定、目标提取、目标空间坐标解算和目标运动参数分析、数据报表、系统帮助等模块组成。图 7 - 9 为数据处理软件。

图 7 - 9　数据处理软件

目前，高速摄影测量技术已经在航天器总装试验中得到了越来越多的应用，例如：星箭分离、舱器分离、火工品爆炸、力学试验振幅监测等。

（1）分离摆杆分离高速摄影试验

分离摆杆机构用于实现返回器与服务舱之间的电连接与电分离，在返回阶段压紧释放装置解锁释放，在分离弹簧的作用下电分离摆杆机构完成展开动作。在航天器研制过程中为了验证电分离摆杆机构的分离功能，需在对整器状态下的电分离摆杆机构结构产品进行展开试验，为了获得其分离瞬间即分离摆杆的分离过程及运动参数，试验要求为：高速摄影系统记录电分离摆杆机构展开过程，计算电分离摆杆机构从开始运动到展开角度达到最大的时刻，即其展开时间。试验流程见图 7-10。

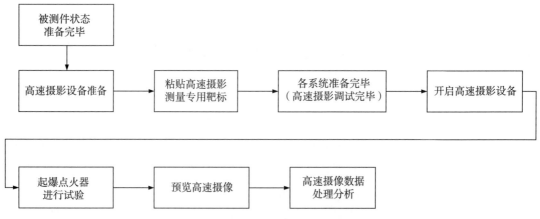

图 7-10　分离摆杆分离高速摄影试验流程图

（2）舱器分离高速摄影试验

舱器分离试验中采用了两台 PHANTOM V641，采用佳能 24～70 mm 镜头，拍摄速率为 1 000 帧/秒，曝光时间为 400 μs，高速摄像机分别拍摄两套火工锁起爆至返回器支架落在海绵上的过程。通过在被测件粘贴 4 组相对靶标，来测量分析被测目标点的位移、角速度、角加速度。图 7-11 为舱器分离试验部分截图。

图 7-11　舱器分离试验部分截图

通过后续的数据处理及分析，舱器分离在 0.039～0.04 s 之间完成，四组测点的平均行程为 26 mm，修正的舱器分离速度理论值应为 1.70 m/s，而四组测点的分离速度试验值分别为 2.3 m/s，2.1 m/s，1.3 m/s，1.8 m/s，其平均值为 1.875 m/s。因此，舱器分离速度试验值与理论值相对偏差约为 10%，证明了舱器分离速度分析结果的正确性[6]。

7.4.3　工业近景摄影测量系统

在对大型或超大型物体进行三维测量的过程中，采用数字近景工业三维摄影测量系统可以非常方便、快速、灵活地进行三维摄影测量，由于没有传统三坐标测量仪的机械行程限制，因此数字近景工业三维摄影测量系统不受被测物体的大小、体积、外形的限制，能够有效减小累积误差，提高整体三维数据的测量精度。该系统既可以单独使用，也可以与面结构光照相式三维扫描仪系统配合使用，大大提高三维扫描仪的整体点云拼接精度。工业摄影测量的关键技术及其国内的研究状况如下：

1）高质量"准二值影像"的获取：高质量图像的获取是高精度测量的基础之一，国外主要采用高反射性能的定向反光材料来制作人工标志，并对其摄影以获取高质量"准二值影像"。

2）标志中心高精度定位算法：目前已不满足亚像素精度的中心定位算法，国内研究还在 0.1 pixel 精度时，国外已做到了 0.02 pixel 精度的标志中心定位。

3）数字像机的标定与自标定：标定结果的好坏直接影响到测量结果的精度，国内对一般摄像机的标定方法研究较多，但对数字摄像机畸变模型的研究和选择不多，尤其是针对近景的自标定理论和方法缺少研究和试验，而国外成型系统均已实现。

4）基于编码标志和自动匹配技术的自动化测量技术：测量的自动化一直是人们追求的目标，对编码标志进行自动识别和利用核线匹配来加快测量速度和实现测量自动化是一条很好的捷径，国内已有人开始进行了初步的研究。

5）测量网形的优化与设计：作为一种光学测量手段，传感器的布设方案决定测量的网形，对精度影响也很大，经典的测绘学科里面已有很深入的研究，国内已有人进行过计算机模拟。

6）基于理论研究的系统实现和实际工程应用：在实际工程中应用是对研究成果的最好验证，国外已有很多相对精度达到 1/10 万的工业摄影测量工程实例报道，国内也有了少量的低精度工业摄影测量工程的应用报道。

摄影测量系统以相机作为传感器，结合摄影测量、三角交汇测量、结构光投射测量或多目标测头测量等技术实现物体的坐标测量。根据使用相机的数目又可分为单相机系统或双（多）相机系统。双（多）相机系统测量时包含冗余信息，因此相对于单相机系统而言测量精度更高、功能更强。除了采用多目标测头需要接触物体外，测量系统是一种满足通视条件的非接触式测量，测量范围一般都在 10 m 以内。比较有特点的摄影测量系统有德国 GOM 公司的 ATOS 测量系统，通过投射多条可见光带，可以同时采集大量的物体空间位置信息，测量速度快，特别适合逆向工程测量。另外挪威 Metronor 公司的视觉光笔测量系统更像是一种基于相机的便携式三坐标测量机，它将多个发光 LED 与测头相结合，通过相机捕捉 LED 的光学影像从而求解出测头的空间坐标，由于不受被测点通视条件的限制，使用更加灵活[7]。图 7 - 12 为 Metronor 测量系统图。

图 7 - 12　Metronor 测量系统图

摄影测量系统是基于数字影像与人眼视觉的基本原理将影像的灰度电信号通过电荷耦合装置 CCD 转换为数字信号，然后应用计算机技术、数字图像处理技术、影像匹配、模式识别、人工智能、专家系统等学科的理论和方法，来获取空间点三维坐标的一种自动化测量技术。随着计算机技术及其应用的发展以及数字图像处理、模式识别、人工智能、专家系统以及计算机视觉的发展，摄影测量的应用也越来越广。其中它的一个重要应用就是用于工业产品的质量检验及装配，它已经成为工业测量中的一种重要手段。最新的 V - STARS 测量系统为美国 GSI 公司所生产。它采用一台或者多台高分辨率的柯达数字相机对被测物拍摄，得到物体的数字影像，经计算机图像处理后得到精确的 X、Y、Z 坐标。坐标计算可采用脱机和联机两种方式。对静态目标而言，脱机处理可采用单台数字相机，在两个或多个位置进行拍摄，图像可存入相机的 PCMCIA 卡中，然后将 PCMCIA 卡插入笔记本电脑即可进行图像处理，因此对静态目标来说，这种脱机方式只需一台数字相机[8]。图 7 - 13 为 V - STARS 测量系统图。

图 7 - 13　V - STARS 测量系统图

摄影测量系统是通过图像对被测目标进行量测，无须接触被摄物体本身，并且是在瞬间完成。摄影测量系统具有：受外界条件影响小，测量工作和信息获取迅速，自动化程度高等特点。因此，该系统特别适合于动态物体的快速坐标测量，操作方便，对现场环境无任何要求，尤其在有毒、有害的环境下是其他工业测量系统所无法比拟的。

7.5　面向航天器装配密封性能的数字化测量技术

7.5.1　技术方案及原理

航天器密封系统主要储存高压气体或液体以实现特定功能，典型的密封系统有推进系统、热控流体回路、供氧供空气回路等，推进系统主要实现航天器的轨道和姿态控制，热控流体回路主要实现航天器的温度控制，供氧供空气回路主要实现航天员在空间的氧气需求。航天器密封舱体主要维持航天员在太空的生活环境等。密封系统的泄漏会造成储存的高压气体或推进剂的损失，影响到航天器的功能和寿命，大量的推进剂泄漏还会发生爆炸事故；空间密封舱体内密封系统的泄漏会造成舱体内环境的污染，会影响到航天员在太空的生活环境，空间密封舱体的泄漏还会直接影响到航天员的生命。

面向航天器装配密封性能的数字化测量技术为航天器总装集成过程中相关密封系统的总漏率测试技术，属于无损检测专业范畴，指应用各种技术方法以不损害被检对象未来用途和功能的方式，对产品密封性能进行测试、评价，确保测试结果满足技术要求，如果有泄漏存在需要进行漏孔的定位、采取有效手段进行修复，确保最终产品的密封性能满足设计指标要求。其基本原理基于密封系统或密封舱体内外存在压差时流体（气体或液体）能够通过漏孔从高压端泄漏到低压端的各种检漏方法。总装密封性能测试的目的是通过有效的测试手段找到被测试系统的漏孔、给出漏孔漏率量级、对超出设计指标的漏孔采取有效补救措施进行修复，最后对整个被测系统密封性进行评价给出系统总漏率量级。

面向航天器装配密封性能的数字化测量技术，主要包括氦质谱非真空累积数字化测试技术和多示漏气体非真空累积数字化测试技术。

氦质谱非真空累积数字化测试技术基本原理是将航天器被检系统、产品或密封舱体内加氦气至同航天器在轨工况一致的压差，通过各种有效的单点漏率测试技术确保所有单点漏率达到设计指标后，放入非真空密封的收集容器（检漏收集室或产品包装箱）内，并进行密封，通过氦质谱检漏仪检测收集容器内氦浓度的初始值 μ_1；然后静置一定时间 t（一般为 24 h）后，测试收集容器内氦浓度增加后的终值 μ_2。终值测试结束后对整个检漏系统立即进行标定，标定方法采用定量气体注入法，将已知压力和体积气体量（P_0V_0）纯氦气注入收集容器内，测试收集容器内的氦浓度进一步增加后的样值 μ_3。则被检件的总漏率 Q 可以通过公式（7 - 8）计算得到。其测试原理图如图 7 - 14 所示。

$$Q = \frac{P_0 V_0 (\mu_2 - \mu_1)}{(\mu_3 - \mu_2)t} \tag{7 - 8}$$

氦质谱非真空累积数字化测试技术主要包括数字化总漏率测试检漏仪、引入标气容器

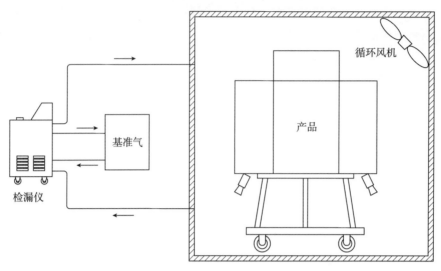

图 7-14　氦质谱非真空累积数字化测试原理图

自动对比测量及数字化测量软件等新型检漏技术。

　　数字化总漏率测试检漏仪是完成总漏率测试的核心设备。它是一种基于激光微孔的进样取样装置同标准的氦质谱检漏仪结合研制的新型专用于航天器总漏率测试的数字化检漏仪。它的优点是测试精度高、自动化程度高。数字化总漏率测试检漏仪的工作原理如图7-15 所示。在现有成熟检漏仪的基础上增加了基于激光微孔的进样取样技术，是检漏仪实现自动化的关键环节，该部分主要包括微孔、标气阀、样气阀、清气阀、气泵、过滤器等部分。微孔的尺寸直接决定了进入检漏仪的气体量，保证检漏仪在固定的真空度下稳定工作，测试灵敏度高，通过电磁阀实现了总漏率测试过程中标气和样气的切换工作。在标气阀和样气阀之间增加清气阀，解决了标气及样气切换时两路气体质谱分析中的拖尾现象，提高了检漏测试的精度和准确性。

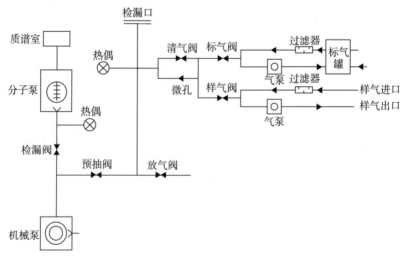

图 7-15　数字化总漏率测试检漏仪工作原理图

引入标气容器（标气罐）自动对比测量技术，解决了总漏率测试过程中环境本底对测试结果的影响。引入标准气体对检漏仪进行校准是氦质谱非真空累积检漏过程的特色技术，也是国内外唯一的独特技术。由于氦质谱检漏仪的特点是灵敏度高，但受环境氦本底的影响长期工作稳定性差，为了避免检漏仪的不稳定性，在检漏过程中需要用标准气体对检漏仪进行校准。所谓标准气体就是人工配制的与大气中氦气浓度相当的氦气和氮气的混合气体，所谓校准，就是在进行检漏测试前，用氦质谱检漏仪对同一标准气体进行测量，并将检漏仪的输出值调整一致。通过用标准气体对检漏仪进行校准，可以消除氦气在收集室内进行累积的 24 h 内检漏仪的基准漂移对总漏率测试结果的影响。但是配置标准气体的氦浓度要与空气中的氦浓度一致，一般为 5 ppm，难度大，工作繁琐，投入的人力物力较大，无法实现自动化。引入标准容器后可以将自然空气引入标准容器内部，进行密封贮存，通过检漏仪的循环系统自动实现了检漏仪的校准和自动对比测量工作。标准容器的设计同产品收集容器性能要一致。标准容器要求具有一定的密封性能，需要满足容器内部相对外部 2 kPa 压力下，24 小时压降不大于 300 Pa 的要求。同时为了满足静置累积过程中外界环境引起的大气压的变化及容器内温度变化引起容器内外的压差，要求容器承压能力需要满足内部相对外部压力 -2～5 kPa 的要求。标准容器内部应该光洁，不能有对氦气吸附的材料。容器主体结构尺寸一般为：长度 450 mm，宽度 550 mm，高度 750 mm。

　　数字化测量软件的主界面如图 7 - 16 所示。航天器总漏率测试的步骤是：初值测试（本底值），终值测试（泄漏累积反应值），样值测试（标准样气反应值），然后再通过计算公式自动计算出航天器泄漏漏率。这就要求软件必须具备以上功能，并且要满足原始数据的存储和数据历史查询、显示等功能。软件主界面中包含了当前检漏仪的漏率值、检漏口压强、测试文件名、运行阶段、运行状态、开始时间、总漏率测试曲线以及测试相关的确

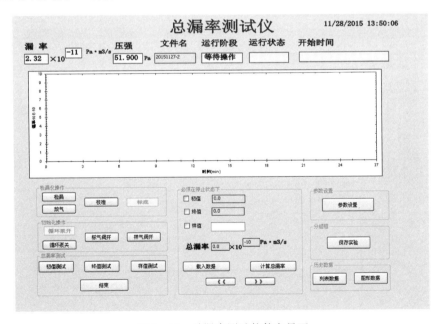

图 7 - 16　总漏率测试软件主界面

认按钮。保证软件界面能够清晰明确反映出测试过程和仪器设备的状态，便于操作人员操作和监控。软件运行流程如图 7 - 17 所示，总漏率测试图形数据如图 7 - 18 所示。

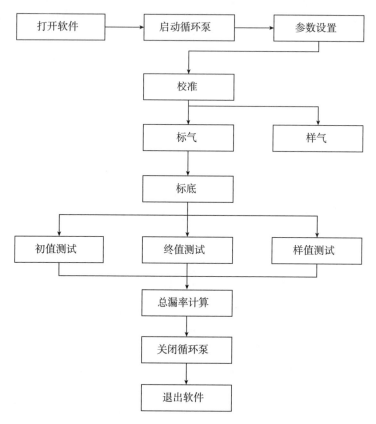

图 7 - 17　软件运行流程图

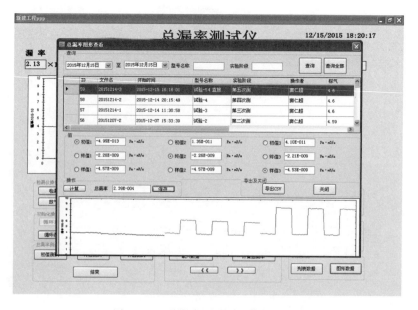

图 7 - 18　总漏率测试图形数据界面图

四极质谱非真空累积检漏法：主要测试原理同氦质谱非真空累积法一致，其优点是可以同时对氦气、氮气、四氟化碳、六氟化硫、氙气等介质进行航天器密封性能总漏率测试，测试过程基本一致。其核心设备为 GAM500 气体分析仪，体积和重量大，一般为固定安装设备。该方法的优点就是能够同时检测多个管路系统，节省测试时间；缺点是设备复杂，移动不方便。

7.5.2　精度分析

氦质谱非真空累积法其测试的灵敏度同收集容器的容积大小、产品静置累积时间两大因素密切相关。收集容器容积越小，累积时间越长，检漏系统灵敏度越高，反之收集容器容积越大、累积时间越短，检漏系统灵敏度越低。同时收集容积受卫星外形尺寸限制，累积时间受产品研制周期限制，需要综合考虑各种因素后，建立具体的检漏系统。目前，对于容积约 100 m³ 的收集容器，大气环境下密封静置累积 24 小时，其系统检漏灵敏度可达 1×10^{-5} Pa・m³/s。

数字化总漏率测试检漏仪的应用，使航天器的检漏工作自动化水平大大提高，从而提高了检漏的灵敏度、准确性、安全性和可靠性。在自动化检漏方案实施过程中对整个检漏系统的不确定度进行了评价，通过分析得出，影响氦质谱非真空累积检漏法测试结果的因素如图 7 - 19 所示。

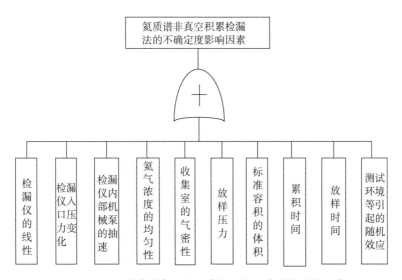

图 7 - 19　氦质谱非真空累积检漏法的不确定度影响因素

对各个因素进行分析、试验后，对航天器的一般泄漏量级内的由系统效应及随机效应导致的不确定度进行综合评价，从而确定了检漏系统的合成标准不确定度，详见表 7 - 1。

表 7 - 1　不确定度分量一览表

量级/（Pa・m³/s）	系统效应导致的不确定度	随机效应导致的不确定度	合成标准不确定度
$1 \times 10^{-4} \sim 1 \times 10^{-5}$	7.38%	6.86%	10.08%

续表

量级/（Pa·m³/s）	系统效应导致的不确定度	随机效应导致的不确定度	合成标准不确定度
$1 \times 10^{-3} \sim 1 \times 10^{-4}$	7.64%	16.21%	17.92%
$1 \times 10^{-2} \sim 1 \times 10^{-3}$	7.64%	8.24%	11.24%

　　通过调研，法国的某卫星也是采用氦质谱非真空累积检漏法，其测试结果的准确度为50%左右（量级在 1×10^{-5} Pa·m³/s 左右）。按惯例，法国所说的测试结果的不确定度应为扩展不确定度，其扩展因子为 2；而我们评定的合成标准不确定度应为 20%左右，按扩展因子为 2 计算，其扩展不确定度应为 40%。即我们的测试结果的不确定度要优于法国的测试结果的不确定度。

　　四极质谱非真空累积检漏法测试系统的检漏收集容器以 100 m³ 容积进行试验和漏率计算，充入示漏气体 He、Kr 或 CF_4 的被检航天器在检漏收集容器中累积 24 h 后，各示漏气体的最小可检漏率可达 1×10^{-5} Pa·m³/s；累积时间延长至 48 h 后，各示漏气体的最小可检漏率可达 5×10^{-6} Pa·m³/s；累积时间延长至 240 h 后，各示漏气体的最小可检漏率理论上可达 1×10^{-6} Pa·m³/s。

7.6　面向航天器装配质量特性的数字化测量技术

7.6.1　技术方案及原理

　　随着技术的发展目前航天器质量测试一般使用集成的三坐标转换机测量，其结构如图 7-20 所示。三坐标转换机由床身、回转台、倾斜台、下支架和配重机构等部分组成。其中，回转台、倾斜台、下支架和倾斜轴统称为滑台。床身是三坐标转换机的基础，用于承受航天器滑台和配重机构的质量并提供与测试台的接口。滑台与床身之间通过导轨连接，并且可以沿导轨在床身上水平移动。倾斜台可以围绕下支架上的倾斜轴倾斜一个角度，回转台可以绕倾斜台中心 360°旋转[12]。

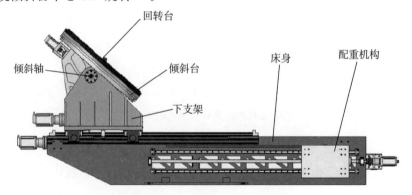

图 7-20　三坐标转换机的结构图

　　航天器质心测量包括横向质心测试和纵向质心测试。横向质心测试是在倾斜台台面水平状态时测量。纵向质心测试要求将测试台面调节成水平状态，否则，航天器质心高度将影响横向质心的真实值。准确控制和测量测试台面与水平面的夹角，计算得到航天器的纵向质心对横向质心的影响。比较两个状态航天器的横向质心值在水平方向的变化，可以计算航天器纵向质心。基于以上设计思想，从提高质心测试精度和进行转动惯量测试有利的角度出发，需要将倾斜中心设置在航天器质心位置附近。纵向质心测试原理如图 7 - 21 所示[13]。

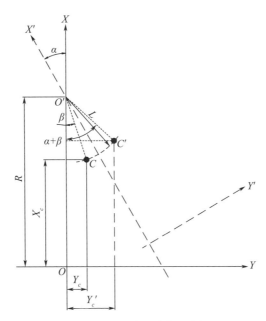

图 7 - 21　纵向质心计算公式推导

　　测量时，以测试台几何中心为坐标原点；过坐标原点，铅垂于水平面，指向上方为 X 轴；过坐标原点，与床身导轨方向平行，指向配重机构方向为 Y 轴；Z 轴与 X 轴、Y 轴构成右手系。倾斜中心位于 X 轴线上，坐标值为 $X_c = R$ 。

　　考察倾斜 α 角后对 Y 坐标的影响，即航天器应该在 XOY 面内转过 α 角。当 $\alpha = 0$ 时，测得质心 Y_c ；当 $\alpha \neq 0$ 时，测得质心 $Y_c{}'$ 代入公式 (7 - 9) 计算得到纵向质心 X_c 。

$$X_c = R - (Y_c{}' - Y_c \cos\alpha) / \sin\alpha \tag{7 - 9}$$

　　转动惯量计算时，根据刚体过固定点绕任意轴转动惯量的表达公式[14]

$$I = I_X \cos^2\alpha + I_Y \cos^2\beta + I_Z \cos^2\gamma -$$
$$2I_{XY} \cos\alpha \cos\beta - 2I_{YZ} \cos\beta \cos\gamma - 2I_{ZX} \cos\gamma \cos\alpha \tag{7 - 10}$$

　　设测量轴与航天器坐标轴 X、Y、Z 的夹角分别为 α、β、γ，当 $\alpha = 0°$、$\beta = 90°$、$\gamma = 90°$ 时，得到方向余弦 (1, 0, 0)，可以测得 I_X，当 $\alpha \neq 0°$ 时，利用三坐标转换机设置 5 组方向余弦 $(C_\alpha，C_\beta，0)(C_\alpha，-C_\beta，0)(C_\alpha，0，C_\gamma)(C_\alpha，0，-C_\gamma)(C_\alpha，C_\beta，C_\gamma)$，并使用转动惯量测试台分别测试出这几组方向余弦对应的航天器的转动惯量 I_i，分别代入式 (7 - 10) 求得转动惯量 I_Y，I_Z 和惯性积 I_{XY}，I_{XZ}，I_{YZ} 。即为过倾斜中心点，绕平行于航天器坐标轴的三个轴的转动惯量，再使用移轴公式就可以计算出绕质心坐标系下三个轴的转动惯量。

使用三坐标进行质心和转动惯量的测量步骤如下：

1）将三坐标转换机与质心台对接，滑台置于垂直位置，如图 7-22（a）所示。花盆与滑台对接后，测量横向工装质量和质心，存储数据。

2）驱动三坐标转换机，使滑台在床身上沿 Y 轴方向平移距离 S，同时倾斜台绕倾斜轴倾斜角度 α，如图 7-22（b）所示。测量纵向工装质量和质心，存储数据。滑台恢复到垂直位置。

3）航天器与花盆对接，测量航天器质量和横向质心 Y_c、Z_c。并对航天器进行配重，直到满足设计指标。

4）驱动三坐标转换机，到达步骤 2）的位置，测量航天器质心 YC'。通过式（7-9）计算出航天器纵向质心 X_c。

5）三坐标转换机连同花盆与 M7 扭摆台对接，滑台置于垂直位置。测量工装垂直状态转动惯量，存储数据。

6）驱动三坐标转换机，使滑台在床身上沿 Y 轴方向平移距离 S，同时倾斜台绕中心倾斜一个角度 α。测量工装倾斜状态转动惯量，存储数据。滑台恢复到垂直位置。

7）航天器与花盆对接，测量航天器 X 轴转动惯量 I_X。

8）驱动三坐标转换机，到达步骤 2）的位置，测量航天器转动惯量 I_1。

9）驱动三坐标转换机将航天器绕 X 轴旋转 $90°$，测量航天器转动惯量 I_2。

10）驱动三坐标转换机将航天器绕 X 轴再次旋转 $90°$，测量航天器转动惯量 I_3。

11）驱动三坐标转换机将航天器绕 X 轴第三次旋转 $90°$，测量航天器转动惯量 I_4。

12）驱动三坐标转换机将航天器绕 X 轴再旋转 $45°$，测量航天器转动惯量 I_5。

13）将 I_1、I_2、I_3、I_4、I_5 和 α、$\beta = \gamma = 90° - \alpha$ 代入式（7-10），求得转动惯量 I_Y，I_Z 和惯性积 I_{XY}，I_{XZ}，I_{YZ}。

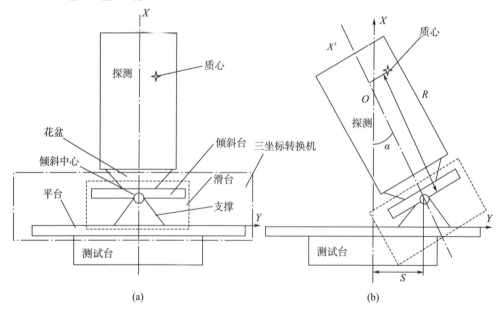

图 7-22　三坐标转换机的工作状态图

7.6.2　精度分析

质量测试精度由质心台质量测试精度决定，现有质心台的质量测试精度一般为 0.5 kg；横向质心测试精度包括测试台的测试精度和三坐标转换机的安装定位精度，通过质心台的标定和三坐标转换机的安装调试，航天器的横向质心测试精度可以控制在 0.5 mm 范围内；纵向质心测试属于间接测试，其测试精度需要代入公式（7-11）进行计算

$$\mathrm{d}X_c = \sqrt{\left(\frac{\partial X_c}{\partial L}\mathrm{d}L\right)^2 + \left(\frac{\partial X_c}{\partial Y_c{'}}\mathrm{d}Y_c{'}\right)^2 + \left(\frac{\partial X_c}{\partial Y_c}\mathrm{d}Y_c\right)^2 + \left(\frac{\partial X_c}{\partial \alpha}\mathrm{d}\alpha\right)^2} \tag{7-11}$$

根据横向质心误差分析，对 $\mathrm{d}Y_c{'}$，$\mathrm{d}Y_c$ 取最大值为 0.5 mm，对 $Y_c{'}$，Y_c 取值为 100 mm。$\mathrm{d}\alpha$ 的取参考值为 0.02°。考察不同的 α 角引起的测试误差，详见表 7-2。

表 7-2　质心误差分析表

（单位：mm）

α	$\frac{\partial X_c}{\partial L}\cdot\mathrm{d}L$	$\frac{\partial X_c}{\partial Y_c{'}}\cdot\mathrm{d}Y_c{'}$	$\frac{\partial X_c}{\partial Y_c}\cdot\mathrm{d}Y_c$	$\frac{\partial X_c}{\partial \alpha}\cdot\mathrm{d}\alpha$	$\mathrm{d}X_c$
20°	0.002 924	0.584 761	0.5 494 955	1.476 6	1.68
30°	0.002	0.4	0.346 410 2	0.941 305	1.08
40°	0.001 556	0.311 145	0.238 350 7	0.650 681	0.76

纵轴惯量测试相对误差主要为测试台的测试误差，约为 0.1%；横轴惯量测试相对误差以 Y 轴的转动惯量计算为例，误差分析见式（7-12）

$$\frac{\mathrm{d}I_Y}{I_Y} = \frac{2(I_1 + I_2 - 2I_x)\mathrm{tg}\beta \cdot \mathrm{d}\beta + \mathrm{d}I_1 + \mathrm{d}I_2 + 2\sin^2\beta \cdot \mathrm{d}I_x}{I_1 + I_2 - 2I_x \sin^2\beta} \tag{7-12}$$

假设 I_1、I_2 的取值为 k 倍的 I_X，对 $\mathrm{d}I_1$、$\mathrm{d}I_2$ 的取值为 k 倍的 $\mathrm{d}I_X$，对 $\mathrm{d}\alpha$ 取参考值为 0.02°。根据转动惯量 I_X 的实际测试精度 $\mathrm{d}I_X/I_X = 1/1\,000$，在上述假设的条件下式（7-12）可以简化为

$$\frac{\mathrm{d}I_Y}{I_Y} = \frac{2(k-1)\mathrm{ctg}\alpha \cdot \mathrm{d}\alpha + (k + \cos^2\beta) \cdot 0.001}{k - \cos^2\alpha} \tag{7-13}$$

考察不同的 k 和 α 角引起的测试误差，详细数据见表 7-3。

表 7-3　转动惯量误差分析

ka	10°	20°	30°	40°
0.8	0.58%	1.57%	2.61%	0.57%
1.0	6.53%	1.61%	0.70%	0.38%
1.2	1.29%	0.78%	0.49%	0.31%
1.6	0.78%	0.51%	0.36%	0.27%
1.8	0.71%	0.46%	0.33%	0.25%
2.0	0.67%	0.43%	0.31%	0.24%

7.7　小结

航天器研制阶段形成了具有特色的专业测量技术，提高了专业测量过程中的准确性、可靠性和安全性。装配几何量测量包括航天器装配定位测量技术和航天器装配过程测量技术。装配定位测量技术包括经纬仪测量技术、激光跟踪仪测量技术、激光雷达测量技术；装配过程测量技术包括室内 GPS 测量技术、高速摄影测量技术、近景摄影测量技术。装配几何量测量在航天器装配和试验测试中发挥了重要作用，如嫦娥探测器的着陆冲击试验、舱体分离试验等。系统密封性能测量主要应用了面向航天器装配密封性能的数字化测量技术。通过高精度自动化检漏技术，实现了推进系统自动化总漏率测试、基准容器自动对比测量及自动取放样等，提高了大批量推进管路密封性能测试的效率和可靠性。而质量特性测量中主要应用了多自由度变换的质量特性测试技术、推进剂加注测试修正技术、配重块和推进剂联合质心修正技术，解决了航天器惯性积测试问题，提高了测试精度，达到了快速、准确测量的效果。总之，航天器数字化测量技术，对航天器的在轨运行、自主控制、精密位姿测定、远距离长时间推力保证等起到了关键作用。

参 考 文 献

［1］ 杨再华. 航天器总装精度测量方法分析［J］. 航天器环境工程，2007，24（6）：390-392.

［2］ 张皓琳，林嘉睿，邾继贵. 三维坐标转换精度及其影响因素的研究［J］. 光电工程，2012，39（10）：26-31.

［3］ 黄桂平，钦桂勤. 大尺寸三坐标测量方法与系统［J］. 宇航计测技术，2007. Vol. 27，No. 4：15-19.

［4］ 周娜，安志勇，李咏豪. 采用激光雷达的大尺寸三维形貌测量技术［J］. 红外与激光工程，2011，40（12）：2465-2468.

［5］ 刘建新，阮国伟. "嫦娥"着陆器悬停、避障、缓降试验中的姿态和位置测量［J］. 航天制造技术，2012，1（6）：34-41.

［6］ 陶力，杨再华，阮国伟，等. 基于激光雷达的卫星发动机精度测量方法［J］. 航天器环境工程，2013，30（3）：328-331.

［7］ 陈启威，孙刚，庞贺伟，等. 激光雷达系统在大尺寸地形扫描中的应用［J］. 航天器环境工程，2012，29（2）：227-230.

［8］ 杨凌辉，杨学友，劳达宝，等. 采用光平面交汇的大尺寸坐标测量方法［J］. 红外与激光工程，2010，39（6）：1105-1109.

［9］ 闫治平，黄淑英. 非真空收集器质谱检漏标定技术［J］. 中国空间科学技术，2001，21（3）：42-46.

［10］ 闫治平，黄淑英. 卫星制造技术［M］. 北京：宇航出版社，1998.

［11］ 闫治平，黄淑英. 检漏方法的灵敏度估算公式［J］. 中国空间科学技术，2002，22（1）：59-64.

［12］ 王洪鑫，徐在峰，赵科，陈勉，杜晨. 航天器质量特性测试技术新进展［J］. 航天器环境工程，2011，28（2）：171-174.

［13］ 杜晨，陈勉. 卫星质量特性测试新方法研究［J］. 航天器环境工程，2004，21（3）：11-15.

［14］ 陈勉，杜晨. 卫星质心三轴快速测量配重新工艺［J］. 航天器环境工程，2005，22（6）：358-360.

第8章 面向航天器装配的工艺装备

8.1 引言

航天器装配工艺装备作为航天器总装集成、测试、试验的重要支撑，在航天器研制过程中具有不可替代的作用。航天器总装质量和效率都与地面工艺装备有直接关系，先进、合理的工艺装备能够有效提高总装质量、降低型号研制风险、缩短总装周期，从而提高航天器产品质量，加快航天器研制进度。

随着我国航天事业发展，任务主体由单一的卫星研制转向高密度研制及星座组网，任务性质由研制试验为主走向科学试验与装备应用并重，航天器产品研制呈现出研制周期缩短、技术难度加大、质量与可靠性要求提高的特点。在此形势下，航天器工艺装备的通用化、系列化、自动化、模块化迫在眉睫。

目前根据工艺装备服务对象可分为两类：一类是用于服务操作者的工装，如架梯、升降车、操作平台等，大部分属于非标产品；另一类是用于服务航天器的工装，如转台、吊具、包装箱等，属于非标产品。

从功能角度来说，工装是通过停放、吊装、移动、翻转、倾倒、回转、升降、平移等各种结构机构改变操作者或航天器的位姿，或者是通过传感器、控制元器件等监控航天器的温度、湿度、压力等环境条件。目前按工装实现功能主要分为：吊装类、包装运输类、停放及转运类、调姿类、辅助类等，如图8-1所示。

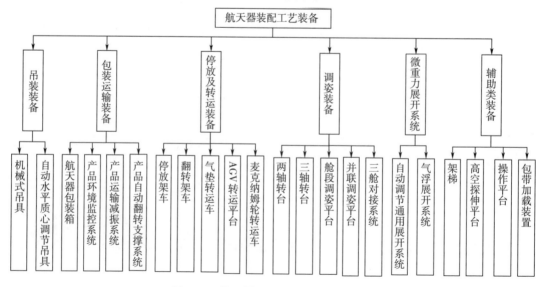

图 8-1 航天器地面机械支持设备分类

本章介绍了我国航天器装配工艺装备发展基本情况，对各类工艺装备的方案、原理及应用进行了阐述。

8.2　航天器吊装装备

航天器吊装装备是指起重机械中吊装航天器的装置。由于航天器舱段、大部件载荷质量一般较大，无法人力搬动，在航天器研制的各个阶段需要进行吊装。吊具主要完成整个航天器不同工装间的转换，部分吊具也可用于航天器产品姿态调整（水平转垂直或反向）。

航天器吊装装备一般包括机械式吊具和自动水平质心调节吊具。

8.2.1　机械式吊具

目前航天器总装使用的吊具大多是机械式吊具，吊具主要分为整星吊具及部组件吊具，根据吊装对象不同，吊具结构形式有所差别，但其组成功能部件相似，主要由吊梁、吊带、转接件等组成，分两层，上侧为吊梁组件，吊梁组件与厂房吊车连接，图 8 - 2 为与航天产品连接的组件。

图 8 - 2　整星吊具示意

8.2.2　自动水平质心调节吊具

近年来，随着航天器结构越来越复杂，对接精度要求越来越高，并且需要进行精确定位，以避免点点接触、碰撞导致所装配产品发生变形而遭到破坏。由于产品的质心偏心，在装卸时如果不进行质心补偿，容易造成倾斜，影响吊装对接效率并危害产品。

针对上述需求，自动水平质心调节吊具成功研制并逐渐应用，重点突出吊具的自调平性和通用性，自调平功能通过二维工作台和控制系统实现，通用性通过吊梁的通用化设计和转接适配接口实现，在每个平台设置一定数量吊具，兼顾通用与方便的原则，进行有限的通用。图 8-3 为北京卫星环境工程研究所研制的自动水平质心调节吊具。

图 8-3   自动水平质心调节吊具

该吊具采用了吊点调节法，选用合理的调节方式，对被吊物体质量质心测量，计算相应的调节量，驱动执行机构进行补偿，最后达到水平自动调节的目的。利用 XY 工作台调节吊点的水平调节方法，在吊具的吊点与吊梁之间串联一个 XY 工作台，利用 XY 工作台在 X、Y 两个方向的运动，实现吊具吊点在 XY 整个平面自由调节。根据二力平衡原理，要调节被吊物体的水平度，关键在于调节天车、吊点、被吊物体质心的位置，使三者在同一铅垂线上。在吊梁上增加一个吊点移动平台，将吊点及天车移动到航天器质心上方，实现航天器质心、吊具上吊点、天车吊点等三点在同一铅垂线上，达到水平调节并水平起吊的目的，一般水平吊具调节流程具有以下步骤：

1）天车、吊具与卫星连接并预紧。

2）根据吊环组件上的两维传感器的测量值，人工判断天车吊点、吊具吊点、卫星中点的偏移量，实现天车吊点的对中后传感器清零。

3）天车点动上升 2～3 mm，卫星部分方向吊起，通过吊具上的两维水平传感器的测量值，判断卫星质心的偏心方向与大小。

4）将卫星落到架车上，人工控制 XY 工作台移动到相应位置，实现粗调。

5）预紧吊索，通过吊环组件上的两维传感器，实现天车吊点对吊具吊点新位置的对中；若天车与吊具 XY 工作台移动得一致较好，可简化该步骤，根据 XY 工作台的移动量，控制天车移动相应的距离。

6）点动天车起吊星体，吊具水平传感器的倾角显示在允许范围内，此时利用称重传感器测量卫星的质心，人工控制 XY 工作台移动到相应的位置，实现卫星的精调。

8.3　航天器包装运输装备

航天器包装运输装备指航天器运输的存贮容器或包装箱，保障航天器存放环境要求，同时兼顾运输需求。从结构和功能组成上来说，航天器包装运输装备一般包括航天器包装箱、产品环境监控系统、产品运输减振系统、产品自动翻转支撑系统。

8.3.1　航天器包装箱

包装箱的运输方式由早期的公路运输、飞机运输、铁路运输增加到海路运输，根据不同运输方式，包装箱的部分功能模块进行适应性设计以满足运输要求。

按照包装箱类型分类，一般分为钟罩式包装箱、自翻盖式包装箱、侧开门式包装箱。

（1）钟罩式包装箱

钟罩式包装箱一般由箱罩、箱底、导向装置、脚轮、牵引装置、箱内支架等部分组成，包装箱外形大致为长方体，加工过程中各条棱可适当进行边角处理，箱罩和箱底通过螺栓或搭扣连接，连接后可以进行压紧调节，以满足气密要求，在运输过程中搭扣须有防脱开措施，确保搭扣的搭接效果。图 8-4 为钟罩式包装箱。

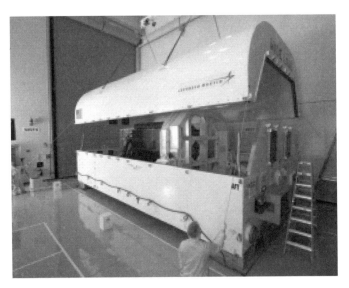

图 8-4　钟罩式包装箱

（2）自翻盖式包装箱

自翻盖式包装箱箱盖由包装箱配置的控制系统打开，不再依赖吊车操作，其他部分结构与钟罩式包装箱基本类似，此类包装箱适用于无吊车、吊高不足等特殊场地。图 8-5 为自翻盖式包装箱。

图 8-5　自翻盖式包装箱

（3）侧开门式包装箱

产品进出包装箱从侧门通过，一般通过支架和导轨进出，支架进包装箱后有锁紧装置固定，防止运输过程中产品晃动。卫星进出包装箱不依赖吊车吊装，同样适用于无吊车、吊高不足等特殊场地。图 8-6 为侧开门式包装箱。

图 8-6　侧开门式包装箱

按照包装箱的运输方式分类，根据运输工具的包络要求，一般分为铁路运输包装箱、AN124 飞机空运包装箱、伊尔 76 飞机空运包装箱、公路运输包装箱、海运包装箱。图 8-7 为三种不同包装箱示意图。

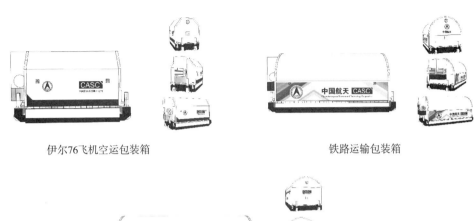

伊尔76飞机空运包装箱　　　　　　　　　　　　铁路运输包装箱

AN124飞机空运包装箱

图 8 - 7　三种不同包装箱示意图

　　按照包装箱功能模块分类，一般分为结构分系统、减振系统、温控系统、监测监控系统。图 8 - 8 为包装箱组成系统。

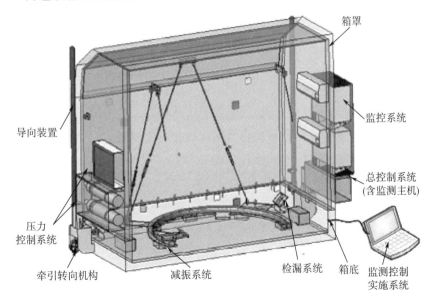

图 8 - 8　包装箱组成系统

　　瞄准包装箱各个模块通用化的需求，可对充排气系统、温度控制监测系统、振动监测系统等进行集成一体化设计，成为独立监控舱，监控舱完全通用化，与不同包装箱保持相同接口，更换便捷，后续投产包装箱时，只需投产包装箱箱体，监控舱单独配置，从整体上提升包装箱的可靠性和通用性。图 8 - 9 为独立监控舱包装箱。

图 8-9 独立监控舱包装箱

8.3.2 产品环境监控系统

随着航天器对运输环境要求的提高，包装箱功能已经由早期不能主动控制温度、湿度、压力逐步发展为可实现箱内环境温度、湿度、压力自动控制。

产品环境监控系统主机和电源布置在包装箱的外侧壁上，在运输过程中需要对温度、湿度、压力、振动、冲击实时监视，并通过监控系统实时获得相关参数，控制空调、充排气、风机的开关，以满足卫星对运输环境的要求。

环境监控系统实时监控包装箱内的温度、湿度、振动、冲击及运行速度和位置等信息，主机把采集的所有数据存储在各个通道的存储空间，同时和笔记本/监控电脑通过网络连接，把测量的数据实时显示在远程监控的电脑上，通过数据采集分析软件可以对采集的数据进行曲线的回放、分析、报表等功能，数据包括振动、冲击、温度、湿度、压力、运行速度、位置等。

对包装箱内环境的控制方式分为被动控制和主动控制，被动控制主要包括包装箱的气密性控制和被动保温控制，主动控制包括气压控制和温度控制。

1）气密性控制：包装箱的气密性控制是箱体的主要性能，为了保证其性能，包装箱在结构上设计上下法兰内夹空心密封圈的结构，在箱体的制造过程中，对箱体内腔的每条焊缝要进行检漏，对上下法兰的平面度按要求加工，对开孔进行密封处理，以保证箱体的密封要求，可保证包装箱在充正压 2 000 Pa 的高纯氮气条件下，漏率小于等于 150 Pa/24 h。

2）被动保温控制：包装箱箱壁为双层结构，由内外蒙皮与箱罩骨架共同构成气密、防雨的腔体。内蒙皮采用铝板与骨架焊接构成气密腔体；外蒙皮为铝板与骨架铆接，外蒙皮与骨架的接缝处涂胶粘接，起到防雨的作用，内外蒙皮间填充聚氨酯泡沫板，同时内部安装 20 mm 厚的聚氨酯泡沫板，以达到更好的保温效果。

3）包装箱气压控制通过自动充排气系统实现，配气台前面板采用前开门形式，自动充排气系统通过在笔记本电脑中设定好压差上下限后，计算机通过采样、分析计算，对充排气电磁阀进行开关控制，并可以通过反馈电阻检测电磁阀的工作状态。

充排气系统与氮气瓶相连，当箱内压力小于 500 Pa（可设置）时，系统自动向箱内充干燥的氮气，当箱内压力大于 3 000 Pa（可设置）时，系统自动排气，以维持箱内气压在 500～3 000 Pa。

在自动充排气系统保证箱内压力的同时，也对箱内的湿度控制产生影响。向箱内充干燥氮气，可以控制箱内湿度不超过湿度控制的上限。

为满足向箱内供气的要求，在包装箱外需具备若干氮气瓶，气瓶通过管路与配气台上的充气口相连接。使用时，将气瓶开关打开，包装箱测控系统根据充排气上下限的设定值，进行自动充排气。

4）包装箱的主动温度控制通过空调实现，温度可在 5～40 ℃之间自由设定，可通过本地控制和笔记本电脑远程控制两种方式进行控制、修改参数、显示空调工作状态等。空调可通过室外机上的本控进行控制，空调控制器由远程笔记本电脑进行控制，控制空调的开关、设置空调的工作参数、显示空调的工作状态和温度。空调室内机预埋板与箱体采用焊接结构，空调室内机及室外机与箱体均采用螺栓连接；空调接线框法兰组件与包装箱内壁采用焊接形式连接，空调接线框挡板与包装箱外蒙皮采用螺钉形式连接。

8.3.3　产品运输减振系统

一般来说，运输输入激励经过包装箱减振系统后，传递到卫星对接面处振动加速度应满足：频率在 20 Hz 内的加速度≤0.6 g，20～100 Hz 时加速度≤0.2 g，在特殊路段（火车进出站、复杂路段，紧急刹车）时，冲击加速度应小于等于 1.5 g。

一般通过在包装箱底座上安装减振器来实现减振效果，针对不同型号的航天器，航天器质量、质心、基频等有变化时，通过调整减振器的数量和布局来适应振动的变化，以满足减振要求。

根据减振器布置的方式分为内减振和外减振。

（1）内减振方式

内减振方式是减振器布置在航天器与包装箱之间的减振方式，其重要特点是减振装置体积较小，布置较为简单，通用性较好。内减振方式使用最广泛的减振器为钢丝绳弹簧减振器。图 8-10 为 ESA 的 JWST 卫星包装减振方式，图 8-11 为自动转移飞行器包装箱减振方式。

（2）外减振方式

航天器运输包装箱外减振方式是减振器布置在包装箱外部的减振方式，减振器需要承载包装箱盖、包装箱底、航天器的整体质量，减振装置体积相对较为庞大。图 8-12 为 THE ATV-2 运输包装箱减振方式。常用的减振器类型为钢丝绳减振器，以不同结构的多股钢丝绞合线按特定的捻向和螺距绞制而成的不锈钢钢丝绳作为弹性体，使减振器在各个方向上形成非线性（软化型或软化-硬化型）弯曲刚度和最大弹性变形空间。钢丝绳减振器具有高抗腐蚀能力和持久的使用寿命。在弹性变形过程中，因多股钢丝间的干摩擦而形成较强的非线性阻尼滞后（库仑阻尼）。减振器在空间任意方向动载荷作用下产生弹性

图 8 - 10　ESA 的 JWST 卫星包装减振方式

图 8 - 11　自动转移飞行器包装箱减振方式

动变形，大量吸收和消耗系统的振动能量。当系统受大冲击干扰时，减振器的非线性软化型刚度、强阻尼滞后特性和大弹性变形能力使系统的冲击能量得到大量吸收消耗并延时释放，能有效地削弱系统冲击响应。图 8 - 13 为 PLANK 运输包装箱减振方式，图 8 - 14 为钢丝绳减振器示意图。

钢丝绳减振器主要有以下特点：

1）软化型非线性刚度，最大动变形占弹性体有效空间可达 70% 以上，动刚度随变形增大而降低；

2）干摩擦非线性滞后阻尼，在标准规定的正常外激励下的动力放大因子不大于 3；

3）全环境适应，耐高低温、耐盐雾、霉菌、潮湿、臭氧、油脂、日照、核辐射、尘埃和各种有机溶剂的腐蚀；

图 8-12　THE ATV-2 运输包装箱减振方式

图 8-13　PLANK 运输包装箱减振方式

4）工作温度 $-75\ ℃\sim+175\ ℃$，极限 $+370\ ℃$；

5）多向弹性变形，通用性强、规格齐全、安装方便、寿命长；

6）可在空间任意自由度方向上承受弹性变形，多向隔振缓冲；安装方式为基础支承、横向或纵向侧悬挂、45°斜支承、顶悬吊等，如图 8-15 所示；在正确选型和使用的前提下可与连接设备同寿命。

下面以钢丝绳减振器为例，说明减振系统的理论设计方法，设计流程如图 8-16 所示。

M1：明确减振对象参数，包括航天器质量和外形尺寸；

M2：减振器安装方式，一般选择 45°安装方式，钢丝绳弹簧个数应满足航天器的稳定性要求，安装位置应均匀排布，尽可能地使钢丝绳弹簧的刚度中心与航天器整星位置在竖直方向重合；

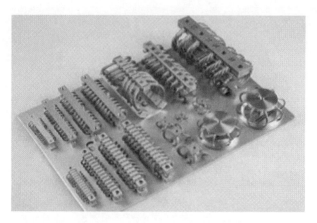

图 8-14　钢丝绳减振器示意图

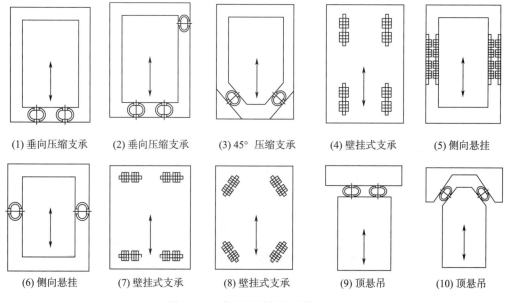

| (1) 垂向压缩支承 | (2) 垂向压缩支承 | (3) 45° 压缩支承 | (4) 壁挂式支承 | (5) 侧向悬挂 |

| (6) 侧向悬挂 | (7) 壁挂式支承 | (8) 壁挂式支承 | (9) 顶悬吊 | (10) 顶悬吊 |

图 8-15　钢丝绳减振器安装方式

　　M3：明确减振器的静承载，静承载不仅包括航天器的质量，还应包括适配器、支架的质量，以及减振器所支撑的所有质量；

　　M4：分析外界干扰源激励，明确外界干扰源峰值频率；

　　M5：分析外界冲击波激励，冲击波主要产生于急刹车、转弯、路面凸凹等工况，确定冲击波的最大幅值；

　　M6：设计系统峰值响应频率，依据外界干扰源激励确定减振系统的固有频率，固有频率应小于外界干扰频率的 $1/\sqrt{2}$；

　　M7：依据外界冲击波的最大峰值，确定钢丝绳减振器的能容参数；

　　M8：依据钢丝绳减振器的个数、减振系统的固有频率和钢丝绳减振器的能容参数，选择合适的钢丝绳减振器类型；

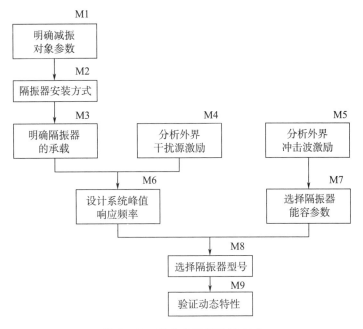

图 8 - 16　航空发动机减振方式

M9：根据钢丝绳减振器的实际负载-变形特性曲线，计算减振系统的实际动态特性（峰值响应频率，振动和冲击传递率、系统抗冲击能力），验证是否满足要求。

8.3.4　卫星翻转支撑系统

航天器运输时受运输方式和尺寸限制，大部分航天器不能垂直运输，只能水平停放在包装箱内进行运输。航天器竖直状态翻转为水平状态可通过 L 型支架双钩翻转或翻转支撑系统实现。翻转支撑系统适用于无双钩吊车或吊高限制的情况，如图 8 - 17 所示。

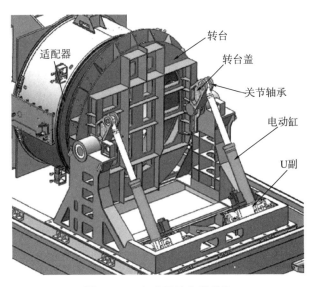

图 8 - 17　自动翻转支撑系统

翻转支撑系统的主要构成部件有：电动缸（包括伺服电机和减速器）、底座、转台、转台盖、关节轴承、U 副。其中电动缸通过关节轴承和平台盖连接，转台盖和转台之间用螺栓连接，卫星通过适配器和转台固结，通过上转台绕固定的底座旋转 90°即可将卫星由水平运输姿态调整为竖直装卸姿态。反之，上转台反向转动 90°即可将卫星由竖直装卸姿态调整为水平运输姿态。

8.4　航天器停放及转运装备

航天器停放及转运装备为航天器 AIT 阶段停放、厂房内转运的必要装备，占用周期长，是型号研制过程中利用率最高的装备，大部分停放装备兼顾转运功能。

根据其主要功能，航天器停放及转运装备主要分为停放架车、翻转架车、自动转运平台。

8.4.1　停放架车

停放架车是航天器的支撑、停放装置，伴随航天器研制的整个阶段。一般来说，停放架车为纯机械类产品，方式最为简单、可靠，同时还能实现总装、测试、试验、加注时的停放功能，也是航天器产品转运最为普遍的方式。

停放架车组成见图 8-18，一般由接口分系统、结构分系统、牵引分系统、移动分系统、支撑分系统组成。接口分系统一般分为马蹄式适配器、圆形适配器，由航天器接口形式决定。支撑分系统的原理也基本相同，由螺纹、螺母副实现。移动分系统一般由 4 个脚轮组成，依靠外力驱动架车行走。

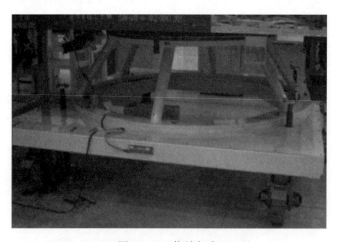

图 8-18　停放架车

8.4.2　自动转运平台

由于大量大型航天器的研制，传统人工转运方式已不能满足航天器转运需求。航天器转运需要依靠气垫或者电动全向轮等先进方式实现。

（1）气垫转运车

气垫转运车能实现超大质量的转运，气垫悬浮运输车不局限于固定的工作场所，实现了"零"转弯半径，工作高度只有几十毫米，对于所运载的产品在移位及就位的时候几乎没有任何冲击。缺点在于对厂房提出了转运通道的平面度高要求，同时要求厂房配置较大流量的气源。图 8-19 为气垫转运车模型，图 8-20 为通用转运平台实物。

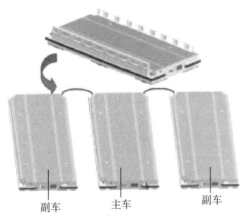

副车　　　主车　　　副车

图 8-19　气垫转运车模型

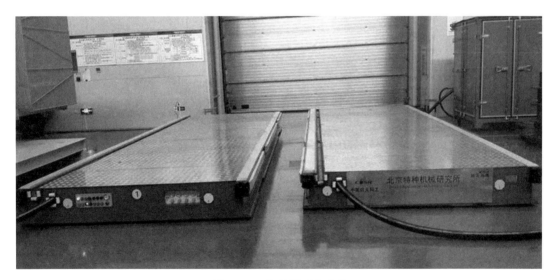

图 8-20　气垫转运车实物

（2）智能转运平台（Automated Guided Vehicle，AGV）

AGV 是指具有循迹功能，能高精度定位的一种搬运装备，可以人工遥控实现全方位运行，也可以沿固定路线自动循迹运行，具有完备的安全保护措施，可自动识别运输路线上的障碍物。图 8-21 为电动全向移动平台，图 8-22 为自主导航转运，图 8-23 为麦克纳姆轮式 AGV。

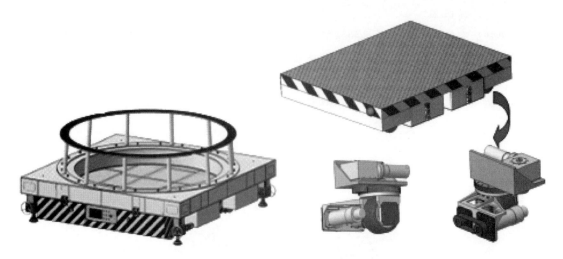

图 8-21　电动全向移动平台

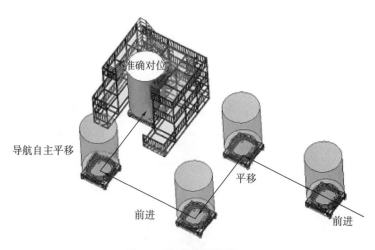

准确对位

导航自主平移

平移

前进

前进

图 8-22　自主导航转运

图 8-23　麦克纳姆轮式 AGV

8.4.3　翻转架车

翻转架车是指能够调整待装件姿态的架车，能够实现待装件 90°翻转。一般来说，舱板安装或拆卸时使用翻转架车调整舱板姿态，以满足舱板与星体对接需求。

根据其翻转方式，翻转架车分为垂直翻转式和水平翻转式，分别应对不同航天器的舱板开合方式，由航天器舱板的电缆铺设方式确定舱板的翻转方式。翻转架车一般使用钢结构焊接而成，近年来，由于铝合金型材质量较小，外表美观，耐腐蚀，由结构拼接而成，所以也较容易实现重复使用，铝型材逐渐应用于翻转架车。

（1）垂直翻转架车

垂直翻转式架车从上到下分为五层，第一层为舱板对接安装框架，固定舱板，并通过翻转机构实现 90°翻转；第二层为回转层，可以沿架车中心回转±5°；第三、四层，为前后、左右的位移调整层，通过架车中安装的直线导轨来进行；第五层为底座，安装有脚轮及高度调节装置，实现架车的平稳移动及高度调整。图 8 - 24 为垂直翻转架车结构图。

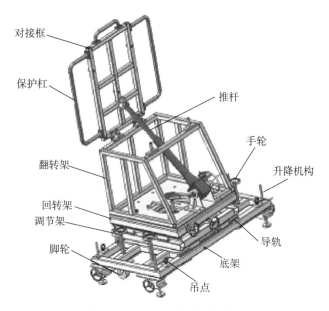

图 8 - 24　垂直翻转架车结构图

（2）水平翻转架车

水平翻转式架车结构组成与垂直翻转式架车基本类似，仅最上层舱板翻转层不同，为水平翻转方式，支撑轮在水平翻转停放平台上按照翻转轨迹行走，以达到舱板翻转 90°的功能。图 8 - 25 为水平翻转架车结构图。

（3）六自由度垂直翻转架车

参照桅杆式升降车的原理，实现舱板翻转架车六自由度调整和大范围的升降调节。主体结构采用型钢焊接形式、钢板机加工件螺接形式。底座部分实现机构 X、Y 方向的移动和摆动功能，升降部分实现 Z 方向的移动，翻转部分实现 90°翻转和 Z 轴转动的功能。其动力输入可分为电机驱动和人力驱动，见表 8 - 1。

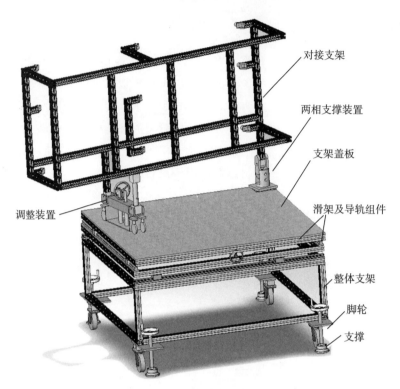

对接支架

两相支撑装置

支架盖板

滑架及导轨组件

调整装置

整体支架

脚轮

支撑

图 8-25　水平翻转架车结构图

表 8-1　驱动方式一览表

序号	机构部位	驱动方式	辅助驱动方式
1	X 向移动	梯形丝杠	手柄
2	Y 向移动	梯形丝杠	手柄
3	X、Y 向转动	梯形螺杆	手柄
4	Z 向升降	电动推杆＋丝杠升降机	电动＋手柄
5	Z 向偏转	梯形螺杆	设置限位器
6	翻转	丝杠升降机	电动＋手柄

翻转架车由底座、升降车身、升降摆杆、姿态调节头以及侧板安装框架组成，其中底座、升降车身以及升降摆杆可实现安装框架的三个位置自由度调节，姿态调节头可实现安装框架三个姿态自由度调节。图 8-26 为六自由度翻转架车结构示意图。

（1）位置调整功能

＋Z 轴即上下自由度调整由升降车身、升降摆杆两部分实现，升降摆杆可实现上下大致方向的快速到达，升降车身采用螺旋升降机可实现对其位置度的精度调整。其中＋X、＋Y 轴以及＋Z 轴升降车身部分的自由度调整采用手动方式实现，升降摆杆采用电动推力杆实现。

图 8 - 26　六自由度翻转架车结构示意图

（2）姿态调整功能

翻转架车的三个方向姿态自由度调整功能均在设备头部位置实现，其中，W_y 轴可实现对水平状态与竖直状态之间的转换，可调节范围为 $0°\sim100°$，采用手动式升降机实现，W_x、W_z 均采用螺旋调节装置实现在 $-5°\sim+5°$ 范围内的角度调整功能。

8.5　航天器调姿装备

调姿装备指能够调整航天器姿态以满足某种特定需求的工艺装备，航天器 AIT 过程中，对姿态有精确要求的工况有：太阳翼安装及展开、天线安装及展开、大型设备或舱段的安装对接。一般对航天器姿态的要求有：水平状态、垂直状态等。常用的航天器调姿装备分为装配类调姿转台和精密调姿系统。

8.5.1　装配类转台

装配类转台是为了实现航天器总装过程中对某一姿态的特殊需求的工艺装备，目的是方便操作或简化操作，无精确的位置和姿态要求。常用装配类转台主要包括两轴转台、三轴转台、舱段调姿平台、管路焊接调姿平台等。

（1）两轴转台

两轴转台具有两个自由度，能够实现星体绕垂直轴 $360°$ 回转和绕水平轴 $90°$ 翻转，根据两轴转台翻转的实现方式不同，又分为电推杆式两轴转台和丝杠导轨式两轴转台。

传统的丝杠导轨式两轴转台因结构受力状态较好，应用较多，基本结构大致相同，主要包括底架、翻转架、行走转向系统、微调装置、适配器、电控柜等。如图 8 - 27 所示，底部框架为转台底架的基础结构。倾倒转动系统是传统的丝杠导轨副结构；边梁的四周安

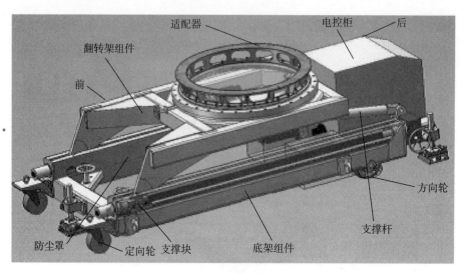

图 8-27　两轴结构示意图

装四个微调机构，实现转台前后、左右、上下的微动；驱动系统置于框架的前端；转向系统置于后端，通过转向轮实现转向；翻转架与星体连接，通过铰链与底架实现 0°～90°倾倒动作，整个回转系统在翻转架上实现。

电推杆式新型外翻式两轴转台，满足卫星倾倒动作的同时，卫星本体能够翻转至转台本体外，转台本体可以避让卫星突出结构，从而降低卫星翻转状态置于转台上的高度。基于电推杆的外翻式两轴转台，包括支撑平台、可调支撑、可伸缩的电动推杆、下沉式翻转架、防倾覆装置、适配器、回转系统、电控系统等。结构形式如图 8-28 所示。

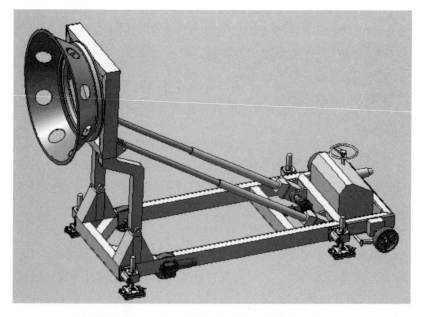

图 8-28　电推杆式新型外翻式两轴转台结构

（2）三轴转台

　　三轴转台基本原理与两轴转台类似，在两轴转台的基础上增加高度升降的自由度，可以满足不同型号水平状态时高度不一致的需求。主要用于产品 AIT 阶段的停放、转运和姿态调整的需求，可实现翻转、回转、移动、双向平动微调和水平调节等功能。转台主要由支撑停放模块、方位回转模块、俯仰倾倒模块、升降模块、移动模块、微调模块、控制模块和其他辅助模块等部分组成。支撑停放模块采用螺接形式连接卫星和转台，可根据卫星不同接口进行更换。方位回转模块安装在升降模块上，实现 360°回转。升降模块安装在俯仰倾倒模块上，实现 0～700 mm（可根据需求设计）行程内的高度调节。俯仰倾倒模块安装在移动模块上，实现 0°～90°或 0°～97°的范围内角度调节。微调模块安装在移动模块底面，实现 X、Y、Z 方向的微动调整，调整车体达到水平状态。控制模块安装在移动模块的上面，用于实现整个转台各项功能的控制。其他辅助模块设置在移动模块上的适当位置，用于实现转台的接地、牵引、吊装、运输等。

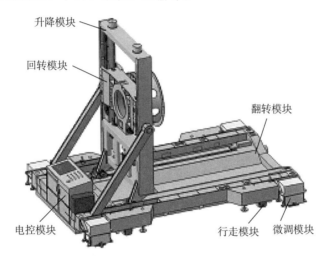

图 8 - 29　三轴转台

（3）舱段调姿平台

　　舱段调姿平台用于通信卫星通信舱及保持架的姿态调整，以便进行拆装仪器设备及测试等操作。在工作过程中需要完成通信舱及保持架升降、翻转和回转动作，一般配合人工操作。根据所需的各项功能，设备在总体上分为以下五大组成部分：底座平台、升降机构、夹持支臂、伸缩夹持机构和电控系统（见图 8 - 30）。

　　升降机构安装在底座平台上，升降机构包括两套升降组件，分别设置在立柱框架的两侧，以使回转台实现升降。

　　回转台结构采用焊接件，回转台包括减速器、转盘轴承和测量元件。

　　旋转支臂由夹持支臂和两套翻转机构组成，夹持支臂采用 U 型结构，两套翻转机构对称布置在夹持支臂 U 型结构末端。通过驱动减速器使蜗杆蜗轮转动，带动伸缩夹头转动，从而带动大尺寸舱段绕本体 Y 轴线 0～360°正反连续翻转。

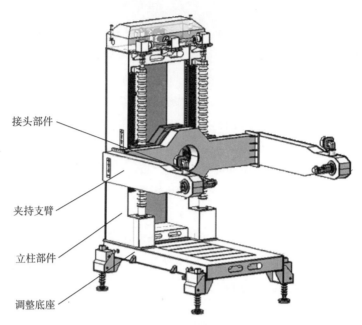

接头部件

夹持支臂

立柱部件

调整底座

图 8 - 30　舱段调姿平台

伸缩夹头包括花键轴、轴套、转接接头、调节丝杠、调节螺母。通过旋转调节丝杠使调节螺母带动花键轴沿轴套做直线运动，从而实现转接接头的伸缩，满足不同尺寸舱段装配需求。

底座平台上有四组支撑机构用于平台本体的自调平及停放支撑，通过 Z 方向的微调，使车体达到水平要求，可通过电动和手动两种方式实现微调功能，平台结构采用焊接结构件。

（4）管路焊接调姿平台

针对部分卫星推进系统大多布置在承力筒内，总装空间狭小，总装难度大，管路焊接调姿转台可以满足卫星管路总装、焊接、热控实施阶段的停放、翻转、转运、总装操作等需求，实现卫星 0°～90°之间连续翻转，0°～360°之间连续回转（见图 8 - 31）。

图 8 - 31　管路焊接调姿平台

8.5.2　精密调姿系统

精密调姿系统是指能够精确实现航天器某一特定姿态的工艺装备。一般与精度测量系统集成，具备根据姿态要求自动驱动设备进行姿态调整功能。

航天器总装过程中应用精密调姿系统的代表是太阳翼自动对接系统和舱段自动对接系统，根据载荷对星体的姿态要求，自动对接系统能够自动驱动星体进行姿态调整。

（1）并联调姿平台及集成测量系统

并联调姿平台及集成测量系统由并联调姿平台和激光跟踪仪测量系统组成，激光跟踪仪的测量数据经过并联调姿平台控制集成系统分析、计算后直接驱动平台姿态调整，完成所需要的太阳翼对接姿态调整。

并联调姿平台可实现 6 个自由度的精确调整，基于并联调姿平台完成太阳翼安装时的星体调整，可实现星体俯仰、偏航、滚动三个指标的单独精确调整，不会发生姿态耦合。

并联调姿平台主要由动平台、静平台、电动缸 SPS 支链、工装适配器、控制柜及控制软件等组成，如图 8-32 所示。

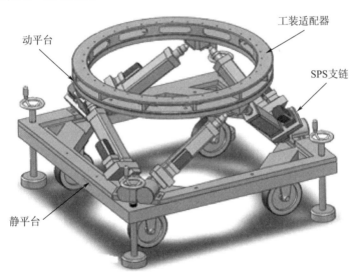

图 8-32　并联调姿平台

静平台是整个机构的机架，其下方布置脚轮和支撑结构，牵引装置安装至脚轮上可实现并联调姿平台的灵活移动，支撑结构可实现并联调姿平台的静态锁定；其上方提供 SPS 支链的连接接口，即虎克铰轴承座。SPS 支链采用电动缸形式，为并联调姿平台提供动力。动平台下方提供 SPS 支链另一端的连接接口，即球铰座；其上方提供工装适配器的接口；动平台上安装倾角传感器，可实现并联调姿平台的初始化调平工作，倾角传感器的精度可达 0.01°。工装适配器是并联调姿平台与卫星之间的转换接口，太阳翼对接工况中，不同型号对 SADA 中心距离地面的高度要求不同，工装适配器可实现星体高度的粗略匹配。

采用激光跟踪仪建立测量场，以模拟墙压紧座中心孔的姿态为目标姿态，星体移动至展开工位后，激光跟踪仪测量星体压紧座初始姿态，驱动并联调姿平台调节星体位姿，实现星体与太阳翼对接，太阳翼安装过程测量示意如图 8 - 33 所示，对接流程如图 8 - 34 所示。

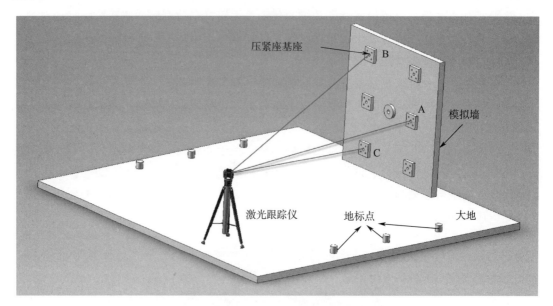

图 8 - 33　基于激光跟踪仪的太阳翼与星体对接图

激光跟踪仪建立测量场 $\{O_1 - X_1 Y_1 Z_1\}$，在模拟墙精调以后，使用激光跟踪仪测量压紧座基座中心孔的坐标，求出压紧座基座中心孔组成的坐标系 $\{O_2 - X_2 Y_2 Z_2\}$ 的位姿。

模拟墙移走前，使用激光跟踪仪标定测量场中的地标点，建立测量场坐标系 $\{O_1 - X_1 Y_1 Z_1\}$ 与大地坐标系 $\{O_0 - X_0 Y_0 Z_0\}$ 之间的关系（见图 8 - 35）。

再将星体推入到指定工位后，使用激光跟踪仪建立测量场 $\{O_1' - X_1' Y_1' Z_1'\}$，标定测量场中的地标点，建立测量场坐标系 $\{O_1' - X_1' Y_1' Z_1'\}$ 与大地坐标系 $\{O_0 - X_0 Y_0 Z_0\}$ 之间的关系（见图 8 - 36）。这样可以建立两次测量坐标系之间的相对位姿关系。

使用激光跟踪仪测量动平台上的靶标点和星体上对应的压紧座基座中心孔的坐标，得到压紧座基座中心孔坐标系 $\{O_2 - X_2 Y_2 Z_2\}$ 与动平台坐标系 $\{O_3 - X_3 Y_3 Z_3\}$ 的相对位姿关系。

计算动平台的初始位姿和目标位姿，并联调姿平台软件系统根据轨迹规划算法进行轨迹规划，从而控制并联调姿平台运动，实现星体位姿的变化。

复测卫星压紧座的姿态，判断是否满足对接姿态要求，如果不满足对接要求，并联调姿平台再次迭代需要调整的姿态，并完成姿态调整，最后完成星体与太阳翼的对接。

（2）三舱对接系统

大型卫星舱段自动化对接/分解系统，与传统的对接、分解方法相比，具有其独特的

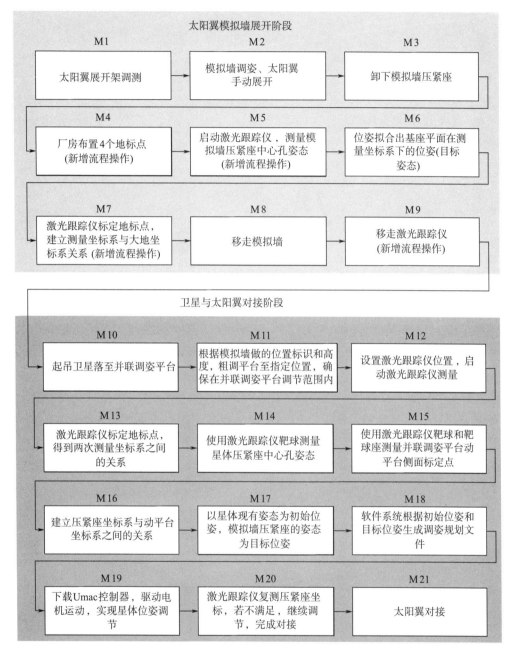

图 8-34　基于激光跟踪仪的太阳翼与星体对接流程

优势，针对不同型号的卫星，只需更换连接口即可快速、准确、安全地进行对接和分解，减少了吊装，降低了总装风险。

上舱段通过调姿平台转运至舱段对接系统下方，调节姿态与舱段对接系统连接，推进舱吊装至下方的调姿平台，三舱对接系统实现系统的自动对接，对接完毕后，吊装对接舱至其他总装工位，相比传统的人工三舱对接，增加一次整星吊装，但风险小很多。

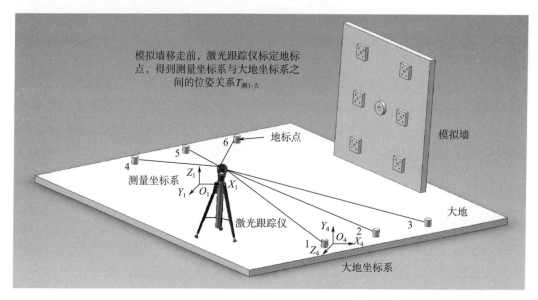

图 8 - 35　模拟墙移走前测量坐标系与大地坐标系之间的关系

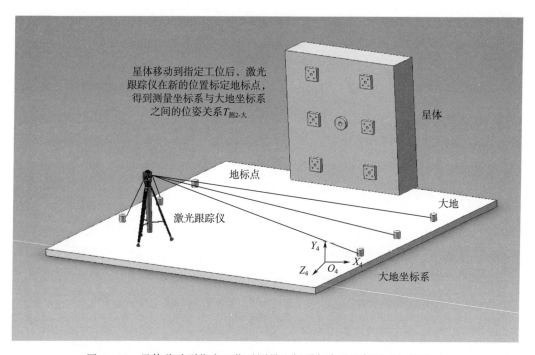

图 8 - 36　星体移动到指定工位后测量坐标系与大地坐标系之间的关系

对接/分解系统外形尺寸约 6 000 mm（L）×5 000 mm（W）×9 800 mm（H），整体质量约 10 t。对接/分解系统能实现通信舱水平两个方向 100 mm 的移动调整，绕 Z 轴 1°的偏差调整及竖直方向 3 000 mm 的升降调整，实现对接和分解的自动化。图 8 - 37 为通信舱和卫星本体对接、分解示意图。

图 8 - 37　通信舱和卫星本体对接、分解示意图

8.6　微重力展开系统

在航天器装配过程中常用的微重力展开系统有自动调节通用展开系统和气浮展开系统，自动调节通用展开系统是典型的悬吊法微重力展开装置，气浮系统是典型的气浮法微重力展开装置。

悬吊法主要是通过吊丝的垂直拉力来平衡飞行器自身重力，悬吊法因其具有结构简单，易于室内实现，试验时间不受限制，且可以模拟三维空间的低重力环境等各种优势，广泛用于空间可展机构、空间机械臂、着陆器和星球车的低重力实验以及航天员操作训练当中。

气浮法主要通过气悬浮的方法在光滑平台上将飞行器平托起来，即托举力与重力抵消来实现微重力模拟的一种方法，也是目前应用最广的方法之一。气浮法的优点是建造周期短，成本低，精度高，易于实现及维护。通过设计平板止推轴承的大小能够实现高达几吨的飞行器微重力模拟试验，且试验时间不受限制，通过更换接口部件即可实现重复利用，可靠性及鲁棒性高，适应性强，对飞行器的结构没有太多限制。

8.6.1　自动调节通用展开系统

自动调节通用展开系统是太阳翼部装、与星体对接和展开试验所使用的主要工装。目前航天器总装测试过程中，大多采用二维滚轮式悬挂系统的太阳翼展开架进行重力补偿，模拟空间零重力环境，现有展开架是采用桁杆和球头搭建而成的龙门式展开架，反复拆装和调测工作量较大，且展开架精度不易控制，因此会搭建一次后固定在原地，长时间占用场地资源。

　　大跨度可移动悬挂式通用展开架，可满足不同型号太阳翼的地面展开试验需求，具有技术指标高、提高厂房利用率、使用方便快捷等特点。

　　自动调节通用展开架由升降装置、天车、平台、控制系统组成。升降装置通过其铰接升降机构和刚接升降机构安装在天车上，天车可在横向轨道上做水平移动，运动速度小于3 m/min；在天车上装有固定式的起升机构，用以在平台安装或维护时起升降作用，同时，天车采用双梁式，封闭其底部使得天车围成一个作业平台；通过升降机构实现平台在高度上做升降运动；在右侧的升降机构上安装有2个精调机构，其功能是对平台的水平度进行高精度的调平；控制系统的功能是实现平台的升降运动、导轨的水平度调整控制和安全监控。

　　通用展开架闲置时停放在厂房，不影响厂房内其他设备正常工作；需要工作时，由同步驱动系统驱动横梁行驶至指定工作位置。通用展开架到位后，利用升降系统将展开架高度调整到工作高度，利用自动调水平系统将吊挂系统导轨安装面调水平，保证导轨系统的正常工作精度。

　　卫星通用展开架解决了现有展开架长期占用场地资源、精度调整复杂、无法满足不同平台太阳翼展开需求等问题，实现了展开架在规定位置可自由移动，高度在要求范围自动调整，精度自调节等功能，实现了太阳翼展开架的通用化、自动化。图 8-38 为自动调节通用展开系统。

图 8-38　自动调节通用展开系统

8.6.2　气浮展开系统

　　气浮系统是卫星载荷进行零重力模拟的重要设备之一。与展开架相互补充，满足型号需求。一般在卫星研制过程中，采用大型气浮平台微重力支撑环境完成 SAR 天线及太阳翼精密装星，具备支持双侧 SAR 天线同时装星和双侧太阳翼依次装星的功能，同时支持双侧太阳翼依次展开测试和双侧 SAR 天线同时展开测试。图 8-39 为气浮展开系统。

图 8-39　气浮展开系统

8.7　航天器装配辅助类装备

航天器装配辅助类装备主要包括架梯、操作平台、包带加载设备、高空探伸平台等。在航天器 AIT 过程中辅助操作人员进行操作使用。

8.7.1　架梯

辅助类工装典型代表为架梯，架梯是操作人员进行航天器不同高度总装操作的支撑平台。架梯根据材料不同分为两种，焊接式钢（铝）架梯和铝型材架梯。焊接式钢（铝）架梯可以实现其基本功能。铝型材架梯相对焊接式架梯具有系列化、模块化、组合化特点，且工业设计性强，在实际应用过程中逐步代替焊接式架梯（见图 8-40）。

（a）焊接式架梯　　　　　　　（b）铝型材架梯

图 8-40　焊接式架梯和铝型材架梯

8.7.2 高空探伸平台

随着航天器尺寸的不断增大，高空探伸工况逐渐成为总装工作中的一个难点和风险点。例如，在安装星体顶面的天线、相机、结构安装角条等部组件时，需要在 3~6 m 高度上，向星体内探入近 2~2.5 m 的距离，迫切需要具有专门功能的高空探伸平台。

高空探伸平台一般通过改造叉车实现，在叉车门架的货叉上增加可调节的操作平台。即高空探伸平台为"前移式叉车"与"操作平台"组合的方式，操作平台随门架货叉同步上升、下降以及侧移。操作平台自身可向前探伸。操作平台采用直流电驱动，通过电机推杆和导轨，控制平台的前移，满足探伸量 2.5 m 的需求。

操作平台主要结构部分包括固定平台、活动平台、前端挡板。固定平台与货叉套紧密连接成为一体。活动平台通过电推杆实现沿导轨方向的直线伸缩运动。前端挡板通过铰链实现收放。图 8-41 为高空探伸平台结构示意，图 8-42 为高空探伸操作示意。

图 8-41　高空探伸平台结构示意　　　　图 8-42　高空探伸操作示意

8.7.3 操作平台

航天器大型化的特点越来越明显，在型号研制过程中，为了便于总装和测试，需要围绕航天器搭建操作平台，一般为多层，每一层可以放置总装、电测设备，同时也作为操作人员活动的平台。比较典型的操作平台为神舟飞船和嫦娥五号的操作平台，进行一体化设计，兼顾整个 AIT 阶段的人员、工装、测试设备的停放，同时需要考虑照明、通风管路放置等需求，极大提高型号研制效率，降低操作难度和风险。

铝型材式的操作平台是一种广泛应用于高空作业的可方便拆卸的组装设备，其结构形式已趋于标准化，技术不断完善和成熟，具有结构稳定、强度可靠、重量小等优点。目前，铝型材式的操作平台采用型材搭建而成，型材之间通过角铝进行连接。平台由主体结构、脚轮、支撑结构组成，主体结构包含支撑竖杆、踏板支撑结构、踏板、护栏和斜梯。角铝的连接方式稳定可靠，其连接强度与铝型材自身的结构强度相当，可确保总装平台总体结构的承载要求。踏板支撑结构搭建完毕后，同样通过角铝连接方式实现与支撑竖杆的连接，形成总装平台的主体框架。在与支撑竖杆连接中，应确保安装精度，保证左右两部分总装平台的踏板支撑结构在同一水平面上（见图 8-43～图 8-46）。

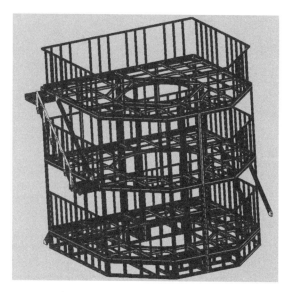

图 8-43 铝型材式操作平台示意图

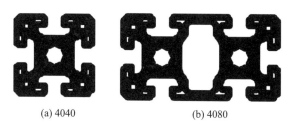

(a) 4040   (b) 4080

图 8-44 铝型材截面示意图

踏板采用厚度为 3～4 mm 的具有防滑效果的铝花纹板，直接安装于踏板支撑结构上，踏板的尺寸与踏板支撑结构的外包络保持一致，踏板支撑结构内侧圆弧和外侧边缘应设置凸台，可防止平台上的工具滑落和操作人员在平台内外层操作时滑出。

支撑竖杆和踏板支撑结构安装完毕后，在主体结构的外侧安装斜梯组件，总装平台层与层之间安装斜梯组件，斜梯组件的坡度以小于 60° 为宜，斜梯组件的承载力应大于 200 kg，护栏结构安装于踏板支撑结构上，护栏高度为 1 100 mm。主体结构搭建完毕后，在铝型材上加上扣条，可使总装平台更加美观。

总装操作平台的底部设置脚轮，脚轮均为万向脚轮，在厂房内能实现便捷移动和灵活转向，并带有刹车，脚轮选用无污染的无痕脚轮，同时底盘的外侧设置可调地脚，方便对其操作并进行静态锁定。

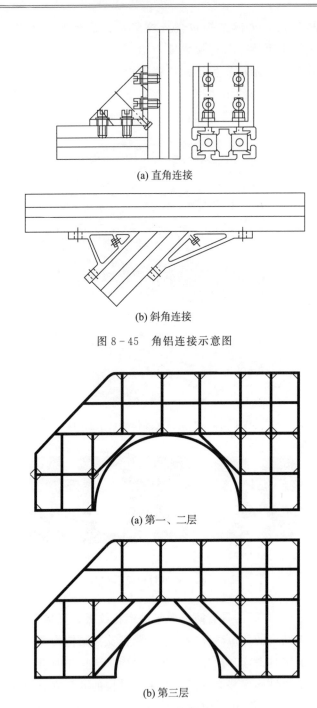

(a) 直角连接

(b) 斜角连接

图 8-45　角铝连接示意图

(a) 第一、二层

(b) 第三层

图 8-46　踏板支撑结构示意图

8.7.4　包带加载装置

包带加载装置（见图 8-47）是进行星箭解锁装置预紧力加载的关键设备，通常预紧力要求加载到 30 000～50 000 N，加载力比较大，人工加载方式难以实现，加载装置解决了人工加载风险大的问题，通过自动化设备进行液压加载和各个加载回路的流量、加载力控制，实现预紧力的高精度加载，彻底解决星箭解锁装置加载过程中均匀性控制难度大、效率低的特点。

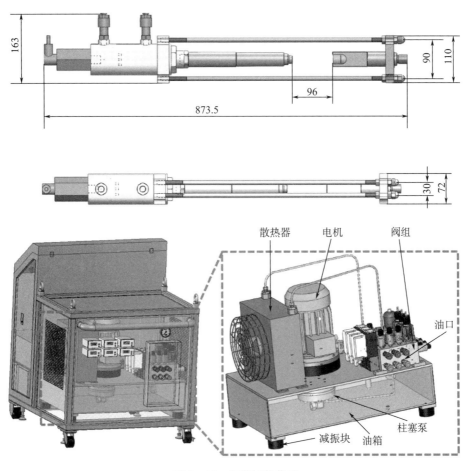

散热器　电机　阀组

油口

柱塞泵
减振块　油箱

图 8 - 47　包带加载装置

8.8　小结

近年来，逐步突破了多种工艺装备关键技术，陆续研制和应用自动水平调节吊具、六自由度调姿平台、三轴转台、自动转运平台、调姿平台等功能集成自动化程度较高的工艺装备，解决航天器研制过程中调姿、转运、对接分解等技术难题。未来瞄准工艺装备通用化、自动化的目标，建设基于核心工装的自动化装配生产单元，围绕调姿平台构建舱段自动化总装单元、围绕三轴转台构建整星自动化总装单元、围绕六自由度并联调姿平台和自动水平吊具等构建大型舱段对接分解装配单元等，形成面向卫星装配的先进工艺装备群和自动化装配单元。

参 考 文 献

［1］ 谭维炽，胡金刚. 航天器系统工程 ［M］. 北京：中国科学技术出版社，2009.

［2］ 孙刚，刘广通. 航天器总装过程中基于并联机器人的太阳翼数字化对接技术 ［J］. 北京：航空制
造技术，2015.

［3］ 邹胜宇. 悬吊式零重力模拟系统的水平位置随动技术研究 ［D］. 哈尔滨：哈尔滨工业大
学，2014.

［4］ 齐乃明. 空间微重力环境地面模拟试验方法综述 ［J］. 北京：航天控制，2011.

第9章　航天器总装过程环境控制技术

9.1　引言

航天器在研制、发射、入轨、返回过程要经历4个阶段的环境，即地面环境、发射环境、空间环境、返回环境。这些环境会对航天器的正常运行产生重要影响。航天器地面环境即航天器研制过程环境，地面环境控制对确保航天器在轨功能及性能有着重要作用，地面环境控制不当可能造成航天器潜在损伤，从而影响航天器在轨作业。航天器地面环境控制按产品实现阶段划分一般可分为单机产品生产过程环境控制及航天器产品总装过程环境控制。总装是航天器研制的最终环节，总装时间一般约占航天器整个研制周期的30%～50%，总装过程的环境控制至关重要。

总装过程环境控制按控制内容划分一般可分为温湿度控制、洁净度控制、微生物控制、静电防护、多余物防护及盐雾防护等方面，这些方面如有控制不当，超出航天器可承受范围，可引发航天器产品损伤或在轨失效。

总装过程环境湿度过高容易造成湿度敏感设备吸湿或是结露导致可靠性下降，影响性能及寿命，湿度过低又容易引发静电放电，损伤产品；洁净度超标可造成航天器表面多层组件或OSR（光学二次表面镜）片污染，影响整星热性能，亦可造成航天器内多余物，引发故障或失效；静电防护不到位可引起静电放电（ESD），形成高电压，强电场，致使电子设备失灵或损坏，静电放电引发的瞬时大电流可引燃引爆易燃、易爆气体混合物或电火工品，造成意外燃烧、爆炸事故，静电场的库仑力作用使仪器设备不能正常工作，静电放电的电磁辐射或静电放电电磁脉冲对电子设备造成的电磁干扰可引发事故；文昌发射场及海上运输的高温、高湿、高盐雾环境可造成金属部件腐蚀，引发故障，如发现不及时未能采取相应防护措施，容易造成航天器产品损伤；载人航天器中微生物超标不仅对在轨航天器正常运行造成影响，而且会严重威胁航天员的健康。

本章结合航天器研制实际工程经验，重点对上述总装环境控制几方面内容的重要性、控制原理及控制措施进行阐述。

9.2　航天器总装环境温湿度控制

9.2.1　整星总装大厅环境温湿度控制

我国国家军用标准《卫星总装通用规范》，航天器总装环境温度要求20℃±5℃，相对湿度：30%≤RH≤60%。一方面总装环境湿度过大，使得某些湿度敏感设备可靠性下降，且容易在设备表面产生结露现象；另一方面总装环境湿度过小，容易在操作过程产生静电荷累积，造成静电放电损伤产品。

目前，整星总装大厅利用暖气及空调设备进行内部环境温度、相对湿度、洁净度参数的调节控制，用以保证型号产品在总装、测试、试验过程中的环境要求。空调设备主要包括表面换热器、离心风机、空气过滤器、加湿器、除湿机、辅助电加热器、冷热源电控阀、传感器、温度计、电控风阀、凝结水回水器、分/集水器、阀门等。通过暖气及空调设备将温湿度控制在目标范围内，并实时进行检测，对局部不满足要求的环境进行处理，确保处于合格范围内。

对某总装大厅一年期环境参数进行统计分析可知，全年最低温度 18.3 ℃，最高温度 23.6 ℃，平均温度 20.9 ℃，全年最低相对湿度 30.3%，最高相对湿度 59.7%，平均相对湿度 46.6%，全年满足卫星总装厂房环境温湿度要求。2010 年 10 月至 2011 年 9 月某卫星总装厂房总装大厅环境温湿度参数统计见表 9 - 1，环境温湿度参数变化曲线如图 9 - 1 所示。

表 9 - 1　某总装大厅环境温湿度参数统计表

月温湿度统计表

月份	温度/℃			相对湿度		
	月均温度	月最低温度	月最高温度	月均湿度 RH/（%）	月最低湿度 RH/（%）	月最大湿度 RH/（%）
10	20.7	19.7	22.3	43.5	30.5	54.0
11	22.4	21.4	23.6	47.3	41.8	49.3
12	20.5	19.2	21.7	43.6	37.9	49.6
1	20.1	18.3	22.7	42.4	34.2	46.5
2	22.1	20.8	23.5	45.9	42.1	49.9
3	20.8	19.1	23.7	39.3	30.3	48.2
4	21.1	19.6	22.5	47.8	35.7	55.0
5	20.6	18.9	23.2	42.8	31.9	59.1
6	20.6	19.2	22.3	51.3	40.4	58.7
7	21.0	19.5	22.3	54.1	49.6	59.7
8	21.0	19.7	22.5	52.6	49.3	55.9
9	20.4	19.1	23.1	49.2	34.4	56.6

年度温湿度统计表

温度/℃			相对湿度		
年度平均温度	全年最低温度	全年最高温度	平均湿度 RH/（%）	全年最低湿度 RH/（%）	全年最高湿度 RH/（%）
20.9	18.3	23.6	46.6	30.3	59.7

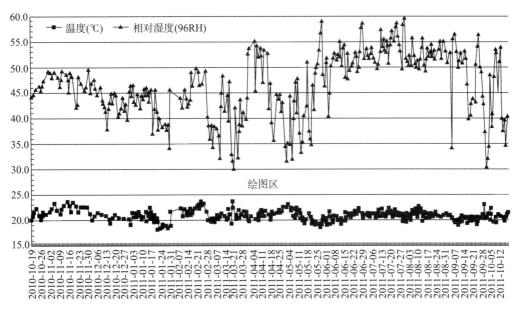

图 9-1　某卫星总装大厅环境温湿度参数曲线图

9.2.2　湿度敏感设备局部环境温湿度特殊控制

　　某些湿度敏感单机为了保证其高可靠、长寿命的工作性能，对在地面存储及工作环境的湿度提出了特殊要求，如某敏感器扫描轴系有二硫化钼镀层，二硫化钼易吸湿，为了保证十年以上长寿命，提高可靠性，提出对该敏感器地面存储和工作环境相对湿度范围不大于 50% 的要求，其地面储存及工作环境温湿度要求如表 9-2 所示。

表 9-2　某敏感器地面存储及工作环境温湿度要求

设备名称	温度要求		湿度要求	
	地面工作温度	地面存储温度	地面工作湿度	地面储存湿度
敏感器	壳温≤40℃	壳温≤40℃	RH≤50%	RH≤50%

　　总装大厅不能满足此类特殊设备的湿度要求，因而需对该类设备周围局部空间进行相对湿度控制，确保其处于合格环境中。在总装过程中曾采用干燥剂或干燥高纯氮气对敏感器周围环境进行局部吸湿，但因此种方法对局部环境相对湿度无法量化、不易精确控制等原因，现在单机局部温湿度控制中已极少采用，目前被广泛采用的是通过对设备本体进行加温以提高周围局部空间相对湿度的方法。

　　（1）加温进行相对湿度控制原理

　　根据湿空气工程热力学原理，湿空气的相对湿度为湿空气含湿量与饱和湿度的比值。一定压力下，密闭空间内湿空气的含湿量不变，要保证局部区域相对湿度低于某一值，可以通过增大该区域的饱和湿度来实现。由于湿空气的饱和湿度随着局部温度的升高而增大。因而，可以通过对湿空气进行加温来增加饱和湿度，从而降低相对湿度。这就是通过提高温度降低湿空气相对湿度的原理，也是工业上常采用高温干燥介质之故。

　　由于 AIT 大厅环境温度范围为 20 ℃±5 ℃，相对湿度 30％～60％，且对于某一时刻，总装大厅可近似为密闭空间，环境中的空气和水蒸气含量为定值。在此考虑最恶劣情况，在标准大气压下，总装大厅内温度 25 ℃，相对湿度为 60％上限，由图 9-2 标准大气压下湿空气焓湿图可知，此时对应的湿空气状态如 A 点所示，当对湿空气进行加温时，空气的含湿量不变，湿空气状态沿着恒定含湿量曲线竖直向上攀升，当相对湿度达到 50％与 30％时，湿空气状态分别如图中 B 点和 C 点所示，由图可知，对应的湿空气温度分别为 28.0 ℃和 37.2 ℃。

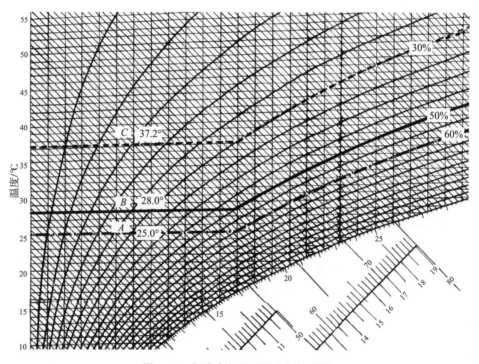

图 9-2　标准大气压下湿空气焓湿图

　　以上述敏感器为例，由以上分析可知，若将其局部相对湿度控制在 50％，需将其加温至 28 ℃；若将局部相对湿度控制在 30％，需要将其加温至 37.2 ℃。因而，若保持其周围局部相对湿度为 30％～50％，需要将其局部温度控制到［28 ℃，37.2 ℃］区间。

　　另外，由于总装厂房内环境相对湿度满足高于 30％要求，只要敏感器的相对湿度低于50％即可，不必要通过加温将相对湿度降至 30％，因而，取其温度下限同时考虑温度测量与控制误差，将温度的控制范围留有一定安全裕度，即可以满足该类型敏感器对相对湿度的要求。同时，该温度范围满足敏感器单机产品提出的加温状态下单机壳温不大于 40 ℃的要求。

　　（2）对单机加温进行相对湿度控制方案

　　根据以上分析结果，通过对单机本体粘贴加热片形成控温加热器，单机装星后，将控温加热器通过线缆与地面温度控制系统连接，通过地面温度控制系统来控制加热器的开关状态，对敏感器进行加温控制，以此来提高单机周围空气饱和湿度，从而降低单机周围环境的相对湿度。如果一颗卫星配置多台湿度敏感设备，或是多星并行总装情况，可通过一台地面控制系统对多台敏感设备同时进行温度控制，节省资源配置。

①湿度敏感设备产品端相对湿度控制方案设计

针对以上情况以及单机产品自身特性，在敏感器上粘贴适当功率控温加热器进行温度控制。同时，为了实时采集敏感器上温度进行温度控制，每个敏感器需要至少 1 枚灵敏度不低于 0.5 ℃的热敏电阻作为测温点，如图 9-3 所示。另外从产品安全角度考虑，为防止热敏电阻失效造成持续加温对敏感器性能产生不良影响，建议每台敏感器采用 2 枚热敏电阻作为测温点，当 2 个测温点温差过大时，地面温度控制系统自动报警。

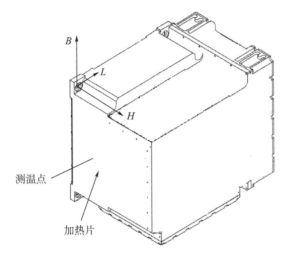

图 9-3　某敏感器湿度控制加热器及测温点粘贴位置示意

②地面相对湿度控制系统方案

地面相对湿度控制系统原理如图 9-4 所示，由地面计算机、控温系统、电源、温湿度测量装置、报警装置等组成。该控制系统使用自带传感器实时采集航天器总装大厅环境温、湿度数值，通过计算机计算得出此时星上产品需要控制的温度目标值，发送给控温系统。控温系统接收计算机发送的温度控制目标值，并与所接收来自产品上温度传感器（热敏电阻）的信号进行比较，得出温度控制目标，输出控制指令给相应的控温回路，分别控制各加热回路的通/断。

同时，地面计算机具备重要参数信息（时刻、温控系统自检状态信息、控温目标值、加热回路与热敏电阻对应关系、加热回路通断状态、当前温度值等）的存储功能；屏幕具有正在使用加热器代号、当前温度值和对应的目标温度值、当前湿度值和对应的目标湿度值等信息的实时显示功能。地面计算机和控温系统同时还具备温度超限、断路、短路等报警功能。

（3）加温进行相对湿度控制总装实施方法

在敏感器上星前完成加热片的粘贴工作，加热片的膜、电源、加热丝都要与产品壳体

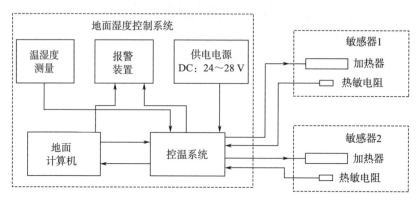

图 9 - 4　地面相对湿度控制系统设计原理图

绝缘；敏感器上星后，加热片甩线连接地面温度控制系统，自动进行温度控制。在后续的总装及测试过程中，除卫星进入真空罐及卫星包装箱外，始终连接地面温度控制系统。在发射场技术区卫星在进入卫星容器（或整流罩）前总装阶段断开与地面控制系统的连接，剪断加热器线缆进行接地实施，星上剩余部分线缆及加热片随敏感器飞行。卫星进入整流罩至发射阶段，敏感器湿度随罩内环境波动，湿度较难保证，可能会超出 50%，可以通过向整流罩内不间断充入高纯干燥氮气的方法进行控制。

9.3　航天器总装环境洁净度控制

空气洁净度是指空气环境中空气所含尘埃量多少的程度。在一般情况下，是指单位体积空气中所含大于等于某一粒径粒子的数量。我国国家军用标准《卫星总装通用规范》要求，航天器总装厂房洁净度为 100 000 级，管路焊接间洁净度为 10 000 级。空气洁净度等级含义如表 9 - 3 所示。

表 9 - 3　空气洁净度（悬浮颗粒物浓度）等级

空气洁净度等级	颗粒物尺寸/μm				
	0.1	0.2	0.3	0.5	5.0
	单位体积空气中的最大颗粒物数				
10 000	—	—	—	10 000×35	70×35
100 000				100 000×35	700×35

注：表中的乘积数为每立方米空气中的最大悬浮颗粒物数，"×"前面的数字为每 0.028 m³（1 立方英尺）空气中的对应数。

9.3.1　总装环境洁净度控制的重要性

当环境中的分子或颗粒物沉降航天器上时将对其产生污染，尤其是沉降在光学敏感器或光学载荷表面将使其性能衰变，甚至失效，造成飞行失败。美国在没有建立有效的污染控制体系之前发生过二十多次污染事故，造成卫星飞行任务未能按计划完成。国内外航天器曾多次发生过因污染造成失效的案例。

1）阿特兰蒂斯号航天飞机搭载的 ALPHA 仪器因污染沉积提前 40 天失效。

2）HTRS/Sunlab 卫星因污染累积造成 120～160 nm 波段探测信号完全丧失。

3）某卫星的红外地球敏感器，尽管在总装过程中盖上了红色保护套，但是经过总装过程后其通光窗口表面上积累了大量的颗粒污染。

4）某卫星的 OSR 热控表面在总装过程中造成颗粒污染，研制人员使用脱脂纱布对其进行擦拭，造成部分 OSR 表面固化了少量的分子污染物（处于非可见量级），造成表面分子化学键的变化，增强了对分子污染的易感性，使得随后的真空热试验中大量吸附分子污染物，大面积的 OSR 遭受污染。

20 世纪 90 年代后期，随着美国对航天器研制地面环境洁净度控制的投入，使得因污染造成的卫星失效基本消除。近年来美国、日本、欧空局等的科研部门大力深入开展污染测试与防护技术的研究工作。特别是航天器总装环境，它是卫星污染防护最主要的阶段，在这个阶段实现有效的污染防护，不仅能够避免在总装过程中产生新增的污染，而且还能清除零部件制造过程产生的污染，减少卫星研制全过程总的污染，降低卫星飞行阶段污染造成的危害，保障长寿命卫星飞行任务的完成。

9.3.2　总装环境洁净度控制原理

航天器总装厂房内污染源主要为以下几类：

1）与外界空气交换进入的带有尘埃的新风；

2）外来进入厂房的人员、设备、材料等携带的尘埃及碎屑；

3）航天器上产品、地面设备、辅助材料等的挥发和放气；

4）人员在厂房内作业产生的废气、尘埃及碎屑；

5）洁净间墙面、地面及基础设施污染物挥发和放气。

航天器总装过程污染传输途径主要是空气扰动、扩散传播、人员活动及产品传递。对于总装厂房内空气洁净度的控制主要针对厂房内污染产生的源头进行分类管控，控制原理为：消除污染源、阻断污染传输通道以及消除已经产生的污染。

9.3.3　总装环境洁净度控制措施

（1）厂房空气净化处理

航天器总装厂房洁净度控制主要通过空调系统进行。空调系统承担分布在各个建筑内的洁净室、电测间等内部环境温度、相对湿度、洁净度参数的调节控制。其主要目的是保证型号产品在总装、测试、试验过程中的环境要求。新风通过新风口进入空调箱内混合初效段，与来自室内的一次回风进行混合，经过初效空气过滤器，对混合风进行初次过滤。随后，进入表冷段，与空气冷却器换热，对混合风进行降温去湿。然后，与来自室内的二次回风再次混合，其主要作用对混合风进行升温，达到节能目的。再直接进入加热段、加湿段，对空气进行升温加湿处理，然后经过风机段，被送至中效空气过滤器、高效空气过滤器对空气中的尘埃颗粒进行净化过滤，使空气达到洁净度要求，通过送风管道，输送到受控区域。

（2）进入厂房人员、设备、材料管理

进入总装厂房的人员、设备、材料物资等均需要进行除尘处理。进入总装大厅的人员必须按规定着装，穿着洁净的工作衣、帽、鞋，不能携带与工作无关的物品，最大限度减少多余物的产生，进入总装大厅时必须按规定经风淋通道进行风淋除尘；产品、设备、材料等物资在进入总装大厅之前要进行彻底清洁，并经风淋通道进入。

（3）厂房内作业管理

根据厂房的控制能力，严格控制进入洁净室的操作人员数；每天工作开始前，要对厂房地面进行清洁除尘；航天器总装过程中不允许直接使用毛毡等易产生碎屑的材料，如有特殊情况必须使用该类材料，需要进行包覆等防护处理，不能在使用过程中产生碎屑影响环境的洁净度，甚至造成多余物；在总装厂房内尽量不要进行机械切削、焊接等可能产生污染的作业，如果必须进行该类作业，需要使用真空吸尘器等除尘手段，对作业过程产生的碎屑进行收集处理，避免直接进入周围环境造成污染；对于作业过程中产生的废弃物，不能随意丢弃，要严格按照规定在指定地点进行收集处理，避免进入环境影响洁净度。

9.4　航天器总装过程防静电控制

国家标准 GBT4365 — 2003 中定义静电放电是具有不同静电电位的物体互相靠近或直接接触引起的电荷转移，一般用 ESD（electrostatic discharge）表示。静电放电是普遍存在的电磁兼容问题，它可引起电子设备失灵或使其损坏。静电放电引发的瞬时大电流可引燃引爆易燃、易爆气体混合物或电火工品，造成意外燃烧、爆炸事故，静电放电的电磁辐射或静电放电电磁脉冲对电子设备造成的电磁干扰可引发各种事故。

9.4.1　总装过程防静电的重要性

ESD 会导致电子设备严重损坏或操作失常。ESD 两种主要的破坏机制是：由 ESD 电流产生热量导致设备的热失效；由 ESD 感应出过高电压导致绝缘击穿。两种破坏可能在一个物体中同时发生，例如，绝缘击穿可能激发大的电流，这又进一步导致热失效。

随着空间技术的不断发展，航天器用电子系统越来越复杂，采用的静电敏感器件越来越多，使得静电的危害越来越突出。航天器产品的总装周期一般较长（一般为 $12\sim18$ 个月），在这个过程中，航天产品需要经历多种环境和工作条件，例如仪器总装与测试、力学试验、热真空试验、空运、公路长途运输、操作者高空作业、卫星加注后的总装作业等，无论是所处的净化条件、设施状况，还是器上的操作人员都会存在较大的差异。在这些工况下操作者的星上操作都有可能产生高达几千伏的静电电压，一旦静电的防护和引导措施达不到应有的效果，形成的高压静电场不仅会造成星上静电敏感仪器损伤，还会带来可怕的产品安全隐患。长寿命通信卫星拥有数十台静电敏感仪器，星上的静电场状况对产品的性能和寿命会产生直接的影响。国内外航空航天领域曾多次发生过因静电造成产品损失或发射失败的案例。

1）1967 年 7 月 29 日，美国 Forrestal 航空母舰上发生严重事故，一架 A4 飞机上的导弹突然点火，造成 7 200 万美元的损失，并有 134 人受伤。经事故调查，原因为导弹屏蔽接头不合格，静电突然放电引起点火。

2）1971 年 11 月 5 日，欧罗尼 II 火箭在发射时姿态失控，发射失败。经事故调查，原因为发射时静电放电导致火箭计算机停止工作，致使发射失败。

3）20 世纪 80 年代，工程技术人员对 F15 战斗机进行维护保养时，由于燃料系统接地不正确，人体静电放电致使整个飞机发生爆炸，造成巨大的损失。

4）20 世纪 90 年代中期，某所某实验室在组装我国风云二号卫星电子摄像系统时，发现两套昂贵的进口光电耦合器件全部失效。经现场检验和评估，人体服装静电电压高达 3 000 V 以上，人体静电放电导致该静电敏感电子组件全部失效。

5）某歼六飞机在空中特殊科目训练完毕后，牵引车上去挂牵，刚开始牵引即发生油箱爆炸，造成火灾，事后调查认为静电放电是引发油箱爆炸的主因。

6）2009 年 4 月 7 日，某所在对高分辨相机电子学联调前的单板调试过程中，对视频处理板按例检查和静电（不通电情况下）关键点特征阻抗检测时，发现主份 1 视频板的 MAX883 稳压器输出端对电源回线阻抗异常。经事故调查，原因为单板调试过程中静电防护措施失效导致信号处理芯片失效。

不同物质的接触、分离或相互摩擦，都可产生静电。例如在生产过程中的挤压、切割、搬运、搅拌和过滤以及人员的行走、起立、脱衣服等，都会产生静电。我们的身上和周围就带有很高的静电电压，几千伏甚至几万伏。这些静电可致静电敏感元件（ESDS）部分功能失效，甚至完全毁坏。航天器总装周期较长、涉及的操作项目多，产生静电环节多，因而总装过程静电放电防护对确保航天器的总装质量安全有着重要的意义。在总装过程加强防静电措施、减小静电放电危害、提高电子产品的可靠性已成为研制长寿命、高可靠卫星的重要保障之一。

9.4.2　总装过程防静电原理

在航天器总装过程中，总装环境（温度、湿度）、总装工装、操作者等，都是产生静电的因素。

静电是物体所带相对静止不动单极性的电荷。静电产生的方式很多，有接触、摩擦、冲流、冷冻、电解、电压、温差等方式，静电起电机理一般分为接触、分离、摩擦三个过程，在此过程中引起电荷转移，正负极性的电荷分别积累在两个物体上而形成。静电源与其他物体接触时，依据电荷中和的原则，存在着电荷流动，传送足够的电量以抵消电压。在高速电量的传送过程中，将产生潜在的破坏电压、电流以及电磁场，严重时将物体击毁。这就是静电放电。

静电放电有如下特点：

1）电压高，可达几百伏，甚至几万伏；

2）瞬时电流大，可达几安培，甚至几十安培；

3）时间短，静电放电时间为纳秒级，一般小于 20 ns，有的甚至在 1ns 以下；

4）能量低，一般为几十微焦到几百微焦；

5）电磁脉冲强，一般带宽超过 1 GHz。

静电放电的危害主要有以下几方面：

1）静电放电导致电子元器件损伤或失效；

2）静电放电产生电磁干扰；

3）静电放电形成静电电场吸附尘埃；

4）静电放电引爆易燃、易爆气体。

静电放电非常普遍，产生的危害具有隐蔽性，不容易被人察觉，且损伤具有潜在性，大部分时候受静电损伤的器件没有完全失效，仍具原有功能，参数发生退化但不明显，难以通过检测手段发现，留下了安全隐患。因而，防静电的工作核心在于预防，对静电产生的控制。

总装过程主要静电产生源：

1）人体的活动，人与衣服、鞋、袜等物体之间的摩擦、接触和分离等产生的静电是电子产品制造中主要静电源之一。人体静电是导致器件击穿损害的主要原因。

2）人体静电感应起电，人体是静电导体，当带电的对象靠近不带电的人体时，由于静电感应现象，人体出现电量相等符号相反的感应电荷。

3）化纤或棉制工作服与工作台面、坐椅摩擦时，可在服装表面产生静电电压，并使人体带电。

4）橡胶或塑料鞋底与地面摩擦时产生静电，并使人体带电。

5）用各种塑料和聚氨酯、树脂等高分子材料制作的包装、料盒、周转箱、PCB 架等都可能因摩擦、冲击产生静电电压，对敏感器件放电。

6）普通工作台面，受到摩擦产生静电。

7）电子生产设备和工具方面：例如电烙铁、调试和检测设备等内的高压变压器、交/直流电路都会在设备上感应出静电。如果设备静电泄放措施不好，都会引起敏感器件在制造过程中失效。烘箱内热空气循环流动与箱体摩擦、低温箱冷却箱内的蒸汽流动摩擦均可产生大量的静电荷。

8）空调气流出口和回风口因空气流动产生的静电。

总装过程防静电控制一方面针对静电产生原因从源头入手控制静电电荷产生，另一方面是对于不可避免的作业产生的静电电荷要建立有效静电释放通道，避免电荷累积造成静电放电给产品带来潜在损伤。

9.4.3　总装过程防静电控制措施

9.4.3.1　总装地面机械支持设备防静电控制措施

航天器总装用地面机械支持设备均直接与航天器接触或可通过人体、其他设备等连成通路间接与航天器接触，因而在设计及使用过程中，均要考虑对于静电放电的防护措施。地面机械支持设备的种类和用途不同，对于防静电的控制措施也不同。

1）总装支架车类。支架车（含航天器、舱段、大部件支架车）车体应设计有专用接地桩，在使用过程中通过接地线与大地连接建立静电释放通道；对于外部电源供电的支架车应通过保护地接地，与航天器对接的部位应采取绝缘措施；停放、转运装有电性能产品的舱板或舱段的支架应设置专用接地点，在舱板停放过程中，支架车应始终与信号地可靠连接，确保静电释放通道畅通。

2）产品包装箱类。在航天器整器或舱段包装箱内、外应分别设置专门的接地点，且接地点之间阻值应不大于 1 Ω，在使用过程中，确保正确连接接地线，用以释放静电。

3）总装架梯类。总装架梯类工艺装备是人员操作的辅助支撑装置，在使用过程中不直接与航天器接触，但在人员进行操作的过程中，会通过人员与航天器建立连接，因而，也必须进行防静电设计。主要措施为与人员接触的表面不喷涂绝缘漆或铺设绝缘材料，防止使用过程中因摩擦产生静电荷累积。

4）液压升降车。液压升降车也是人员操作的辅助支撑装置，在使用过程中不直接与航天器接触，但会通过人体与航天器建立连接，因而，也必须采取防静电措施，升降车斗内要铺设防静电垫，且防静电垫、升降车的金属扶手均要可靠接地，形成有效的静电泄放通道。

9.4.3.2　静电敏感设备的防静电措施

1）静电放电敏感（Electrostatic Discharge Sensitive，ESDS）设备，要有静电放电敏感度等级标识。静电放电敏感度是以能够耐受的最大静电放电电压值来表示的。电子器件和设备的静放电敏感度的确定和分级主要依据试验所采用的模型。我国国军标 GJB548B—2005《微电子器件试验方法和程序》采用美国标准化协会 ESD 协会标准 ANSI/ESD STM5.1—2001《静电放电敏感度测试》中关于人体模型（Human Body Model，HBM）敏感度分级方法，共分为 7 级，如表 9-4 所示。

表 9-4　HBM ESD 敏感元器件敏感度分级（STM5.1—2001）

等级	电压范围/V
0	＜250
1A	250～500
1B	500～1 000
1C	1 000～2 000
2	2 000～4 000

续表

等级	电压范围/V
3A	4 000～8 000
3B	＞8 000

2）静电放电敏感设备交付时要至于防静电包装内，设备上电连接器应用防静电材料保护。

3）转运静电放电敏感设备应使用防静电周转车（箱）。

4）总装过程静电放电敏感设备的处置，要在防静电工作区（Electrostatic Discharge Protected Area，EPA）内进行。EPA 需配置静电防护物资，包括标识，防静电地面，防静电工作台，防静电储存架/柜，防静电椅子，防静电移动设备（小车），防静电包装，防静电服、帽，防静电鞋，防静电手套、指套，防静电腕带，防静电工具等。

5）操作人员应按规定着装和佩戴防静电腕带等静电泄放装置。

6）静电放电敏感设备安装时，先将设备的接地线与舱体接地点连接，再将设备安装到位；拆除时先将产品紧固件拆除，然后再拆除接地线与舱体接地点之间连接。

在相对湿度 14.6%，温度 20.2 ℃ 总装环境下测试时，操作人员按规定着装及操作，在对仪器拆包装箱及安装的过程中，产生的静电电压最高值均低于 160 V，满足 0 级 HBM ESD 敏感度要求，测量结果如图 9-5、图 9-6 所示，其中拆包装箱产生的电压最高为 160 V，在正样设备安装过程中，静电电压比较低，所有测量静电电压均低于 60 V。

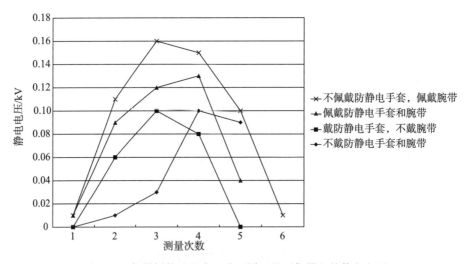

图 9-5　仪器拆箱过程中 4 种不同工况下仪器上的静电电压

9.4.3.3　整器的防静电措施

在航天器总装过程中，应从产品验收交付开始至交付发射全过程考虑静电防护，通用要求如下：

1）航天器总装、测试等各阶段均应在防静电工作区内进行；

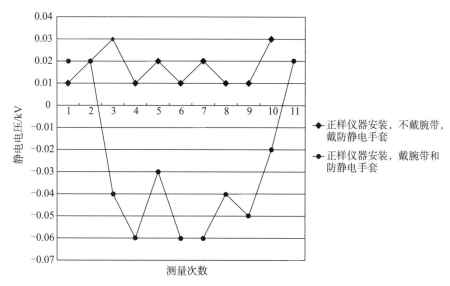

图 9-6　仪器安装过程中 2 种工况下设备的静电电压

2）航天器整星总装和各舱段总装过程中整星和舱段需要采用接地线与总装大厅舱壳接地点接地；

3）ESDS 产品的插座上应有专用防静电保护盖，防静电保护盖与产品一一对应，在整星总装、测试过程中，不得与其他保护盖混用；

4）大功率、不易受干扰工装设备以及外壳是悬空的工装设备（如两轴转台）应接保护地；

5）地面测试设备中易受干扰的设备、弱电设备或与航天器有地线连接的设备应接信号地。

6）若航天器上已经安装有 ESDS 产品，操作静电不敏感的产品时，需要按照静电防护要求进行操作，注意对其他 ESDS 产品的防护。

7）电缆进入防静电工作区时应当使用防静电转运箱；未插接的电连接器应用防静电材料保护；电连接器临时固定需使用防静电材料。

8）安装热控材料时，操作人员应佩防静电手套。包覆 ESDS 产品热控材料时，操作人员应佩戴静电释放腕带。

9）星（船）衣内衬应为静电耗散类材料或包覆静电耗散类材料；星（船）衣安装（拆除）时，应将星（船）衣从航天器上方缓慢贴合（剥离）航天器表面，禁止猛力拖拽星（船）衣，使星（船）衣与产品快速摩擦。

10）航天器在进行吊装过程中，吊车吊钩与吊具之间应绝缘处理，航天器应保持接地线时刻接地；更换接地点时，接地线应保持与防静电地面时刻接触。

11）航天器转运过程中，接地线应保持与大地时刻接触，形成静电释放通路。

12）航天器在存储期间，整星需要有良好的接地措施，存储环境要有良好的静电屏蔽，未插接的电连接器需用防静电材料包覆。

13）航天器产品运输时，航天器产品与包装容器可靠接地，包装容器与运输工具可靠接地；载有航天器产品的公路运输车在行驶过程中应有可靠的接地。

14）质量特性测试过程中，为了不影响测试结果，航天器一般不直接通过接地线接地，但需要将测试台可靠接地。

15）航天器密封产品进行漏率测试过程中，航天器应保持接地，漏率测试设备也应与大厅保护地可靠连接。

16）真空热试验期间，航天器应与热试验容器内设置的接地装置可靠连接。

17）力学试验测试过程中，为了不影响测试结果，航天器一般不直接通过接地线接地，但需要将测试台可靠接地。

18）推进剂加注过程中，航天器应通过接地线可靠接地，加注间的电气设备应全部采用防爆型。

19）航天器起吊上塔架时必须有专用的接地线与塔架接地。

20）星箭对接过程，航天器与运载火箭之间的搭接阻值满足要求。

9.5　航天器总装过程多余物控制

9.5.1　航天器多余物控制的重要性

航天产品多余物为产品中存在的由外部进入或内部产生的与产品规定状态无关的一切物质。对于航天器的总装来说，在总装交验时带有不符合设计技术条件规定的物质均称为多余物。

航天器生产过程工艺复杂、技术状态要求严格，稍有疏忽，就会在总装生产过程中产生多余物。带有多余物出厂的产品就带有随机性的重大质量事故隐患，导致产品的使用可靠性降低甚至在轨失效。如多余物可造成推进系统阀体堵塞引起在轨故障，也可造成推力系统密封性能不达标引起推进剂泄漏进而影响正星寿命，可造成电子产品短路进而引起单机故障甚至在轨失效，活动部件多余物可导致关键机电产品的性能下降或活动部件卡滞失效，引起电源短路，对整星运行安全带来极大风险。国内外航天器曾多次发生过因多余物造成发射失败或功能失效的案例。

1）1999 年 7 月 5 日和 10 月 27 日质子号火箭两次发射事故。

2）1992 年 12 月，哥伦比亚号航天飞机的一台助推器连续两次发生泄漏事故。

3）1992 年 3 月我国长征二号捆绑运载火箭发射澳星失败。

4）1991 年 4 月，发射日星的美国宇宙神-半人马座火箭在空中炸毁。

5）1990 年 2 月，阿丽亚娜 4 号火箭携带两颗日星发射，100 s 时火箭在指令下炸毁。

6）1983 年，我国某型号在即将运往发射基地前的气密试验中，发现发动机氢泵前门漏气。

7）1982 年我国某发动机热试车，当进行至 98 s 时，发动机突然灭火停车。

8）1980 年 5 月，阿丽亚娜携双星发射失败。

从以上事例可以看出，多余物对航天产品的影响是极大的，造成的后果是极其严重的。因此，多余物的预防和控制是航天器研制过程中的重要工作内容。通过制定合理的多余物控制措施并促进多余物控制要求的落实，可以有效地减少航天器多余物，对提高航天器的安全性与可靠性具有重要的意义。

9.5.2　航天器多余物控制原理

航天器产品在其制造、装配、测试、试验、贮存、包装、运输、验收等各环节均可产生多余物，总装过程多余物按其产生来源主要分为以下四类：

1）环境产生——总装过程中，在环境等级不满足要求的情况下操作，会产生多余物。

2）人员引入——各类操作人员是总装现场主要的多余物引入来源之一，人员的身体、带入的物品、活动的范围和速度、甚至使用的纸和笔都可能对星体引入多余物。

3）产品及工装工具引入——所有的部件（包括仪器、设备、星体等）、工艺保护件和材料都会产生不同程度的多余物，在对部件操作之前必须严格检查，防止多余物上星。

4）操作造成——焊接、转运、吊装、甚至安装紧固件都可能产生多余物，必须有严格而有效的防护措施，加以控制。

航天器总装多余物按其形态主要分为以下三种：

1）颗粒污染物。颗粒污染物一般包括：工作人员自身引入的污染物，包括细菌、口沫、化妆品、手迹、脱落的人体皮肤、头发、衣物上的纤维和绒毛、衣物上携带的灰尘、人员走动的磨损物或扬尘等；加工和修理过程中的污染物，包括机加工表面的碎屑和毛刺、焊料和焊接溅出物、机械磨损或脱落物；室内墙壁、天花板、地板、设施上的油漆和涂料的磨损脱落物；大气尘埃、工业烟雾、空气过滤器中产生的粉末；清洁不彻底的测试设备和工具、夹具带入的尘埃。

2）气体污染物。气体污染物一般包括：大气气体、解吸的水蒸汽，密封部件的泄漏物等；有机材料，如添加剂、溶剂等的放气产物；包装材料和试验设备产生的蒸汽等；洁净室采用的材料和清洁溶剂的挥发物。

3）液体污染物。液体污染物一般包括：清洗溶剂残留物；大气凝结水滴和液膜，有机物气体和高分子材料的冷凝物；运动机构/轴承中的机油、冷却液、润滑剂以及导热硅脂等的溢出物；焊接中的焊剂残留物；人员的化妆品、人体皮肤油脂等。

多余物按其体积可分为宏观多余物和微观多余物。宏观多余物是凭肉眼正常视力不需借助任何工具可以直接观察到的多余物，这类多余物是常见且比较容易控制的。微观多余物是凭肉眼正常视力不可见，必须借助工具（放大镜、显微镜、内窥镜等）才能观察到的多余物，这类多余物既是控制的重点又是控制的难点，尤其是对于光学敏感器件、密封部位、管路等部件的多余物控制。

总装过程产生的多余物按主要成分种类可分为金属多余物和非金属多余物。金属多余物主要有脱落的标准件、剪断的金属丝碎屑、遗忘的装配工具及未拆下的工艺件等；非金属多余物涵盖的范围很广，包括总装使用的非金属材料（如泡沫、胶带、镀铝膜、涤纶网、阻燃布等）碎屑、超过规定的尘埃、胶类及胶类固化后的碎渣，这类多余物的控制难度比较大。

总装过程常见多余物形式详见表 9-5。

表 9-5　航天器总装常见多余物

序号	产生来源		多余物形式
1	材料	金属材料	脱落的标准件、加工金属屑、钢丝头、焊渣等
		非金属材料	泡沫、寸带、胶带、镀铝膜、涤纶网、阻燃布、胶粘剂、热控填料等
2	生产过程	设备装拆	紧固件、防松胶碎屑、保险丝、导热填料、胶带、保护件等
		热控及内装饰实施	多层隔热组件、内装饰材料的碎屑、线头、毛边等
		电子装联	焊渣、导线头、导线绝缘皮、热缩套管、胶粘剂、胶带、尼龙扎带头、保护件、包覆材料等
		管路总装	保护件、管路密封件、进入导管内腔的防松胶、密封脂、灰尘、毛毡脱落物、螺纹副摩擦金属微粒、胶带等多余物
		吊装、转运等	油污、尘埃、工装表皮脱落物等
		总装测试	尘埃、密封脂、润滑脂、胶粘剂、油污、螺纹副摩擦金属微粒等
3	遗留物	生产用品	零件、工具、辅助材料、工艺件、保护件等
		生活用品	身上携带物，如硬币、钥匙、首饰、笔、发夹、纽扣等
4	生物多余物		真菌、细菌及人体代谢产物等，如毛发、皮屑、汗液、口水等
5	有机挥发物		一般由非金属材料逸出，以微粉形式存在于航天器表面或空气中

总装过程多余物控制要从多余物产生的源头开始，在总装全过程中针对不同形态、不同尺寸的多余物采取不同的控制方法。航天器总装常用多余物去除方法见表 9-6，多余物检查方法见表 9-7。

表 9-6　航天器总装常用多余物去除方法

序号	去除方法	说明
1	擦拭法	适用于航天器结构、仪器设备、支架等内外表面清洁程度要求较高的部位，如贮箱、各舱段、仪器设备、总装直属件、导管等，用无尘拭布蘸无水乙醇（或工艺规定的其他清洗剂）擦拭
2	吸取法	适用于有通路，吸尘器吸力能起作用的部位，对各种材料的碎屑、尘埃等体积小、质量小的多余物，用吸尘器吸取
3	吹除法	用干燥的压缩空气或高纯氮气将多余物从航天器产品中吹除，适用于管路内或航天器产品较大范围内多余物去除
4	吹吸法	用干燥的压缩空气或高纯氮气将多余物从航天器产品中吹起，同时配合使用吸尘器，吸除吹起的多余物，适用于去除航天器产品较大范围内沉积的多余物
5	磁吸法	适用于通路较差，只能使用磁铁吸取，且周边无电磁敏感设备的结构
6	勾夹法	适用于通路较差，能伸入勾夹工具或设备的部位

续表

序号	去除方法	说明
7	拍击法	适用于有多余物排出通道，但无法接触到的半封闭结构，一般用于单机，航天器总装过程中适用较少
8	胶粘法	适用于有通路，手无法接触且对胶粘剂污染不敏感的部位，也可用胶带粘取
9	固封法	用固定、封闭的方法使多余物不再发生危害，适用于航天器封闭系统内无法排除的多余物
10	去除法	去除加工后出现的毛刺、毛边，适用于经机械加工的金属或非金属结构，如用锉刀或刮刀等钳工工具手工去除工件上的毛刺，或用机械加工的方法去除工件的毛刺，对于软性材料，可用剪刀等工具将毛边剪除
11	置换法	有正压置换、负压置换和吹除置换，适用于气态杂质置换
12	更换法	由于零件断裂产生多余物，如螺栓、螺帽、垫圈、弹簧垫圈、扎带等断裂，查明原因后予以更换

表 9 - 7　航天器总装常用多余物检查方法

序号	检查方法	说明
1	目视检查	适用于能直接或间接（可借助放大镜、平面镜等）观察的部位
2	听觉检查	适用于无观察通路的密闭结构及半密闭结构
3	内窥镜检查	适用于导管、细长深孔、相交孔、狭深空间、整机内部等
4	固体颗粒度检测	主要用于管路内清洗液固体颗粒污染检测
5	微生物检测	主要用于载人航天器密封舱内空气和结构表面微生物检测
6	洁净度检测	适用于航天器总装、试验厂房、载人航天器密封舱内空气洁净度检测

9.5.3　航天器推进系统多余物控制措施

航天器推进系统是一个由推力器、贮箱、气瓶、各种控制阀门及管路等组成的封闭系统，是航天器的重要组成部分之一，为航天器轨道机动、位置保持、姿态调整等作业提供所需的动力。航天器推进系统多余物指的是其封闭系统内部存在的与部件规定状态不符的物质，常引起"堵"和"漏"两种推进系统典型的失效模式。推进系统一旦出现问题将直接影响航天器的研制进度或在轨性能，严重时可能危及航天器的安全。为了保证航天器推进系统可靠性，实现系统顺利交付和在轨可靠运行，必须对推进系统进行严格的多余物预防和控制。

航天器推进系统多余物控制要考虑从设计至装配测试完成的各个环节，在设计上增加过滤器等多余物的控制环节，或提高推进系统对多余物的容忍极限；在制造上采用先进的加工技术或提高加工精度降低多余物产生；在推进系统相关的零部件清洗、装配和存贮环节上对环境的洁净度严格要求；在系统的测试和加注等对推进系统内部进行充放气过程中，对地面设备洁净度以及使用的气、液纯度进行严格的要求和控制。国内航天器推进系统内部洁净度划分为五个等级，见表 9 - 8。

表 9 - 8　推进系统及其部件洁净度等级

颗粒物尺寸范围/μm	洁净度等级及颗粒物数量[①]				
	D0	D1	D2	D3	D4
≤5[②]	不计数	不计数	不计数	不计数	不计数
5～10	6	60	140	600	1200
10～25	1	9	20	80	200
25～50	0	2	5	20	50
50～100	0	0	1	4	12
>100[③]	0	0	0	0	3

注：①颗粒物数量指 100 mL 液样内的颗粒物个数；②颗粒物不应使滤膜着色或有淤积；③大于 50 μm 的颗粒物不允许是刚性粒子。

根据表 9 - 8 的等级划分，在不同方面采用不同的洁净度等级，基本原则如下：

1）检查液或检查气在注入被检物内部前应经过滤精度优于 1.2 μm 的过滤膜过滤，不应有大于 5 μm 的刚性颗粒物；

2）试验流体的洁净度为 D0 级；

3）导管、导管连接件、气瓶和气体的洁净度为 D1 级；

4）推进系统一般部件和模拟流体的洁净度为 D2 级；

5）推进剂贮箱的洁净度为 D2～D3 级，有特殊要求时满足专用技术文件的要求；

6）推进系统根据结构情况，洁净度可参考 D4 执行；

7）推进剂的洁净度应满足专用技术文件的要求。

推进系统各部件、加注的气液推进剂以及试验用气液均应符合上述洁净度要求。

航天器总装阶段有关推进系统的主要工作为推进阀体及管路组件安装、连接形成密封的管路系统，因而在总装过程，推进系统多余物控制重点为控制管路多余物。管路多余物指的是从管路端部引入或者内部产生的与要求的输送介质状态指标不符的物质。管路多余物的产生主要有两个途径：一是通过管路端部进入，往往由于清洗工具或者方法不当，遗留在管路内表面，也有可能检验合格的产品保护措施不当，致使多余物进入；二是管路内部产生。例如，管路清洗、干燥不彻底，内表面生锈，锈蚀脱离造成多余物。

航天器总装过程推进系统多余物控制针对上述两种产生源头对其进行控制，措施主要如下：

1）推进系统产品验收控制。推进系统部组件交付验收前，管路出、入口处应带有保护帽（套），并置于专用保护包装袋内，在验收时方可取出；检验人员应佩带洁净白色防静电手套，不得裸手直接触摸产品；应目视检查部组件外观无多余物，对于管口部位应按专用技术文件要求用放大镜检查至少无大于 50 μm 的刚性粒子存在，管路接头处无划伤、压痕；推进系统部组件验收后，装入洁净的包装袋内。

2）推进系统产品焊装控制。推进系统焊装应在 10 000 级洁净度的环境内进行，焊接前应对管路进行酸洗碱洗，再用去离子水清洗，直至去离子水颗粒物数量符合清洗要求；与推进系统管路出入口直接接触的辅助焊装工艺件，应及时进行洁净度清洗和检查，并妥善存放，避免引入多余物。

3）管路内部多余物检查与去除。管路内部多余物检查与去除常用吹除法，所有管路多余物吹除均应在 10 000 级洁净度的环境内进行，拆下管路保护帽（套）按专用技术文件要求用高纯洁净氮气对管路内部多余物进行吹除，去除大于 5 μm 的刚性颗粒物，一路分支吹除结束后，立即恢复安装保护帽（套）。所有与星上推进系统连接的地面用管路必须进行洁净度清洗，地面管路出入口均加以过滤精度不大于 10 μm 的过滤器滤除多余物。

4）推进系统组件安装控制。推进系统组件安装在 100 000 级洁净度的环境内进行时，管路所有的开口应用专用的保护帽（套）进行密封保护不得打开，如需拆开管路开口处专用保护帽（套），必须将系统转移到 10 000 级洁净度的环境内方可进行。

5）管路连接头对接拧紧控制。管路连接头对接拧紧应在 10 000 级洁净间内进行，管路接头连接前应进行多余物的检查与清除，常用擦拭法或吹除法进行多余物去除。检查后及时连接螺接头，以防长时间无保护暴露在环境中进入多余物。

6）推进系统检漏。检漏测试过程中使用的气体纯度应不低于 99.99％；检漏测试系统内应设置控制航天器管路系统洁净度的过滤器；操作工具、管路堵帽等应满足航天器管路系统洁净度要求；地面管道应清洗合格，其内部多余物检测要求如表 9 - 9 所示；地面服务阀与航天器加排阀连接前，应将连接接口清洁干净；检漏完成后应及时清理航天器上使用的辅助材料，并恢复安装拆下的保护帽；检漏测试用过滤器组件、地面服务阀、堵头、堵帽等使用后应及时清洗。

7）推进系统保护。经漏率检测合格的推进管路系统内部需充入正压 0.2MPa 的氦气进行保护，以防外界多余物进入。

表 9 - 9　地面管道内部多余物检测要求

粒子尺寸直径范围/μm	100 ml 液样中所含粒子数上限/个
≤5	不限
5～10[①]	140
10～25	20
25～50	5
50～100	1（非刚性）
＞100	0

注：① 5～10 是指粒子尺寸直径在 5 μm（不含）～10 μm 区间内的颗粒，以下类推。

9.5.4　舱体多余物控制措施

在航天器总装过程中，应从产品验收交付开始至交付发射全过程进行多余物的控制。

9.5.4.1　总装过程通用控制要求

1）总装全过程，应预防和控制多余物产生，并随时去除已出现的多余物。

2）总装现场应保持整洁，工作过程中产生的废弃物应及时清除。

3）总装过程中每项工作完成，应进行多余物检查，并确认工装、工具、零件、辅助材料等状态正确，避免遗漏在舱内形成多余物。

4）接地点打磨时，应使用吸尘器吸除产生的多余物，打磨后应用无尘拭布蘸无水乙醇清洁干净，必要时，应采取防护措施，防止多余物的扩散。

5）装配后难以进行检查的部位，装配过程中应检查确认无多余物。

6）一个装配阶段结束后，应对产品进行彻底检查、清理，确认产品上不存在多余物后，方可转入下一阶段。

7）产品封舱前，应彻底进行多余物检查、清洁和确认，并拍照记录。

8）发射前，应去除航天器上所有工艺件、保护件、操作工具及其他物品，并核对数量，避免遗漏。

9.5.4.2　典型总装作业多余物控制

航天器总装全过程要严格控制多余物，针对不同作业内容具体控制措施如下。

1）仪器设备装配。仪器设备安装前，应检查表面状态并去除多余物；导热填料涂覆完毕后应将溢出的导热填料擦拭干净；紧固件需涂覆胶粘剂时，应防止胶液滴落形成多余物；拆卸涂覆有胶粘剂的紧固件时，应采取防护措施防止脱落胶粘剂进入舱体，并将紧固件表面及螺孔内的防松胶碎屑清理干净。

2）电缆及波导安装。安装前，应检查确认电缆、波导表面完好，无多余物；安装后，剪断胶带、尼龙扎带等安装辅助材料时应避免掉入航天器内；电缆自由端绝缘保护材料固定牢靠，避免脱落，在自由端连接入整星电缆网时确保临时标识、临时保护材料等去除干净。

3）电连接器插拔。插接前、拔离后均应检查插头、插座内是否有多余物，如有多余物，需要排查产生原因并及时去除；低磁电连接器、壳体镀金电连接器，在操作过程中不能裸手触摸电连接器表面；未插接的电连接器应安装有保护盖，避免进入多余物。

4）热控实施。多层隔热材料周边轮廓和开孔应进行包边处理，避免毛边外露；多层隔热组件制作和安装过程中要及时清除材料碎屑，不能将材料碎屑包覆在多层隔热组件内；包覆高硅氧玻璃布时，应封裹毛边，并缝合牢固，拼接时接缝处不能有线头外露；多层隔热组件需涂覆胶粘剂加固时，应注意防护，避免胶液滴落。

5）航天器吊装、翻转、停放、转运。航天器吊装、翻转、停放、转运、包装前，应检查确认航天器上安装的活动部件、工艺件、保护件等已固定牢固，必要时可采取适当的加固措施，避免脱落；检查确认所需地面支持设备各连接环节应连接可靠，无紧固件松动，且表面清洁，无灰尘、油污、表皮脱落等，吊车、液压升降车等无漏油；航天器装入包装容器前，应检查包装容器内壁和底座符合航天器洁净度要求；航天器转运过程中需穿防尘罩衣的，应提前对防尘罩衣内外表面进行清洁和检查。

6）包装、贮存和运输。包装材料不应释放腐蚀性挥发物，也不应含有腐蚀性成分，对有严格污染控制要求的产品，其包装材料应按有关标准或专用技术条件执行；装箱应采用低放气率、低颗粒物脱落性的材料制造；洁净包装箱应满足规定的所包装产品的洁净度等级；精密清洗的产品在离开洁净厂房之前，应装有必需的洁净度控制装置；污染敏感的产品或部件的贮存，应遵循规定的污染控制条件；产品开罩或打开包装检查，应在满足洁净度要求的环境下进行，并在同样条件下重新包装。

7）安装位置精度测量。精度测量用光学立方镜、靶球、立方镜安装支架、测量靶座等安装前应表面清洁；发射前，应按技术文件规定的时机拆下所有光学立方镜、立方镜安装支架、测量靶座、纸质靶标等，拆下时注意多余物防护，无法拆下的立方镜应采取加固措施。

8）电性能测试。测试期间使用的测试工装、模拟器、保护件等在使用前应进行清洁，去除多余物；测试电缆插接前、拔离后应检查相应电连接器内无多余物；测试结束后将测试期间使用的胶带、绑带等辅助材料清理干净。

9）环境试验。航天器试验方法、试验设备、工艺装备等在试验过程中不应产生多余物；试验用传感器、加热回路、电缆等应固定牢固，以免脱落，试验后应全部清除，无法清除的应确保可靠固定，不得脱落形成多余物；试验结束后将试验期间使用的胶带、绑带、胶粘剂等辅助材料清理干净。

10）卫星整流罩内多余物控制。火工装置应采用无污染或污染量满足专用文件要求的结构，火工装置分离时，不允许有任何污染物污染卫星表面；采用吹气调温措施时，直接进入卫星整流罩或卫星内的气体必须加装独立过滤器，保证入口气体洁净度满足规定的等级要求；发射场卫星测试在发射塔架的封闭间和整流罩内的空气洁净度应不低于 100 000级，有机污染量、温度、湿度等按产品性能要求予以相应控制；卫星安装时，整流罩的内外表面和将要包封在卫星整流罩内并与卫星邻接的火箭结构、仪器设备的表面，应经擦拭去除多余物。

9.6　航天器总装过程微生物控制

9.6.1　航天器总装过程微生物控制的重要性

根据国际空间站长期运行经验，空间站在轨工作期间，舱内存在一定量的微生物，微生物风险主要包括对乘员健康和对飞行器平台运行两大方面的损害。微生物可能会分解有机聚合材料，破坏金属材料，在水系统管道表面形成生物膜。尤其是一些通风不好的死角会累积水汽，从而滋生大量微生物，不仅对设备有害，也可能进入空气危害乘员健康。

空气中的微生物主要来源于带有微生物菌体及孢子的灰尘，这类微生物大多数是腐生性的，同时也会来源于人和动物，它们大多数是通过呼吸道排出的，其中也包含有病原微生物，悬浮在大气中。大气中的微生物和有机污染物有相当多的部分是被吸附或黏附在悬浮颗粒物上。此外，由于静电作用，颗粒物会逐渐堆积在防尘板内层和各种仪器表面，而颗粒物上附着的微生物可能对仪器设备造成一定危害。微生物一旦接触到材料表面就可能沉积或吸附在材料表面，通过微生物和材料表面的相互作用逐渐粘附定殖在材料表面，然后进一步在材料表面生长，产生腐蚀。如果建造材料未能进行彻底杀菌，随着时间的推进，同样会产生微生物污染的问题。在金属表面滋生的微生物，代谢产生的酸会加速金属的腐蚀。航天员进行个人卫生清洁时将潮湿的衣服或毛巾挂在壁面的带子上，在织布材料的表面创造了微生物滋生的潮湿环境，大量微生物的滋生，对在轨航天员的健康带来了极大的隐患。

在深空探测领域，1969 年，联合国发布了《外层空间条约》，在第九条条约中规定："缔约国应开展包括月球和其他天体在内的外太空研究并探索对策，避免对探测天体造成污染，避免外来物质对地球环境造成不利影响。必要时，应当采取适当的保护措施"。1983 年，我国签署了联合国《外层空间条约》，其中明确了开展深空探测时，应采取措施，避免地球和地外天体之间出现交叉生物污染。因而，深空探测器在地面总装过程中，要严格控制舱内微生物的水平，避免在探测活动中对其他天体产生污染，一方面保护被探测天体的自然状态，另一方面，避免探测结果被污染、甚至影响后续生命探测活动。

鉴于微生物对人员、航天器产品及被探测天体的危害，作为空间站组成部分的各航天器、天地往返运输航天器及深空探测航天器在地面总装过程中需要严格控制微生物水平，微生物控制也是载人航天器及深空探测航天器总装过程中的一个关键控制点。

9.6.2　航天器总装过程微生物控制原理

在航天器总装及测试阶段，微生物的污染主要有以下四种途径：

1）材料污染——航天器用材料自身携带或滋生微生物污染；

2）人员污染——工作人员携带或滋生细菌污染；

3）物品污染——由于和非完全无菌的用具、器械的接触而污染；

4）空气污染——由于空气中所含的细菌沉降、附着或被吸入而污染。

由于上述污染途径涉及人员、物品及空气的多方面影响因素，因此，载人航天器微生物控制需要从总体、全局的层面进行系统的考虑。从微生物控制对象来说，由于材料是在总体设计阶段选定，因而在设计时须考虑材料的污染问题，在总装过程中主要考虑人员控制、进出舱物品控制和空气质量控制等方面。微生物控制工作的核心是：微生物的预防与阻隔、微生物的监测与检测、微生物的消除与处理。

1）微生物的预防与阻隔。从源头上切断微生物进入航天器的途径，确保航天器控制区域不受污染。根据航天器受微生物污染威胁的途径，在航天器总装过程主要预防两个方面：一是外界的微生物污染物以流动的空气为载体侵入污染控制区；另一个是总装过程中人员与物品的频繁流动，将微生物污染物携带进入污染控制区域。因此，在进行总装厂房内航天器微生物的预防与阻隔时，需要围绕空气的流动，人员的流动以及物品的交换采取措施。

2）微生物的监测和检测。通过监测航天器微生物控制的重要环节，可以知道航天器受污染物污染的规律和变化趋势，及时采取有效措施更好地对微生物进行控制。通过检测，可以分析微生物的种类、不同菌类所占比例，从而查找微生物的来源，以便从源头上对微生物进行控制。

3）微生物的消除与处理。地面总装过程中，不管采取多么严格的微生物控制措施，都不可能绝对防止航天器受到污染。随着总装工作的进行，微生物的积累、繁殖、生长不可避免。因此，需要及时对微生物进行消除。消除航天器上的微生物，可采用物理消除的方法和化学消除的方法。物理消除主要采用通风置换和紫外灯消毒的方法减小控制区内的微生物污染，简单快捷，但在部分狭小区域内的应用会受到限制。化学消除主要通过化学试剂消灭控制区域内物体表面的微生物污染物，但化学试剂与航天器材料的安全性、相容性需要引起重视。

9.6.3　航天器总装过程微生物控制措施

目前我国对于载人航天器微生物污染指标的控制要求为：密封舱内空气中微生物控制指标：浮游菌数量≤500 CFU/m³，沉降菌数量≤10 CFU/（ϕ90 mm 皿·1 h）；密封舱内表面微生物要求：细菌＜100 CFU/100 cm²，真菌＜10 CFU/100 cm²；进舱人员手部微生物指标水平满足如下要求：细菌菌落数＜50 CFU/100 cm²，真菌菌落数＜5 CFU/100 cm²。

9.6.3.1　微生物的预防与阻隔

（1）总装过程人员的微生物控制

总装人员从厂房外进入到载人航天器密封舱内，再到厂房外的需要进行全流程的微生物控制，图9-7及图9-8所示为总装人员的全流程微生物控制措施。工作人员进入总装厂区前需要进行人员和所携带物品的微生物消除。由于载人航天器舱内对微生物控制的要求比厂区更严，工作人员由总装大厅进入舱内时，还需要进行一次微生物消除工作，然后通过专用通道直接进入舱内。

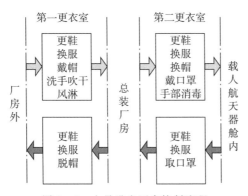

图 9 - 7　人员进出厂房控制流程

第一更衣室为所有进入厂房的人员共同更衣区域，主要是将外部的衣服更换为洁净的工作服，阻断外界沉降在外套上的颗粒和微生物，满足厂房净化环境要求。所有进入密封舱的人员均需要在第二更衣室进行二次更衣，进行手部消毒，换成进舱服，佩戴口罩，更换进舱鞋，进入密封舱前还需进行手部消毒。

人员具有移动特性，并且个体差异较大，人体大约每6～7 cm²的皮肤可携带有1～

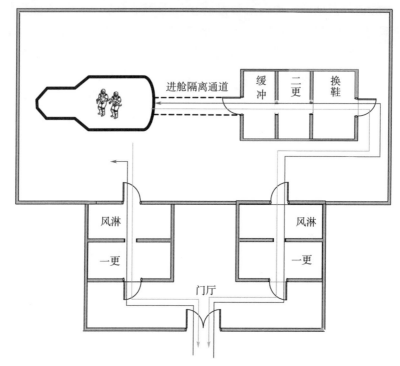

图 9-8 人员进出总装大厅及舱内流程示意图

10^4 个细菌，人的呼吸、讲话也散布细菌。因此要求在总装过程中，需要严格控制进入空间站舱内的操作人员，一般而言每 10 m^2 的舱内操作区域不能超过 2 人；工作人员除了按照规定进行除尘、更衣以及防护外，还需禁止使用可能会带来污染的化妆品和药物。

洁净服分为舱外洁净工作服和舱内工作洁净服。工作服的质地应该光滑、不产生静电、不脱落纤维和颗粒性物质。进舱工作服必须包裹全部头部、胡须及脚部，并能阻隔人体脱落物。两种工作服利用颜色区分，穿不同颜色服装的总装人员不允许交叉。不同区域的工作服需要分别进行清洗整理。对洁净服的洗涤、干燥、整理必须在洁净室内实现。工作服在洗涤、灭菌时不许带入附加颗粒性物质。每周进行一次 30 分钟 121 ℃ 高温灭菌消毒处理，灭菌后的洁净服在使用前进行密封保存。

手是交叉污染的媒介，空间站总装人员在接触航天器之前必须洗手。操作中直接用手接触洁净零件、材料的总装人员必须戴洁净手套。洗净的手不可用普通毛巾擦抹。因为普通毛巾易产生纤维尘，必须使用电热自动烘手器吹干。

（2）进出舱物品的微生物控制

要安装在航天器上的产品和辅助材料等物料在存放期间要放置于产品包装箱内或采用无尘布覆盖，在装器前，使用医用酒精或者超纯水进行表面擦拭消毒。

物品包括设备、辅料及工具，其进出舱体的流程如图 9-9 所示，库房—总装工位—舱段，为了实现对物品严格的微生物控制措施，需要制定物品的进出流程与消毒规范。物品的微生物控制流程主要分为进舱前和出舱后两个阶段进行。

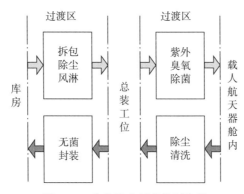

图 9 - 9　物品进出厂房控制流程

进舱前控制：工作人员带入到空间站舱内的物品，在使用之前都要进行除尘以及微生物消毒处理，利用酒精进行消毒处理，在使用前用无菌套装封闭。封装的物品在进入控制区域前需要在专用的洁净室解除外包装。脱包室由于会抖落很多微粒，所以它是最大的污染源，需要设在洁净室外侧。脱包室内设置有吸尘装置，吸尘装置的排气口安装超净滤袋。室内既有净化送风、紫外灯消毒措施，又有排风，对洁净室保持负压或零压。解除包装的物品需要通过专用的传送通道传递至控制区域，传递通道两侧设置传递窗，传递窗内设置紫外灯杀菌及臭氧消毒装置。

出舱后控制：参与总装的物品在操作过程中与人员有频繁的接触，在出空间舱段后首先需要除尘清洗，工具、工装等可以用酒精或与材料兼容性较好的清洗液清洗。经过除尘清洗的物品，在移除总装工位后，进入到过渡区进行紫外臭氧消毒后，再利用双层无菌袋套封，完成无菌封装后方可进入到库房进行长期储存。

（3）舱内空气的微生物控制

采用无菌新风置换舱内空气，可以减少空气中微生物的含量。整舱气体置换时，通过空调管道将经过除尘杀菌后的新风送入舱内，尽量保证舱内气流组织的单向流通，尽量避免气流漩涡，造成气流组织死角，宜采用上送下回的空气分配系统，送风口的布置要均匀，如图 9 - 10 所示为整舱气体置换示意图。

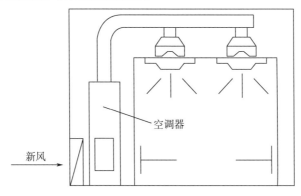

图 9 - 10　整舱气体置换系统基本组成

（4）总装大厅的微生物控制

在总装大厅建造阶段，如有条件应采取措施控制：应尽量远离频繁运输线，避免此类运输线对洁净小区的穿行干扰；同一厂房有两条以上厂区道路可以利用，使不同性质的工作人员或物品有不同方向的出入口，即从整体上考虑人员通路及物流通路，使不同厂房性质相似的人员或物品流动能够协调统一，避免室外通路上的干扰，同时也使各类室外管线的走向明确简洁；联系较为紧密的厂房之间的距离不应过远，相互之间的通路应尽量直接，减少绕行，并注意通路上的其他交通对这种联系的干扰；对其他总装厂房有可能造成较大干扰或具有隔离要求的有毒产品厂房，应独立成区并与其他厂房保持一定距离，设单独专用的通路与厂区主干道相连。

9.6.3.2　微生物的监测和检测

生物的监测和检测是航天器微生物控制的重要环节。通过监测，可以知道航天器受污染物污染的规律和变化趋势，及时采取有效措施更好地对微生物进行控制。通过检测，可以分析微生物的种类、不同菌类所占比例，从而查找微生物的主要来源，以便从源头上对微生物进行控制。

微生物的快速测定法根据采样后是否需要培养，大体上分为两类：

1）菌落染色法、阻抗法、氧化电极法和显色法等快速测定法，这些方法需要培养，但培养时间为传统方法的 $1/4 \sim 1/2$；

2）荧光染色法、LAL 法、ATP（三磷酸腺苷）法则无需培养。环境中由于培养条件的失谐，存在着大量不能培养的菌落的、处于不能增殖的生理状态的微生物，无需培养的这一类方法也能检测它们。在这一点上比必须培养的测定方法，更能够实施不遗漏的检测。

目前我国对于载人航天器微生物检测采用无需培养的快速检测方法，能够实现舱内环境的实时监测。

（1）舱内空气洁净度和微生物检测

用特定波长的激光束照射待检测气溶胶中的颗粒物，所有的活性、非活性粒子均发生米氏散射，散射光束经光学聚焦后由散射检测器检出并转换为电信号，经过后续的算法处理后，获得颗粒物的大小和浓度信息。同时激光光束激发气溶胶中活性颗粒（微生物体）内所含的烟酰胺腺嘌呤二核苷酸（NADH），核黄素和吡啶二羧酸（孢子）等发出荧光，经光学聚焦后被荧光检测器检出并转换为电信号，经后续处理后获得微生物的含量信息。这两个过程是同步完成的，在较高洁净度的场合下，可认为颗粒物粒子（包括微生物）是一个一个通过激光束从而被检测的。因此，两路信号可以保持极好的直接耦合性，从而保证每一个通过的粒子都能被计数、测量颗粒大小并判别出是否为微生物。检测系统原理示意如图 9-11 所示。在此原理上研制了舱内环境检测系统，兼顾环境温湿度的检测。

（2）壁面微生物检测

ATP（三磷酸腺苷），是一种不稳定的高能化合物，在活体细胞中，与 ADP（二磷

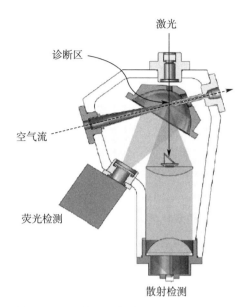

图 9 - 11　空气微生物检测系统原理示意图

酸腺苷）相互转化实现贮能和放能，从而保证细胞各项生命活动的能量供应。ATP 荧光检测仪基于萤火虫发光原理，利用"荧光素酶—荧光素"体系快速检测 ATP。由于所有生物活细胞中含有恒量的 ATP，所以 ATP 含量可以清晰地表明样品中微生物与其他生物残余的多少。细菌细胞越多，ATP 含量也就越高，在同等的检测范围之内，发光值也越强。

壁面微生物检测采用 3M 公司的 Clean - Trace™ ATP 荧光检测仪。该仪器包含采样棒与检测仪器，需要用采样棒在壁面采样后，放入液态稳定荧光素/荧光酶试管中激活后，即可进行检测。无需培养，操作简便且灵敏度高，可在 30 s 内获得结果。

9.6.3.3　微生物的消除与处理

在地面总装过程中，不管采取多么严格的微生物控制措施，都不可能绝对防止航天器受到污染。随着总装工作的进行，微生物的积累、繁殖、生长不可避免。因此，需要及时对微生物进行消除。消除微生物，可采用物理消除的方法和化学消除的方法。

（1）物理消除

物理消除主要采用通风置换、紫外灯消毒减小控制区内的微生物污染，简单快捷，但在部分狭小区域内的应用会受到限制。密封舱有人进出时必须使用地面通风设备进行舱内空气的置换，通过通风软管将净化空气送入密封舱，并打开舱门，在空气置换过程中，通过调整送风口的方向，保证从送风口出来的净化空气能够覆盖到整个舱段。

在总装厂房及空间站舱内设置紫外灯时，需要确保紫外光线能尽量大地照射到微生物控制区的每一个表面。为确保紫外灯照射的灭菌效果，紫外灯照射强度需要 $\geqslant 70\ \mu W/cm^2$；此外每 $7\sim10\ m^2$ 安装一支 30 W 的紫外灯。使用紫外灯的最好用法应是：上班前或下班后才开启，一般开启 30 分钟后关闭 $20\sim30$ 分钟人员再进入。

（2）化学消除

化学消除主要通过化学试剂消灭控制区域内物体表面的微生物污染物，但化学试剂与空间站材料的安全性、相容性需要引起非常重点的关注。密封舱内使用臭氧进行消毒时，臭氧发生器需与通风系统共同工作，通过通风管路将臭氧施于舱内进行消毒。按照卫生部消毒技术规范的要求，对空气消毒的臭氧浓度是 $5\sim10$ mg/m^3，此浓度的臭氧作用 30 分钟。由于臭氧为强氧化剂，对物品损害较大，规定大气中允许的臭氧浓度为 0.2 mg/m^3（空气中臭氧浓度达 $10\sim20$ mg/m^3 以上时可嗅知），此外消毒工作宜在无人条件下进行。消毒结束后，打开紫外线灯照射分解残余的臭氧，亦可同时打开排风换气装置通风换气排出臭氧。

表面消毒最常用的消毒剂包括氧化类、碱、盐类、醛类消毒剂，可以满足细菌及真菌的灭菌要求。但是碱、盐类消毒剂具有强腐蚀性，不能用于航天器仪器设备表面的擦拭；醛类消毒剂受温度的影响较大。因此，适用于航天器地面总装阶段表面擦拭的消毒剂不仅需要满足地面总装阶段的杀菌范围、适用环境、稳定性的要求，而且要与航天器设备表面材料具有相容性。

NASA 采用 3‰双氧水擦拭的方式进行消毒，海盗号火星探测器用擦拭法对器上设备和探测器系统进行清洁，并用干热灭菌法（112 ℃，40 h）进行了组件级和系统级灭菌，全过程微生物采样检测次数超过 6 000 次，最终将探测器上的生物残余控制在 300 个孢子/m^2，海盗一号和海盗二号的着陆器是迄今为止"最干净"的深空探测器。

9.7　航天器总装过程盐雾侵蚀防护

海南文昌航天发射中心是继酒泉、西昌和太原发射中心后，我国第四个航天发射中心，也是我国首个海滨发射基地，同时也是世界上为数不多的低纬度发射场之一，在此发射航天器可最大限度地利用地球自转离心力提高火箭的运载能力（对于地球同步卫星）和延长卫星在轨寿命。文昌发射场较低的纬度在给航天器入轨带来便利的同时，其本身高温、高湿、高盐雾的气候条件以及长距离的海上运输环境很容易对工艺装备造成腐蚀，从而导致活动机构失效或产生多余物，给型号研制带来潜在危险，因而，对于工艺装备的盐雾侵蚀防护成为确保航天器研制安全的重要环节之一。

文昌在气候类型上属于热带季风岛屿型气候，具有高温、高湿、多雷暴、强降水、有热带气旋登陆和高盐雾等气候特点。年平均气温 24.1 ℃；大气年平均相对湿度＞86％，远高于 GB/T 19292.1《金属和合金的腐蚀大气腐蚀性分类》规定的最高湿度 5 等级；大气中的盐雾含量很高，氯离子的质量浓度在 $0.01\sim0.05$ mg/m^3 之间，氯离子的沉降速率在 $0.000\ 6\sim0.013\ 7$ mg/（cm^2·d）之间。而我国的酒泉、西昌和太原发射场都属于内陆发射场大气环境，大气的腐蚀性很弱，不存在像海南发射场那样严酷的腐蚀环境及潜在的腐蚀失效问题。海南发射场与内陆发射场的大气环境和腐蚀等级见表 9 - 10。

表 9 - 10　海南发射场与内陆发射场的大气环境和腐蚀等级

发射场	年平均气温/℃	相对湿度/（%）	氯离子质量密度/（mg·m⁻³）	氯离子沉降速率/（mg·cm⁻²·d⁻¹）	氯化物等级	大气腐蚀等级
酒泉	8.7	35～55	—	—	—	—
西昌	16	旱季时间长，雨水少，相对湿度小	—	—	—	—
太原	4～10	50～60	—	—	—	—
文昌	24.1	＞86	0.01～0.05，平均值约为0.03	0.000 6～0.013 7，平均值为0.005 4	S1～S2 级	C4 级，高腐蚀性大气

空气含盐（盐雾）后，一是产生导电性，会使长期处于盐雾作用区域的电子设备、仪器、电缆等绝缘性能下降、工作可靠性降低，甚至导致漏电、短路；二是具有腐蚀性，尤其对金属物质的腐蚀最为严重。盐雾对金属的腐蚀是以电化学方式进行的，腐蚀机理基于原电池腐蚀。盐雾腐蚀是热带海洋大气环境的重要特征。腐蚀的结果使地面设备、设施性能变差，可靠性降低，工作寿命缩短，维护成本增加。

工艺装备的盐雾侵蚀按阶段主要分为两部分，一是海上运输过程的侵蚀，二是在发射场存储期间的侵蚀。

（1）海上运输沿途气候条件

工艺装备随产品在从北京运输至海南的过程中，需要沿海跨越北京、天津、山东、安徽、浙江、福建、广东、广西、海南等 9 个省、自治区、直辖市，地域跨度范围广，气候条件变化大。在海上运输过程中一部分存放在集装箱内，一部分直接存放在运输船货舱内，海上盐雾环境对地面工艺装备会产生腐蚀效应，因而，对于海上运输的地面设施设备以及在文昌发射场厂房外存储使用的地面设施设备，盐雾侵蚀防护至关重要。

（2）文昌发射场工装存放及使用环境

地面设备在发射场地区分为有洁净度控制厂房及无洁净度控制厂房存放两种环境，海南发射场厂房内的温湿度要求如下：

1）有洁净等级要求的工作间温度 23 ℃±5 ℃，相对湿度不大于 60％；

2）无洁净等级要求的工作间温度 23 ℃±5 ℃，相对湿度不大于 70％。

另外，由于厂房内空间限制，部分长期留在发射场存储的工艺设备，需考虑工装室外存放工况。按照《海南文昌气候潮汐志》，海南发射场厂房外的环境温度 -10 ℃到 50 ℃，相对湿度 60％～100％。部分长期留场地面设备需考虑在此环境下存储的防盐雾控制。

北京卫星环境工程研究所针对上述情况开展了工艺装备盐雾侵蚀试验，依据总装工艺装备常用材料及典型结构制作试件进行发射场合练搭载试验及实验室加速试验，对试验结果进行评价分析，形成常用工艺装备材料及机构腐蚀情况图谱，同时提出近海使用工艺装备常用材料选用指南，详见表 9 - 11。

表 9 - 11　近海使用工艺装备常用材料选用指南

序号	材料	常用部位	存在风险	解决措施	
				设计阶段	使用阶段
1	20钢/Ap. Ni10	气浮支架等	1)使用过程中镀层出现部分点蚀;2)使用过程中碰磕及摩擦破坏镀层,破损处发生腐蚀	1)使用过程中存在相对滑动或磕碰风险部位不选用该组合形式;2)为便于返修,使用该组合的零件设计成可拆解结构	1)海上运输过程中使用塑料薄膜保护;2)使用过程中注意防止异常磕碰,注意定期检查表面状态,如有磕损对零件进行返修
2	20钢/环氧铁红底漆.丙烯酸聚氨酯面漆	1)架车车体管材;2)转运车车体.转接支架管材	吊点位置及固定点位置附近受摩擦破坏漆层,破坏部位发生腐蚀,漆层存在脱落造成多余物的风险	1)合理设置车体吊点位置及高度,避免吊具与车体的摩擦;2)使用过程中存在相对滑动等时不选用喷漆的处理方式	1)转场运输等过程对车体进行固定时加垫橡胶垫保护,防止漆层破损;2)使用过程中注意防止异常磕碰,注意定期检查漆层表面状态,如有破损进行工装返修,补漆处理
3	Q235钢.环氧铁红底漆.丙烯酸聚氨酯面漆	1)架车车体板材;2)垂直车转接支架板材	吊点位置及固定点位置附近受摩擦破坏漆层,破坏部位发生腐蚀,漆层存在起泡、脱落风险	1)合理设置车体吊点位置,避免吊具与车体的摩擦;2)与舱体的对接面粘贴硅橡胶及特氟隆密封纸	1)转场运输等过程对车体进行固定时加垫橡胶垫保护,防止漆层破损;2)使用过程中注意防止异常磕碰,注意定期检查表面状态,如有破损进行工装返修,补漆处理
4	Q345钢.环氧铁红底漆.丙烯酸聚氨酯面漆	吊具主梁等	使用及运输过程中损伤漆层	设计专用包装箱,设计阶段提前考虑工装存放及转运需求,避免出现地面上的情况出现(可在工装底部设置脚轮或其他停放模块)	1)使用专用包装箱,防止运输过程受损;2)放实使用吊具,禁止地面拖拽等非正常操作;3)厂房内使用叉车短途转运时,叉车与工装同垫放橡胶垫
5	45钢/Ep. Zn12	自制连接件、非标紧固件	多次使用后镀层损伤,损伤部位发生腐蚀	1)设计阶段合理配备备份件;2)使用要求零本的允许的条件下,尽量加大连接件与工装本体的配合间隙,减少装配过程中紧固件与工装间的摩擦	使用过程中注意检查零件表面状态,发生轻微破损并短期使用时可对零件清洁后使用、发生锈蚀时需长期使用时更换备份件
6	45钢调质镀铬钝化	销子等要求表面硬度较高的零件	耐蚀性能较差,海上运输即可发生镀层点蚀	不采用该组合,采用表面镀镍的处理方式替代	—

续表

序号	材料	常用部位	存在风险	解决措施	
				设计阶段	使用阶段
7	20 钢／环氧铁红底漆	1）架车车体管材；2）转运车车体、转接支架管材	该状态为第 2 项的中间状态，对应使用过程中面漆受损，底漆未受损情况，试验结果表明该状态下工装本体不会腐蚀，能够满足使用，可在完成一阶段任务后择机再进行补漆处理	不建议选用只涂环氧铁红底漆状态	1）转场运输等过程对车体进行定时加垫橡胶垫保护，防止漆层破损；2）使用过程中注意防止异常磕碰，注意定期检查漆层表面状态，如有破损对零件进行工装返修，补漆处理
8	30CrMnSiA／Ap.Ni10	常用结构件材料	1）镀层出现部分点蚀；2）使用过程中磕碰及摩擦破坏镀层	对零件强度及表面硬度要求较高部位，选用该组合，为便于返修及更换，使用该组合的零件设计成可拆解结构	1）海上运输过程中使用塑料薄膜保护；2）使用过程中注意防止异常磕碰，注意定期检查表面状态，如有破损进行返修
9	1Cr18Ni9Ti／Ct.p	吊耳等	长期使用表面会有轻微点蚀	—	1）海上运输过程中使用塑料薄膜保护；2）使用过程中注意保持零件清洁，定期进行擦拭处理
10	2Cr13／Ct.p	吊耳等	长期使用存在金属本体腐蚀风险	近海地区使用的工装不选用该材料，使用 1Cr18Ni9Ti／Ct.p	—
11	40Cr／调质、镀铬	垂直转运车轴销（牵引）	长期使用金属本体腐蚀	近海地区使用的工装不选用该组合，改为化学镀镍	—
12	5A06 铝合金（O 态）／锌黄环氧聚氨酯底漆、丙烯酸聚氨酯面漆	工艺环等	吊点安装位置、停放时与地面接触部位等由于磕碰和摩擦会导致漆层破损	1）工装与舱体接触部位粘贴硅橡胶垫及特氟隆密封纸；2）合理设计吊点形式，提前考虑工装停放及摩擦	1）运输过程中对固定点及工装与运载体的接触部位加垫橡胶垫；2）按使用要求合理使用工装，减少工装异常磕碰及摩擦；3）对漆层出现破损的工装及时提出工装返修，进行补漆处理
13	5A06 铝合金／本色硫酸阳极化	进舱架梯等	无	在满足性能要求的前提下优选该组合方式	注意防止异常磕碰等异常损伤工装、划伤表面氧化层，运输时使用海绵及塑料薄膜保护

续表

序号	材料	常用部位	存在风险	解决措施	
				设计阶段	使用阶段
14	20钢-5A06铝合金(O态)连接	进舱架梯、工艺环等	铝质零件使用钢基螺钉连接及钢质、铝质零件直接接触钢质零件，紧固件腐蚀严重	1)设计时注意避免出现钢质铝质零件裸露及金属本体直接接触的情况出现；2)可以利用该特性使用"牺牲阳极"的设计方式保护需要重点保护的零件	1)使用钢质螺钉连接工件时注意检查螺钉表面状态，严禁表面镀层破坏使用；2)钢铝制件接触时注意保护零件表面镀层，防止金属本体直接接触
15	铝蜂窝板	舱内踏板等	表面损伤后易发生腐蚀	对踏板与其他工装及舱体接触部位粘贴硅橡胶防护	1)使用过程中注意防止工具、工装等划伤踏板；2)运输时使用海绵保护
16	20钢焊接/环氧铁红底漆、丙烯酸聚氨酯面漆	1)级联架车体管材 2)垂直转运车车体、转接支架管材 停放架车架等车架主结构	试验结果表明焊缝处与其他金属基体无明显差别，但存在漆层破损后腐蚀风险	有焊接连接结构的部位需进行喷漆处理，远离工装使用过程中易受摩擦及磕碰部位	1)转场运输对车体进行固定时加垫橡胶垫保护，防止漆层破损；2)使用过程中注意漆层防止异常磕碰，如有破损进行补漆处理
17	20钢螺接	1)级联架车车体管材 2)垂直转运车车架主结构 支架管材 停放架车架等车架主结构	钢材表面防护处理故破坏后仅经历海上运输即可发生严重腐蚀	确保工装全部表面进行防腐处理，尤其关注对接孔内表面等位置，在满足使用要求的前提下尽量加大对接孔与紧固件配合间隙，以减小摩擦	1)安装对接螺钉时，尽量减少螺钉与通孔内壁摩擦、定期检查对接孔内壁等易忽视部位的表面状态，发现破损及腐蚀及时返修；2)运输过程中使用塑料薄膜保护对接面及对接孔
18	内六角圆柱头螺钉/镀锌	各类工装均可使用	多次使用后镀层损伤，损伤部位发生腐蚀	1)设计阶段合理配套备件；2)使用要求允许的条件下，尽量加大连接件与工装连接孔的配合间隙，减少装配过程中紧固件与对接孔的摩擦	1)使用过程中注意检查零件表面状态，发生轻微破损并短期使用时可对零件清洁后使用；2)发生锈蚀并需长期使用时更换备份件
19	平垫圈/镀锌	各类工装均可使用	多次使用后镀层损伤，损伤部位发生腐蚀	设计阶段合理配套备件	使用过程中注意检查零件表面状态，发生轻微破损并短期使用时可对零件清洁后使用；2)发生锈蚀并需长期使用时更换备份件
20	标准型弹簧垫圈/发黑	各类工装均可使用	该类零件耐海洋环境能力较差，弹垫腐蚀后存在断裂风险	需要经历海上运输及近海使用工装不得选用	—
21	六角头螺栓/镀锌	各类工装均可使用	多次使用后镀层损伤，损伤部位发生腐蚀	1)设计阶段允许的条件下，尽量加大连接件与工装连接孔的配合间隙，减少装配过程中紧固件与对接孔的摩擦	1)使用过程中注意检查零件表面状态，发生轻微破损并短期使用时可对零件清洁后使用；2)发生锈蚀并需长期使用时更换备份件

9.8　小结

　　航天器地面总装环境控制直接影响着航天器产品的性能与可靠性，控制不当可造成产品的潜在损伤或性能下降，近些年来发生过多起由于地面环境控制不当带来的在轨故障，因而在航天器总装过程应该严格监测并控制地面环境。本章针对航天器总装过程地面环境主要指标，结合北京卫星环境工程研究所航天器研制实践经验，对航天器总装环境温湿度、洁净度、静电放电防护、多余物控制、防盐雾以及微生物控制方法进行了阐述。

参 考 文 献

［1］ 田智会. 电装车间的静电危害及静电防护［J］. 电子工艺技术，2007，28（2）：97-99.

［2］ 王益红，张益丹，等. 卫星 AIT 阶段的静电防护［J］. 航天器环境工程，2007，24（6）：366-36.

［3］ 易旺民，李琦，等. 卫星总装过程静电防护研究［J］. 航天器环境工程，2008，25（4）：387-391.

［4］ 袁牧，罗刚，屈美莹. 多余物的过程控制. 质量与可靠性，2013，5.

［5］ 熊涛. 航天器总装多余物控制方法探讨［J］. 航天器环境工程，2006，23（5）：277-281.

［6］ 骆青业，应媛媛，等. 航天管路多余物的预防和控制，机电产品开发与创新. 2015，28（4）：7-8.

［7］ 刘建斌，田智会. 静电对电子产品的危害及其防护［J］. 装备环境工程，2006，3（12）：66-69.

［8］ 王旭东，张立伟，等. 海运及沿海发射期间航天产品的腐蚀风险与应对策略［J］. 航天器环境工程，2015，32（4）：451-456.

［9］ 单明，仇玉雪，等. 航天器 AIT 保障技术——环境数据多点、实时、自动监测及显示技术［J］. 航天器环境工程，2008，25（6）：580-583.

［10］ 穆山. 海洋大气环境对航天发射场建设影响与对策研究［J］. 装备环境工程，2009，6（1）：62-65.

［11］ 黄桂桥. 不锈钢在海洋环境中的腐蚀［J］. 腐蚀与防护，1999，20（9）：392-394.

［12］ 董言治，尉志苹，沈同圣，等. 高盐雾条件下舰船设备的腐蚀防护研究进展［J］. 现代涂料与涂装，2003（3）：35-36.

［13］ 张彬，等. 某新型光学敏感器在卫星 AIT 中的相对湿度控制方法研究，中国航天科技集团公司环境工程与可靠性专业组学术交流会，2012.

［14］ 易旺民. 卫星总装过程静电防护可靠性改进技术总结报告，北京卫星环境工程研究所.

［15］ 钟亮. 国内外多余物控制方法研究，北京卫星环境工程研究所.

［16］ 刘孟周. 空间站总装微生物控制技术研究工艺攻关总结报告，北京卫星环境工程研究所.

［17］ 邢帅. 载人航天器总装环境监测系统研制总结报告，北京卫星环境工程研究所.

［18］ 邢帅. 海运环境对总装地面工装的影响研究总结报告，北京卫星环境工程研究所.

［19］ GJB2204A—2005，卫星总装通用规范［S］.

［20］ GB4365—2003—T，电工术语 电磁兼容［S］.

［21］ QJ 2850A—2011，航天产品多余物预防和控制［S］.

［22］ GB/T19292.1，金属和合金的腐蚀大气腐蚀性分类［S］.

［23］ GJB548B—2005，微电子器件试验方法和程序［S］.

［24］ ANSI/ESD STM5.1—2001，静电放电敏感度测试［S］.

［25］ ECSS-E-ST-35-06C_rev.1，Cleanliness requirements for spacecraft propulsion hardware［S］.

［26］ ECSS-Q-70-01A 2002.12.11，Space Product Assurance Cleanliness and contamination control［S］.

［27］ ECSS-E-ST-35-01C，Liquid and electric propulsion for spacecraft［S］.

［28］ MIL-STD-1246A，PRODUCT CLEANLINESS LEVELS AND CONTAMINATION CONTROL

PROGRAM [S].

[29] MSFC - PROC - 404 REV A，PROCEDURE GASES，DRYING AND PRESERVATION CLEANLINESS LEVEL AND INSPECTION METHODS [S].

[30] NASA JPG 5322.1 REV E，CONTAMINATION CONTROL REQUIREMENTS MANUAL [S].

[31] GJB5296 — 2004，多余物控制要求 [S].

[32] GJB2203A — 2005，卫星产品洁净度及污染控制要求 [S].

[33] GJB2787 — 1996，卫星推进系统通用规范 [S].

[34] Q/W1305 — 2011，航天器总装过程静电防护要求 [S]. 中国空间技术研究院.

[35] Q/W1142 — 2008，航天器不锈钢管路清洗工艺规范 [S]. 中国空间技术研究院.

[36] Q/W219 — 91，航天器推进系统无水肼过滤器规范 [S]. 中国空间技术研究院.

[37] Q/W220 — 91，航天器推进系统气体过滤器规范 [S]. 中国空间技术研究院.

[38] Q/W676A — 2007，航天器钛合金贮箱和气瓶多余物控制要求 [S]. 中国空间技术研究院.

[39] Q/W638A — 2005，航天器钛合金贮箱及气瓶清洗工艺规范 [S]. 中国空间技术研究院.

[40] Q/W925A — 2007，航天器推进系统及其部件洁净度要求 [S]. 中国空间技术研究院.

[41] Q/W577A — 2007，航天器推进系统洁净度测试方法 [S]. 中国空间技术研究院.

[42] Q/W807B — 2016，航天器总装多余物控制要求 [S]. 中国空间技术研究院.

[43] Q/W130 — 91，卫星加注和排放阀通用技术条件 [S]. 中国空间技术研究院.

[44] Q/W266 — 92，卫星产品洁净度要求 [S]. 中国空间技术研究院.

[45] Q/W577A — 2007，航天器推进系统洁净度测试方法 [S]. 中国空间技术研究院.

[46] Q/W925A — 2007，航天器推进系统及其部件洁净度要求 [S]. 中国空间技术研究院.

第 10 章　航天器智能总装车间技术

10.1　引言

当前和今后一段时期，是我国航天装备核心能力建设的战略机遇期，也是实现跨越式发展的关键时期。国防科工局提出了以强军为首要责任，以推动武器装备跨越发展和建设中国特色先进国防科技工业体系为总方向，推进建设模式由任务能力型向体系效能型转变，增强装备任务保障能力、基础支撑能力、创新引领能力、信息化带动能力和军民融合促进能力；总装备部制定了综合信息一体化、武器装备信息化、信息装备武器化、基础设施现代化的指导方针。对航天器的创新、研制能力与应用提出了强烈需求。

"十三五"期间，国家相继启动了高分辨率对地观测系统、二代导航二期全球定位系统、空间民用基础设施等国家重大专项的研制任务，研制通信、遥感、导航、科学探测和试验等航天器 200 多颗，相对"十二五"所承担的星船研制任务，工作量急剧增加。同时，航天器研制将呈现任务功能多样化、技战术指标要求高、多型号并行、研制周期短等特点，对核心研制能力提出了严峻的挑战。

工信部于 2015 年年初发布了《中国制造 2025》规划，将围绕制造业创新能力、创新体系、质量品牌、大企业培育及绿色制造等采取"八大行动"，以全面提高"中国制造"的水平，实现"中国制造"向"中国创造"的转变，其中第一条就是优先推进制造业数字化、网络化、智能化发展。由此可见，智能制造是中国未来 10 年高速增长的新兴产业之一，已呈崛起之势，同时也是带动其他产业发展的强大动力。

《中国制造 2025》战略规划作为我国制造业发展的顶层设计，制定了中国从制造大国向制造强国转变的第一个十年行动纲领。其次，"两化融合"等部门性管理政策能够作为智能制造的有效支撑。目前开展的"机器换人"工作以"装备＋机器人"的制造方式替代了人工的制造方式，能够有效推进智能制造工作的实施，特别是用自动化的制造方式替代部分人工管控的制造方式，利用网络化智慧的制造方式替代全部人工直接管理的制造方式，利用精准用料、用能的绿色制造方式替代不安全、有污染的制造方式，将装备引进与工艺改造有机融合，最终实现智能制造流程再造、管理创新等系统工作。

智能技术是推动我国航天研制能力跃升的有力支撑，国家持续关注智能制造技术的发展，实施了先进智能技术发展的战略布局，并制定规划，成立专门的专家咨询机构，形成了专门的设计驱动，安排关键技术的突破与研究，这些技术需要在新环境、新挑战下获得新的发展，智能技术的引进将丰富和拓展传统制造技术的研究内容和应用催生一批智能制造技术和装备，成为航天发展的新引擎。图 10-1 为《中国制造 2025》十大重点突破领域。

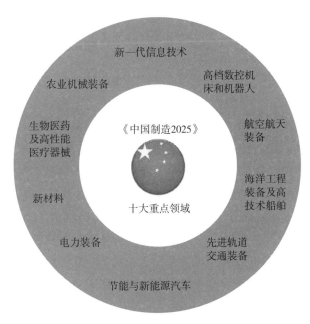

图 10 - 1 《中国制造 2025》十大重点突破领域

从 NASA、ESA、波音等欧美一流航天研究机构和企业数字化装配技术应用可以看出，这些航天研究机构和企业注重数字化装配技术的研究和应用验证，将数字化仿真、先进手段和数字化管控方法应用到航天器装配实际研制中，不仅解决了一些复杂航天器型号的装配难题，而且大幅提升了航天器研制的质量和效率，降低了研制成本，提升了企业的国际竞争力。

10.2 航天器智能总装车间

10.2.1 内涵与特征

智能制造（Intelligent Manufacturing，IM）是由智能机器人与人类专家共同组成的人机一体化智能系统，能够将智能活动嵌入到生产制造过程中，并通过人与智能机器的合作共事来扩大、延伸和部分地取代人类专家在制造过程中的脑力劳动。智能制造最初仅局限于制造自动化概念，在其快速发展过程中将涉及领域扩展到生产制造过程中的柔性化、智能化和高度集成化等领域。

航天器总装智能车间是以数字化、网络化、信息化、自动化为支撑环境，具备工艺/工装一体化智能设计、总装生产指令及资源需求优化、智能管控中心，将若干智能总装单元、智能总装生产线、数字化系统组建成一个信息空间中虚拟的智能车间和一个物理系统中的智能车间，实现车间智能排产和总装过程优化，初步具备人机共同决策、信息空间与物理系统高度融合的系统工程。

航天器总装智能车间由智能设备、智能系统和智能决策三大核心要素构成，涉及数据流、硬件、软件以及与人员的智能交互，其主要特征体现如下：

　　智能设备：将信息技术嵌入装备中，使装备成为智能互联的产品。随着微处理芯片计算能力的提升，使工业机器拥有数字化智能成为可能，而"大数据"软件工具和分析技术的进展为了解由智能设备产生的大规模数据提供了手段。这些智能设备是航天器总装智能车间构建的硬件基础，涵盖了工艺设计与仿真、车间执行、装配效果检验等航天器总装业务全流程，虚拟现实与增强现实装备、自动转运平台、协作机器人、并联调姿平台、自动水平调节吊具等装备是其中的典型代表。

　　智能系统：通过车间级工业网络将智能设备互联组成的系统。智能系统包括各种传统的网络系统，但广义的定义包括部署在车间和网络中并广泛结合的机器硬件和软件。随着越来越多的装备和软件加入工业物联网，可以实现整个车间和网络装备的协同效应。智能系统的构建整合了广泛部署智能设备的优势，通过控制系统的自主学习，实现整个车间越来越智能化。在航天器总装智能车间中，各个智能设备不是孤立存在的，而是根据任务需求进行多智能体结合运行，以航天器大型舱段对接为例，包括了执行位姿采集的 iGPS 系统、起吊舱段的自动水平调节吊具、星体位姿调整的并联调姿平台三个智能设备，通过车间网络进行互联，在 iGPS 系统反馈的数据引导下，自动水平调节吊具和并联调姿平台分别调整舱段和星体的位姿，实现航天器大型舱段自动化对接的同时记录相关数据，为质量管控提供支持。

　　智能决策：大数据和物联网基础上的实时判断与处理。通过从智能设备和系统收集到的大规模信息进行数据驱动的学习，对当前的车间运行状态进行评估，预测可能发生的生产扰动，对已经产生的异常情况做出决策，保证车间生产节拍的连续性以及效益的最大化。当前，航天器总装生产过程的管控仍然是基于半电子化数据、以人工协调的方式进行的，距离智能决策尚有不小的差距。

10.2.2　国外航天器总装智能技术现状

　　在航空航天领域，以美国、欧洲为代表的西方发达国家具有较大技术优势。NASA、ESA 等航天组织机构在航天器技术研发、项目管理方面具有先进的水平。在航天器商业化工程研制方面，以美国波音公司、美国洛克希德·马丁公司、欧洲泰雷兹阿莱尼亚宇航公司为代表国外先进航天企业，在航天器商业化运行管理、批量研制、生产管理等方面有着丰富的经验和先进的技术水平。这些国外先进航天企业对数字化智能化制造技术已经进行了广泛的应用，具体包括数字化协同设计、先进生产模式、基于工业机器人的自动化装配技术等，通过这些智能制造技术的应用，实现了企业资源的合理配置，大幅提升了生产效率和产品的质量。我国建设的航天器总装智能工厂，其技术水平与国外先进航天企业对标，主要参照波音公司、洛克希德·马丁公司、泰雷兹阿莱尼亚宇航公司等。

10.2.2.1　洛克希德·马丁公司（Lockheed Martin）

　　洛克希德·马丁公司是美国著名的航空航天制造商，也是世界上最大的武器装备制造商，目前核心业务是航空、电子、信息技术、航天系统和导弹，主要产品包括美国海军所有潜射弹道导弹，战区高空区域防空系统，通信卫星系统，F-16、F-22 和 F-35（JSF）

等战斗机，U－2 间谍侦察机、SR－71 黑鸟战略侦察机等。相比于广为人知的航空产品，洛克希德·马丁公司在卫星制造领域的名气略显逊色，但这并不影响其作为先进航天公司在技术创新方面的引领作用。

（1）生产组织模式

洛克希德·马丁公司为了竞争 GPS－3 任务和商用卫星研制任务，采用了一体化科研生产过程管理模式，通过大量采用数字化技术和先进的制造手段，极大节省了卫星研制周期和生产成本。2017 年 8 月，洛克希德·马丁公司在丹佛以外的沃特顿峡谷（Waterton Canyon）园区内投资 3.5 亿美元新建了名为"网关中心"的设施。"网关中心"占地面积为 26.6 万平方英尺，计划将于 2020 年完成，该设施将使用最先进的技术，如 3D 打印和虚拟现实设计和开发下一代卫星，是洛克希德·马丁公司通过创新技术、工艺推动和加速其航空航天生产工作的一部分。"网关中心"将包括用于同时建立"微小到大中型"卫星的顶级高层洁净室、用于模拟测试卫星空间环境的热真空室、用于测试传感器和通信系统的消声室以及先进的测试操作和分析中心，而 3D 打印和虚拟现实则被列为重点发展的专项技术，目的是提高制造速度和缩短产品研制周期。图 10－2 为洛克希德·马丁公司一体化科研生产管理模式。

图 10－2　洛克希德·马丁公司一体化科研生产管理模式

（2）虚拟现实技术

洛克希德·马丁公司采用了全新的虚拟现实（VR）和增强现实（AR）技术，2010 年投资 500 万美元建造了"人类协同沉浸实验室"（CHIL），在生产开始之前通过虚拟仿真和验证发现并解决问题，实现人机交互，简化流程（见图 10－3 与图 10－4）。

洛克希德·马丁公司最先是在 F－22 和 F－35 项目的开发阶段使用 VR 概念的，起初仅仅是关注于产品交付用户之后的维修应用，后来将同样的工具和技术扩展到几乎所有的初始产品、工装和设施设计中。更重要的是，洛克希德·马丁公司非常注重使用 VR 中的 3D 成像在产品开始生产之前捕捉设计错误，通过提前修正这些错误节约时间和成本。

图 10 - 3　　洛克希德·马丁公司的虚拟仿真实验室

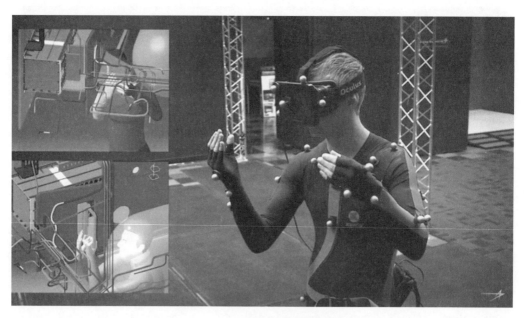

图 10 - 4　　CHIL 动作捕捉系统

为进行全面的设计审查，建造并操作一个物理样机费钱费时，借助 CHIL 在 VR 环境中完成上述工作更符合逻辑，也是符合技术发展需要的。充分发挥 3D 数据的优势，在一个沉浸式 VR 环境中设计人员能够看到全尺寸的虚拟产品，这已经不单单是用 CAD 工具进行设计审查的扩展，而是确确实实的技术变革推动制造水平提升（见图 10 - 5 与图 10 - 6）。

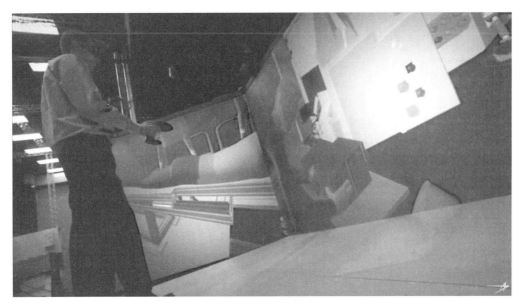

图 10 - 5　基于 VR 的设备安装人机工效评估

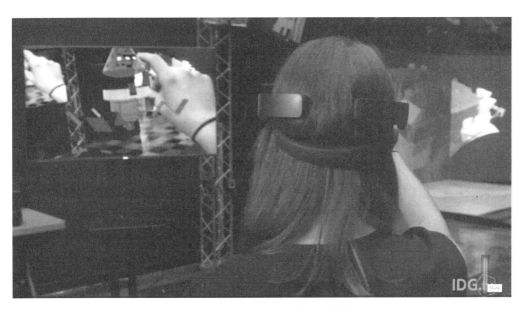

图 10 - 6　基于 VR 的工艺流程仿真

　　CHIL 拥有两项不同的技术，工程人员可以进入"穴式自动虚拟环境"（CAVE），操作全尺寸的 3D 模型，以全息影像在空间中漂浮，也可以在动作捕捉区域穿上身体传感器阵列，在一个虚拟的世界中像一个数字阿凡达一样执行设计程序。CHIL 绝大部分工具仅仅是标准的消费级设备，比如 Facebook 公司的 Oculus Rift 头盔，洛克希德·马丁公司的工程人员对其进行系统集成以让所有部件顺畅工作，使用商业级设备使审查参与者容易达到学习效果，并且比定制系统价格更低。

目前，洛克希德·马丁公司已经开始在太空飞行器和卫星系统的制造工艺中应用 VR 和 AR 技术，公司每年执行 2～3 次"深潜式审查"，设计、制造和安全工程师从头到尾演练建造飞行器。在这个过程中，工程人员完全处于虚拟环境中，以他们实际在生产线建造中的相同顺序组装数千个零件，识别可能的问题或潜在的改进之处。此外，工程人员还针对特定组件执行数十次仿真，以最高效的方式实现电缆或推进系统的安装。

洛克希德·马丁公司利用虚拟现实技术以一种更经济、破坏性更小的方式替换 SBIRS 卫星的故障电路板，从而节约了 1.5 亿美元，并且避免了长时间的物理测试；通过简化新批次全球定位系统（GPS）卫星的生产过程，使卫星在制造过程中被起吊的次数减少 64%，卫星在车间的移动距离缩短 48%，大幅节省研制成本和时间。面向未来，洛克希德·马丁公司计划进一步强化 CHIL 的远程能力，开发一个网络平台，允许任何人从任何位置连接到 VR 系统进行操作，进一步提升其性能与访问的便捷性。

（3）数字孪生技术

随着美国军方 GPS 系统的更新换代，洛克希德·马丁公司陆续接到多颗 GPS III 卫星合同，已经初步具备小批量生产的规模。为了提升卫星研制过程的技术状态控制能力，洛克希德·马丁公司引入了数字孪生技术，通过对车间、生产线、制造资源（工位、设备、人员、物料等）建模，在虚拟空间中建立物理车间相对应的数字孪生体，依托多传感器融合技术实现了生产数据的实时采集，通过数据挖掘技术进行虚拟模型和物理车间的一致性比对，驱动虚拟车间与物理车间保持一致，这样就可以在虚拟车间对生产过程进行监控，预测下一时刻车间状态，对资源冲突、故障排查等生产扰动进行提前规划与响应。

伴随着产品数字孪生体，美国空军研究实验室和 NASA 也同时提出了数字纽带（Digital Thread）的概念，它是一种可扩展、可配置的企业分析框架。在整个系统的生命周期中，通过提供访问、整合以及将不同/分散数据转换为可操作信息的能力来通知决策制定者。数字纽带可无缝加速企业数据—信息—知识系统中的权威/发布数据、信息和知识之间的可控制相互作用，并允许在能力规划和分析、初步设计、详细设计、制造、使用以及维护采集阶段动态实时评估产品在当前和未来提供决策的能力。洛克希德·马丁公司计划采用数字孪生体和数字纽带技术实现前所未有的工程设计与制造的连接，意味着设计阶段产生的 3D 精确实体模型可以被用于加工模拟、NC 编程、坐标测量机检测、模具/工装的设计和制造等。另外，3D 数字纽带的数据存储在产品数据管理 PDM 系统中，世界各地的合作伙伴和供应商都可无缝使用。这也是单一的数据源，通过统一的数据，不仅可以实现产品设计与生产制造的无缝连接，降低现场出现工程更改的次数，提高研制效率，也可以实现协同仿真和分析，上下游企业可以一起进行仿真和分析，从而提高效率，减少返工。图 10 - 7 为洛克希德·马丁公司构建的卫星总装数字孪生车间。

10.2.2.2　波音公司（Boeing）

美国波音公司是世界领先的航空航天公司，是世界最大的商业航天器制造商。

2001 年，波音公司在长滩和雷顿工厂将若干条倾斜生产线 ［图 10 - 8 (a) ］改为独

图 10-7　数字孪生车间

特的单向移动的生产线［图 10-8（b）］，生产线上配置安全链条驱动、工装轨道和其他
设备，飞机在生产线上脉冲移动，使民用飞机的制造方法发生了革命性变化（见图 10-
9）。这些移动生产线投入运营后波音公司的单通道飞机的总装时间可以缩短 50%。这种创
新的制造技术可以提高生产效率和产品质量，缩短飞机交付给客户的时间。这一点对于波
音公司降低成本、提高产品的竞争力至关重要。

（a）倾斜生产线　　　　　　　　　　　　　　　　　　（b）移动生产线

图 10-8　波音公司由倾斜生产线向移动生产线转变

图 10 - 9　波音公司脉冲移动式生产线

　　波音公司在飞机生产线取得成功的同时，航天器研制同样采用了生产线脉冲移动的研制模式。目前已发射了 260 多颗航天器，航天器总在轨寿命达到 2500 年。特别是波音公司制造了首批 40 颗全球定位系统（GPS）卫星，使精确导航发生了革命性的变化。之后，波音又签订了制造 33 颗新一代 GPS 卫星的合同。波音公司采用"脉动线"AIT 流程，大大缩短卫星制造时间，减少了卫星移动距离，增加了卫星下线速度。GPS 订单一次 12 颗卫星，迫切需要脉冲生产线，实现 2 颗卫星在轨正常运行，2 颗卫星已经完成等待发射，8 颗卫星在脉冲生产线的不同位置上。该生产线/车间的主要特征为依托数字化、智能化手段，通过生产过程的精益化、虚拟化和智能化生产管控方式，大幅提升产品的研制效率和质量。

10.2.2.3　泰雷兹阿莱尼亚宇航公司（Thales Alenia Space）

　　泰雷兹阿莱尼亚宇航公司隶属于泰雷兹集团，是欧洲最大的卫星制造商，为民用和军用客户提供从设备、载荷、卫星到系统工程和服务的各项技术。卫星研制业务涵盖了气象监测、深空探测、对地观测、军用预警、通信、导航等领域，其中在通信卫星领域是全球星二代、O3b、铱星二代等星座的主承包商，在导航领域牵头组织伽利略导航系统的系统设计和端到端集成。图 10 - 10 为泰雷兹阿莱尼亚宇航公司 AIT 流程。

　　（1）"技术岛"生产组织模式

　　泰雷兹阿莱尼亚宇航公司为全球星（Globalstar）计划生产 56 颗航天器，为了满足紧迫的发射日程，要求一星期出厂一颗航天器。由于严格的质量要求和先进复杂的技术，传统的生产线方式已经不能符合要求，因此它以新的方式来建立航天器 AIT 中心，建立了

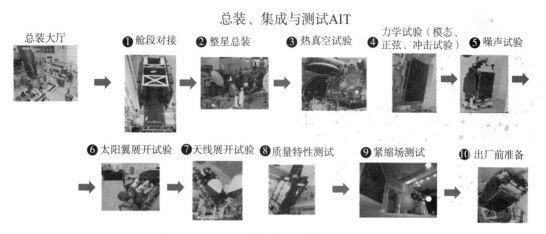

图 10-10　泰雷兹阿莱尼亚宇航公司 AIT 流程

一系列的"岛"来完成航天器 AIT 的各工序，整个"岛"列可以按流水线一样完成多颗航天器的 AIT 工作，节约了大量研制时间，确保最短时间布置整个星座。航天器系统级 AIT 厂房主要在意大利罗马和法国戛纳，全球星的鉴定星在法国戛纳 AIT 厂房完成，飞行星在意大利罗马 AIT 厂房完成。图 10-11 为泰雷兹阿莱尼亚宇航公司法国戛纳 AIT 厂房布局，图 10-12 为泰雷兹阿莱尼亚宇航公司意大利罗马 AIT 厂房布局。

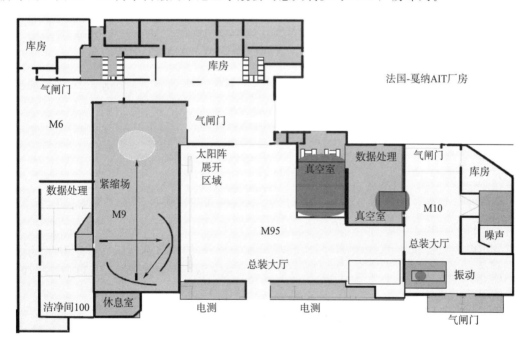

图 10-11　泰雷兹阿莱尼亚宇航公司法国戛纳 AIT 厂房布局

泰雷兹阿莱尼亚宇航公司对各种可能的方法进行了详细的研究，并最终确定了一种称为"技术岛"的解决方案，开创了卫星 AIT 批生产的典范，改变了传统的 AIT 的方法，其批生产模式的主要特点如下：

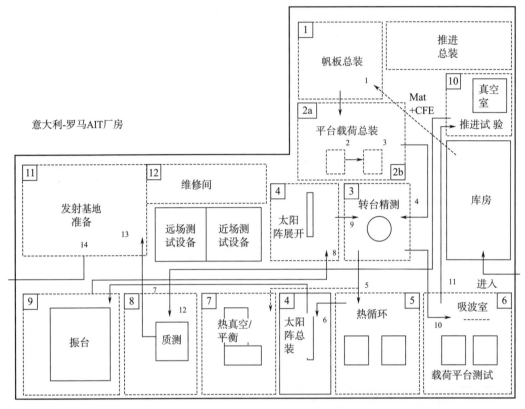

图 10 - 12　泰雷兹阿莱尼亚宇航公司意大利罗马 AIT 厂房布局

1）并行工程设计方法：卫星设计、生产采用并行法，AIT 工程师和设计工程师从项目早期开始参与卫星研制。

2）验证简化。

3）技术岛生产线。建立一条卫星组装、集成以及测试的流水线。

4）完备的信息管理系统。实现卫星生产全过程数字化管理。

泰雷兹阿莱尼亚宇航公司在全球星的总装、集成和测试中采用了"技术岛"生产线。每颗卫星依次流转于不同"技术岛"的专用区域，完成特定装配和试验。每个"技术岛"配有专用电测设备和专业工程师，用于完成特定 AIT 活动。这种组织结构使每个"技术岛"仅仅需要进行同样的组装、集成和测试活动。随着操作的不断重复，AIT 工程师能力和熟练程度得到极大的提高。每个"技术岛"配备质量监督人员，控制"岛"内的操作质量和操作规范。同时在"岛"外建立库房，负责为技术岛提供各种配件等。技术岛之中有一个是"故障岛"，负责维修或者检查有故障的卫星，从而不影响整个系统的流水作业。总的来讲，在"技术岛"建设以及配置过程中贯彻如下三个关键原则：

1）测试设备、工具、工装尽量不能在各"岛"流动；

2）卫星不能在生产线上倒流；

3）人员尽量不在各个"技术岛"流动。

如图 10 - 13 所示，意大利罗马 AIT 厂房中共创建了如下 8 个"技术岛"：

1 号技术岛：推进设备离线装配和推进设备总装测试；

2 号技术岛：平台离线集成、平台集成和有效载荷集成；

3 号技术岛：精测；

4 号技术岛：平台性能和有效载荷性能测试和热循环/热真空试验；

5 号技术岛：太阳翼安装、振动试验和太阳翼拆除；

6 号技术岛：质量特性测试；

7 号技术岛：出场验证和卫星运输准备；

8 号技术岛：故障处理。

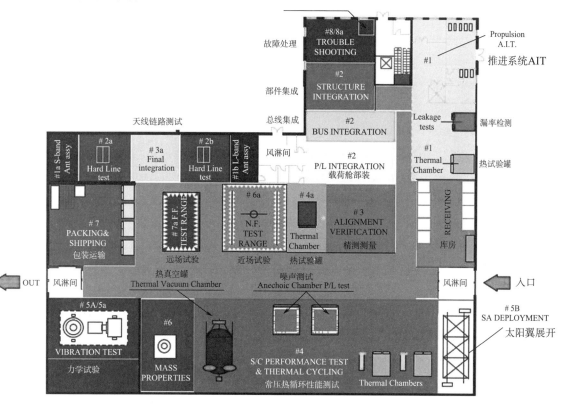

图 10 - 13　技术岛生产线布局（1 号～8 号）

泰雷兹阿莱尼亚宇航公司为每个"技术岛"配置了一套专用的 EGSE 系统，使 Globalstar EGSE 体系结构具有适应卫星批生产的特点；多套 EGSE 同时工作，并通过局域网络相互连接；EGSE 模块化设计保证每套 EGSE 部件对多个应用的兼容性，减小当设备出现故障时的进度风险和备件的成本。

（2）未来工厂

泰雷兹阿莱尼亚宇航公司与合作伙伴 KUKA 和 AKEO＋共同开发的 SAPHIR 机器人项目从 2015 年下半年即开始部署在戛纳总部的无尘车间中，实现了通信卫星载荷板上插件的自动化安装。该系统是双机器人协作（见图 10 - 14），一个准备工作，一个安装预埋

件，该系统大大减少了一块舱板上所需要的 3 500 个预埋件的时间，操作周期从以前的 3
个星期 2 个员工连续工作，减少到 1 套 SAPHIR 系统工作 1 周。该系统的目的除了提高可
靠性和减少周期、成本外，还将操作者从这些重复性、低附加值工作的任务中解脱，从而
专注于更加复杂、更高附加值的生产任务。该系统是泰雷兹阿莱尼亚宇航公司"未来工
厂"项目的重要组成部分，自动化是制造商当今快速发展的工业环境中加速卫星生产的一
个解决方案。未来工厂的理念是在生产过程中引入最先进的技术。而随着机器人系统不断
应用于卫星零部件装配中，其潜在的应用需求也在不断增大。未来将会继续研发出一种类
似于这种机器人系统的新的系统应用于卫星总装过程中，比如面板标记（能够将机器人将
要操作的地方进行标记）。2017 年下半年，SAPHIR 已获得批准在 Bangabandhu 电信卫星
上进行正式应用。虽然 SAPHIR 系统目前专注于安装插件（见图 10 - 15），但潜在应用领
域确实是巨大的。

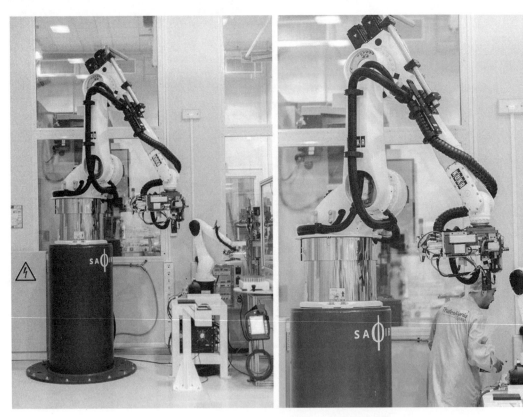

图 10 - 14　SAPHIR 双机器人协作系统

　　由于卫星的单件生产特性，每颗卫星都是独一无二的，导致生产阶段需要高度的操作
灵活性。引入 SAPHIR 对同类产品装配快速实施具有明显的示范作用，是一种突破性的
进展。后续泰雷兹阿莱尼亚宇航公司将继续和合作伙伴开发并引入协同机器人 cobot（见
图 10 - 16），实现人和机器工作空间的共享，使机器人能够结合人类的认知能力，为卫星
总装效率和敏捷性的进一步提升铺平道路。

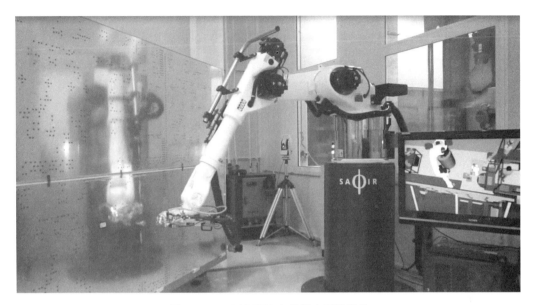

图 10 - 15　SAPHIR 在舱板上安装插件

图 10 - 16　协作机器人 cobot

（3）现场工艺看板

通过与法国达索公司合作，泰雷兹阿莱尼亚宇航公司建立了一套包括 3DVIA Composer、SharePoint 在内的数字化协同系统，大幅改善了卫星组装流程，缩短了发射升空时程。在研究数字化应用方法时，泰雷兹阿莱尼亚宇航公司将中心放在了如何将文字与三维信息结合用于指导无尘车间的卫星装配上。2007 年开始，该公司即开始尝试使用 Office SharePoint 将 3DVIA Composer 与 Office 文档进行集成，在实际装配操作中充分利用各自信息，减少装配错误，并从装配过程中积累相关知识。该系统可以同时处理多种基础企业流程，并接收各流程管理人员的指令，大幅提高作业灵活度。每个作业步骤都以文字和 3D 说明进行详细解释，并能实现基于 3DXML 格式的多应用共享。此外，工人在作业过程中如果发现任何问题，都可以立即在车间中通过平板电脑，在 3D Composer 中对问题进行描述和编辑，然后通过 SharePoint 将问题反馈到企业流程中，令团队其他人员能够获取该信息并及时展开协同工作。

　　泰雷兹阿莱尼亚宇航公司目前已经在其法国和意大利的站点内部署了达索公司的数字化产品，包括 Enovia，Catia，3Dlive 和 3DVIA Composer，将来还将对其西班牙和比利时的站点进行完善，以改进公司的协同效率。通过上述数字化软件的应用，用户通过合理化工具并提高其流程质量，缩短了整体开发时间并提高了全球工程效率；合作伙伴和供应商可以访问 PLM 平台，以改进实时协作；企业中的所有用户都可以在开放、安全的环境中访问最新的数据。图 10 - 17 为泰雷兹阿莱尼亚宇航公司的 3DVIA Composer 应用场景。

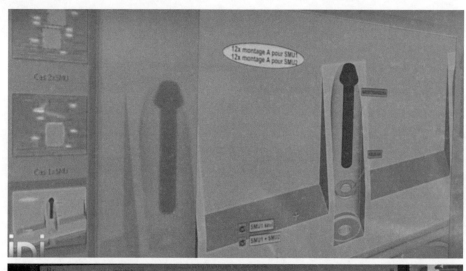

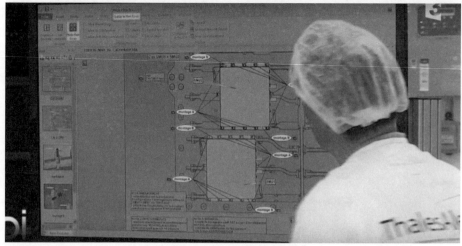

图 10 - 17　泰雷兹阿莱尼亚宇航公司的 3DVIA Composer 应用场景

10.2.2.4　一网卫星公司

一网卫星（OneWeb Satellites）公司是知名卫星运营商一网公司和空中客车防务及航天（Airbus Defence and Space）公司共同成立的合资企业，该公司开创利用自动生产、组装流水线进行大规模、低成本卫星生产，将大大促进商业航天产业的发展，其生产线将借鉴飞机组装生产线的办法，精简制造过程，每月能生产出多达 32 颗先进的低成本小型通信卫星，以部署到低地轨道上，用于向全球范围内的数十亿人提供互联网接入服务。

一网卫星公司生产线由设计与制造两大部分组成，其中设计站在清洁环境下发出组装测试指令并数字显示确保设计质量，之后制造站开始组装工作。制造部分包括五个主要的模块工作站，分别为太阳能电池阵站（Solar Array）、推进系统站（Propulsion）、航电系统站（Avionic）、有效载荷站（Payload）、总装站（FAL）。每个工作站都包含有几个较小的工作站，每个站内只需配有两名工作人员记录数据、操作机器人即可，在总装站内一共有大大小小的 30 个工作站，一网卫星公司计划每天进行一次调整，其灵活性可增加三倍。该条生产线将在图卢兹首先制造出 10 颗卫星进行验证和修正卫星的设计，最后确定卫星组装元件，在佛罗里达的新工厂建造两条生产线并行工作，进一步提高卫星量产效率。图 10-18 为生产布局图。

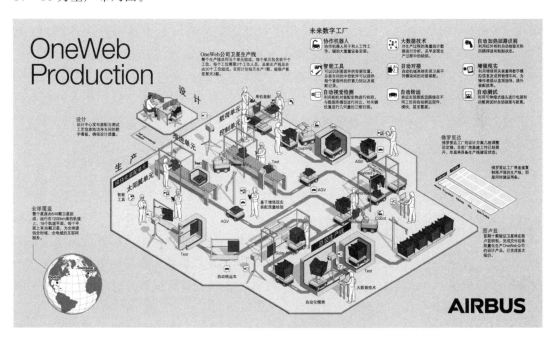

图 10-18　生产布局图

一网卫星公司的 AIT 模式充分借鉴飞机的流水线组装方式，采用多模块并行研制的模式，并通过大量的先进技术手段来保证其装配质量和效率，将体现最高的自动化水平，机器人设备在车间内运送卫星部件，并进行组装和星上设备安装，由此将消除人为差错。该公司人员将采用专用工具来安装设备，而专用工具将把数据传送给数据采集中心，以用于改进工艺。该公司的卫星制造工作将引入一些独有的新元素，将能大大提高成本效益。

采用的先进技术主要包括：人工与机器人协作、大数据分析、自动加热装置、智能工具（预置力矩及装配位置）、防差错设计装配、虚拟现实技术、自动装配检测、AGV 和自动测试技术。

1）人机协作：工业机械臂与人工协同配合，主要用于大质量设备的转运；

2）大数据分析：基于卫星的大批量生产带来的海量数据，在卫星的研制过程中进行横向及纵向的比对，以便及早发现产品研制过程中的缺陷；

3）自动加热装置：红外摄像头可以有效地保证热量均匀地施加于航天器的表面；

4）智能工具：智能工具可以识别紧固件的安装位置，总装车间的中控软件可以提供每个紧固件的拧紧力矩以及装配记录；

5）防差错设计装配：基于防差错设计的装配可以保证不同的航天器部件准确地安装到其指定的位置；

6）虚拟现实技术：基于 3D 识别技术的数字化手段可以为操作者提供独特的视角，以提高他们的装配效率；

7）自动装配检测：携带有正确安装模型的相上机被用来检测装配的正确性；

8）AGV：大质量的卫星部件、整星等借助 AGV 实现沿厂房内规定路线的行进；

9）自动测试技术：借助可重复使用的测试设备来实现卫星的性能及功能测试。

在太阳翼模块单独 AIT 阶段分别采用了自动装配检测、虚拟现实技术、智能工具（预置力矩及装配位置）、AGV 等先进手段；在推进模块单独 AIT 阶段分别采用了自动装配检测、虚拟现实技术、AGV、工业输送系统等先进手段；在电控模块单独 AIT 阶段分别采用了工业机械臂、自动装配检测、AGV、工业输送系统等先进手段；在有效载荷模块单独 AIT 阶段分别采用了工业机械臂、自动装配检测、自动加热装置、AGV、自动吊装系统等先进手段。

10.2.2.5　其他航天公司

美国雷神公司对 SeeMe 卫星进行了特殊化设计，采用商业现货产品完成批量化生产。SeeMe 卫星在雷神公司位于美国亚利桑那州图森的一个"小型空间工厂"完成组装和测试，该工厂原为一条导弹系统生产线，如今经过改装，也能够用于小卫星的自动化组装和测试工作。雷神下一阶段生产线的发展目标是，将使用多种机器人来加速组装工作并改进整体的产品质量，通过设计用于多种导弹/卫星的融合式组装线设施，组建未来的"空间工厂"，可为战术导弹与卫星提供综合的自动化组装与测试。

根据雷神公司对下一代"空间工厂"的设计理念，该工厂围绕一条自动化的组装和测试线展开设施部署：组装线将由固定式和轨道移动式工业机器人完成设备的组装，并由中央计算机控制系统进行控制，而测试线则依次由通信和射频测试系统、热真空测试系统、热测试系统、振动测试系统、通用工具和部件系统、质量和重心测试系统以及传感定标系统等组成。雷神公司还计划加入远程可操作的热真空舱，从而使整个卫星的组装与测试设施系统更加完善。

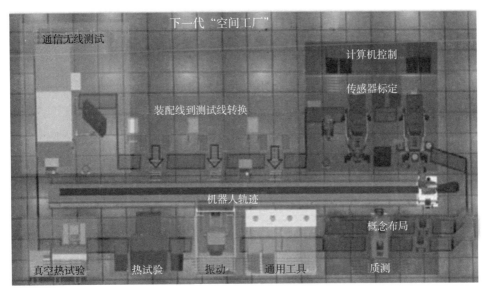

图 10-19　雷神公司下一代"空间工厂"理念设计图

10.2.3　航天器智能总装车间关键技术

10.2.3.1　航天器智能总装生产体系构建技术

由于航天器总装生产元素规模庞大、关系复杂，生产过程高度耦合，生产系统模型需兼顾多样化、可扩展的信息流、物流集成需求，建立适用且统一的生产系统难度大，相应生产系统仿真的可调变量规模庞大，对应生产效能评估与优化算法的研究难度大，并需要研究新的信息应用体系以适用人工为主导的智慧装配模式。

以现有的 PLM、MES、ERP 系统为基础，建设虚拟车间规划与仿真平台、生产管理与信息物理融合平台、物理车间智能装备平台以及智能化生产控制中心，通过引入大数据、人工智能、机器人、AGV 等自动化、智能化技术与装备，充分发挥信息技术与智能装备的优势，实现航天器总装生产过程的感知—决策—控制—执行的一体化，构建具有"动态感知、实时决策、自主控制、精准执行"特征的航天器总装智能车间，使航天器在各个生产单元/生产线之间进行有序流动。图 10-20 为智能车间总体技术框架。

（1）虚拟车间规划与仿真平台

基于三维模型开展总装工艺、工艺装备、工艺流程、工艺布局的数字化设计，对生产系统进行规划、仿真、评估与分析，在信息空间中构建与物理车间相对应的全要素的航天器总装虚拟车间，开展虚拟生产。

（2）生产管理与信息物理融合平台

将虚拟车间规划与仿真结果转化为物理车间的生产指令，同时通过基础网络系统采集生产过程中航天器产品、智能工艺装备、测量设备、末端夹持器、公共资源的技术状态和使用状态，在虚拟车间和物理车间之间建立信息物理系统，实现人—人、人—机、机—机之间的通信和协同工作。

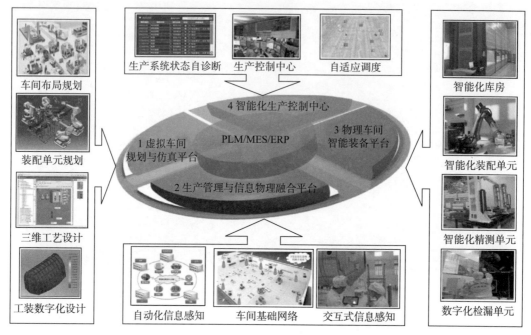

图 10-20　智能车间总体技术框架

（3）物理车间智能装备平台

通过装备的智能化升级和系统集成，实现装配、调姿、对接、检测、测量等典型工艺过程的智能化；引入总装物料自动化存储、定位、配送装置，建立车间级物联网，实现对物流的智能化管理；按工艺流程建立"分布各处、集中管理"的装配及测试单元，按生产纲领和单元功能配置专门的装备和人员，航天器产品在单元间有序流动。

（4）智能化生产控制中心

通过建立智能车间运行模型，实现对生产过程的建模、仿真与控制，开展车间的自我诊断、自我预警、自我调整和自适应控制，通过智能化调度系统动态匹配车间内任务与资源，实现资源的优化配置，提高有限生产资源的利用效率，从而实现车间感知—决策—控制—执行的一体化。

在实施过程中，针对航天器智能化总装车间建设需求，对工艺设计与仿真、总装执行系统、PLM 等相关信息化系统进行接口开发、功能完善和优化；以现有智能化工艺装备为基础，通过增加装备数量、集成装备系统、优化工艺流程，形成智能化总装单元和生产线；以现有 AGV 设备、自动化货柜为基础，建立基于物联网的自动化物流体系；新建车间智能监控网络、智能车间运行模型和总装生产中央控制中心。图 10-21 为航天器总装智能车间系统。

10.2.3.2　虚拟现实技术

（1）航天器装配工艺导引

装配工艺设计也称装配工艺规划，有广义和狭义之分。这里所指的均是狭义的装配，

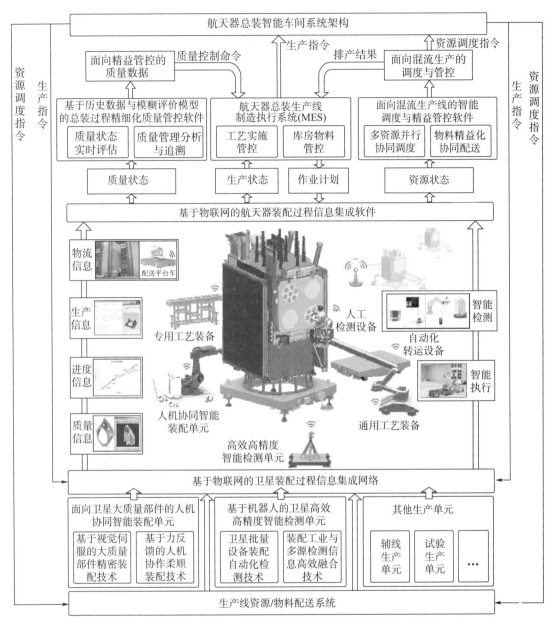

图 10-21　航天器总装智能车间系统

是指作业级的装配规划，它是指在一定的决策规律指导下，决定采用何种装配方案、装配顺序、装配路径及所需的工装夹具等，在经济优化的前提下，将零件组装成产品的过程。一般而言，它主要包含以下步骤和内容：1）审查资料，了解产品结构；2）分析装配技术要求；3）制定工艺路线，确定装配顺序；4）规划装配过程；5）编制工艺文件；

　　传统的航天器装配工艺设计主要靠有经验的工艺人员手工完成。目前，国内的航空、航天、船舶等生产部门，手工编排方法占绝大多数，这是因为：1）装配工艺规划本身极其复杂，涉及因素很多，从战略性的如市场需求、生产规模、劳动力分配等，到车间的具体操作技术、工装设备的使用优化等，都制约着最终的装配工艺过程；2）装配工艺设计与实践过程中积累的知识、经验密切相关，装配知识具有较强的模糊性、不确定性和经验性，而手工装配设计针对性较强，能迅速解决装配过程中存在的具体问题。尽管如此，手工装配工艺的方法不可避免地存在一系列不足，主要包括优化程度低，设计效率低，一致性差，设计难度大等问题。

目前，在国外，虚拟装配仿真技术已形成了由政府、产业界、大学组成的多层次、多方位的综合研究开发力量。典型的应用如波音 787 飞机，整个飞机的设计完全是在虚拟环境中完成的，并在虚拟环境中实现了飞机的设计、制造、装配的一气呵成。在国内，包括西安飞机设计研究所、北京空间飞行器总体设计部、南京航空航天大学，也早已建立了虚拟装配体系。

尽管虚拟装配仿真技术已经取得了很好的发展和进步，但是完全基于电子模型的虚拟装配技术仍然有很大的局限性：无法针对特定的航天器组装场景搭建系统；虚拟的装配场景无法和真实场景匹配；从虚拟装配到实际装配缺少有效的引导；虚拟显示界面不够真实、直观；虚拟装配系统无法根据实际场景实时更新等问题依然存在。图 10 - 22 为 ESA 基于增强现实的操作导引研究。

图 10 - 22　ESA 基于增强现实的操作导引研究

（2）增强现实引导技术

增强现实指在真实的世界中添加虚拟的内容来加强视觉的体验，是借助显示技术、交互技术、多种传感技术和计算机图形与多媒体技术把计算机生成的虚拟信息合成到用户感知的真实世界中的一种技术，其目的是实现对现实世界信息的补充，使用户从感官效果上确信虚拟环境是周围真实环境的组成部分。增强现实技术具有虚实结合、实时交互和三维注册的特点，因而是一种非常理想的人机交互方式，在机器人远程控制、医学、制造维修、注册和可视化、机器人路径设计、军事训练、商业和娱乐等方面具有广泛的应用前景。不管是从代表性的硬件 Hololens 还是代表性的软件解决方案如 Vuforia 都取得了实质性的发展。在航空和智能装配领域，如航空工艺设计、全息索引、车间操作培训、虚实装配等工程中，也有潜在的应用和发展。

增强现实技术的研究现状主要可以分为以下几个方面。

（1）注册跟踪技术

跟踪注册（Tracking Techniques）技术，目前常用的方法可以分为以下三种：1）基于传感器的跟踪注册技术，这类跟踪器包括电磁跟踪器、超声波定位器、惯性跟踪器、测距仪、全球定位系统等，相应的技术各有优缺点；2）基于视觉的跟踪注册技术，此类方法又分为基于特征（Feature‐Based）和基于模型（Model‐Based）两种，其中后者最为常用；3）混合跟踪注册技术是指基于视觉和基于传感器共存的跟踪注册技术。

（2）三维显示和渲染技术

如何简单便捷地让用户感知现实场景和虚拟物体的融合，是显示技术所必须解决的问题。目前的增强现实系统主要使用透视式头盔显示器，而透视式头盔显示器又分为光学透视式头盔显示器（Optical See‐Through HMD）和视频透视式头盔显示器（Video See‐Through HMD）两种。

（3）交互技术

目前常用的交互工具包括手势识别、语音识别、力反馈设备、数据手套、六自由度鼠标、特制标志等。这些工具都需要在数据库中预先设定各种命令对应的动作，以便在系统识别时对照先验知识来进行操作。它们有各自的应用环境，针对不同的应用要求有不同的组合。图 10‐23 为基于增强现实的设备安装（ESA），图 10‐24 为基于增强现实的装配质量检测（ESA）。

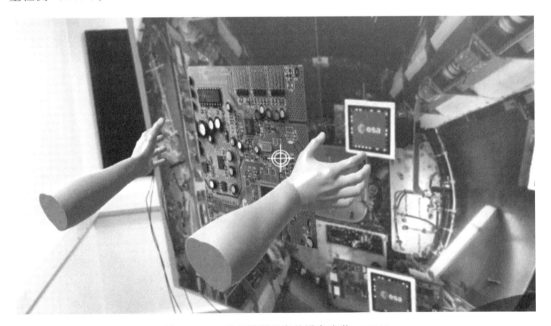

图 10‐23　基于增强现实的设备安装（ESA）

10.2.3.3　数字孪生技术

数字孪生的雏形最早由 NASA 的阿波罗项目提出，虚拟模型通过仿真等形式镜像反映物理实体的运行状态。2003 年，密歇根大学的 Michael Grieves 教授在产品全生命周期

图 10 - 24　基于增强现实的装配质量检测（ESA）

课程中提出了"与物理产品等价的虚拟数字化表达"的概念，其模型包含物理空间、虚拟空间以及两者之间的数据和信息交互，这被认为是数字孪生概念的雏形。2012 年，美国NASA 定义数字孪生体为一个面向飞行器或系统的集成的多物理、多尺度、概率仿真模型，它利用当前最好的可用物理模型、更新的传感器数据和历史数据来反映与该模型对应的飞行器实体的状态。图 10 - 25 为数字孪生概念模型。

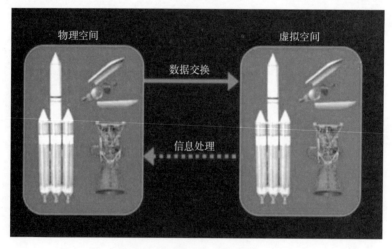

图 10 - 25　数字孪生概念模型

　　近几年来，数字孪生技术在理论层面和应用层面均得到了迅速发展，其应用范围也逐渐从产品设计阶段向产品制造和运维服务等阶段转移。模型轻量化、MBD、基于物理的建模等模型数字化表达技术的兴起和广泛应用，使得采用数字化方式在产品全生命周期各阶段精确描述物理产品成为可能。大数据、物联网、移动互联网、云计算等新一代信息与通信技术的快速普及与应用，大规模计算、高性能计算、分布式计算等计算机科学技术的快速发展，以及机器学习、深度学习等智能优化算法的不断涌现，使得产品动态数据的实时采集、可靠与快速传输、存储、分析、决策、预测等成为可能，为虚拟空间和物理空间的实时关联与互动提供了重要的技术支撑。

采用数字孪生技术进行航天器总装，可以减少装配缺陷和降低产品的故障率、减少装配过程反复、减少人为差错、降低技术协调成本、有效改善响应速度低的问题，从而提高航天器总装车间智能化水平。通过搭建"人—机—料—法—环"融合的航天器总装数字孪生系统，完成设备互联协同、接口协议规范、平台软件研发等工作，可研制一套构建航天器总装车间数字孪生的方法和应用验证系统，为航天器总装车间智能化运行提供数据支持。

航天器总装数字孪生系统由五个层组成，其中设备层包括总装车间的数据采集终端（视觉、力觉、位置等各类传感器）和智能化部件（机器人、AGV 等），是车间自动执行与在线感知的基础元件；通信层借助有线/无线及串口通信实现采集数据和发布指令的传输，是连接设备层与数据层的纽带；数据层保存采集的现场数据，主要涉及基础数据、装配流程、物料信息、质量信息、设备运行等数据库，为业务执行提供依据；业务层实现总装流程的推进和功能的实现，按生产计划发布工艺指令，驱动车间设备层具体执行，采集现场数据并形成数据库，进而开展数据归档、查询、分析等业务需求操作；应用层将具体业务通过可视化的方式展示给用户，实现总装生产线数据采集、分析以及可视化。图 10 - 26 为数字孪生系统架构，图 10 - 27 为可视化展示系统界面。

航天器总装智能车间数字孪生系统架构

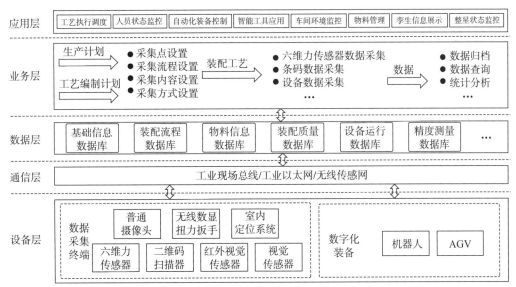

图 10 - 26　数字孪生系统架构

10.2.3.4　共融机器人

机器人具有负载大、响应快、精度高等优点，通常被用来替代人类从事重复、繁重或

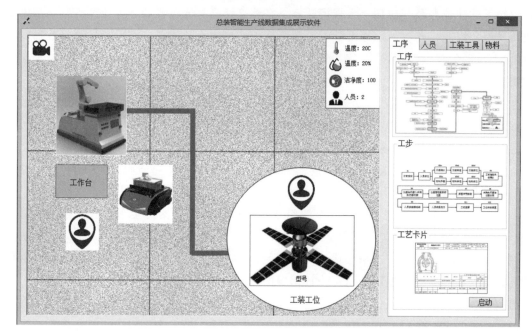

图 10 - 27　可视化展示系统界面

者危险的任务，在工业制造的各领域得到了广泛应用。随着传感器、人工智能、自动控制等学科和技术的进步，机器人正逐步发展成具有感知、认知和自主行动能力的智能化装备，特别是共融机器人概念的提出极大地丰富了机器人的任务内涵。所谓共融机器人，是指机器与人共享同一时间下的工作空间和生产活动，利用人类更为直接的认知和高度智能的决策能力，发挥机器大承载、高精度执行的优势，通过人机协同作业完成非结构化环境下的非确定性任务。共融机器人的发展面临着三大技术瓶颈：情景认知、人机协作以及安全防护，其中情景认知需要解决的是机器人对非结构化环境、不确定性作业任务的感知以及对人类行为和抽象指令的理解，人机协作解决在线实时人机交互、动态未知环境中自主作业等问题，安全防护解决的是人机协作过程中机器人行为自律控制问题，为人机协同作业提供技术支撑。

　　人与机器人共融协作的作业方式可以将机器人载重量大、运行稳定精度高的特点，与人观察、操作的灵活性相结合，适用于航天器复杂多变的装配工况。但已有共融协作型机器人主要面向电子行业的零部件组装，另外需考虑人机协作的安全性，承载能力均较小。在航天器总装阶段，数十至数百千克部件的安装工作对机器人有较大的需求，此类部件依靠人工安装难度大、风险高，而对于质量较小的部件则可直接手工安装完成，无需机器人。因此，航天器大质量部件的装配对大负载共融机器人提出了需求。

　　相对于轻型的共融机器人，"重型"共融机器人将面临更多的挑战，主要体现在：

　　1) 安全问题，机器人承载能力越大，其能够释放出的能量也就越大，机器人异常动作会对人及产品造成更大的伤害，因此，对于"重型"共融机器人，在共融工作中确保人及产品的安全是首先需要解决的问题。

2）力感知与力柔顺控制，力感知与力柔顺控制是共融机器人必须具备的能力之一，对于轻型共融机器人，负载质量对机器人柔顺控制的影响不大，而对于"重型"共融机器人，必须考虑负载质量的影响，在地面环境下，负载质量会带来重力及惯性力，如何避免其影响并获得高的力觉灵敏度与柔顺度，是需要解决的关键问题。

（1）基于力控制的安全防护

基于力控制的安全防护主要包括关节力矩控制和腕部六维力控制，其中关节力矩控制是通过在机器人各关节安装力传感器或由电机的电流值估计力矩值，利用力控制回路将碰撞力控制在期望值之内。在机器人正常运行时工作于位置控制模式，当碰撞发生时，工作于力控制模式以保证机器人的安全性。当前主流的共融机器人，如库卡 iiwa、优傲机器人、ABB 的 YuMi 机器人，均通过以上方式进行安全防护。该类型的共融机器人一般负载比较小，不适用于航天器大质量设备装配作业。

腕部六维力控制是通过在机器人腕部与末端负载之间安装六维力传感器，用于机器人的力反馈控制。在机器人执行任务过程中，六维力传感器能够实时测量空间任意力系中的三维正交力（F_x，F_y，F_z）和三维正交力矩（M_x，M_y，M_z），通过提前标定负载的质量参数可以消除重力的影响，感知到机器人末端负载受到的外力，据此进行碰撞检测与柔顺控制，从而实现人与机器人的共融协作执行装配任务。该类型协作机器人比较适用于大负载情况，在航天器大质量设备装配方面取得了良好的应用效果。图 10 - 28 为典型的协作机器人，图 10 - 29 为机器人末端负载受力情况示意图。

图 10 - 28　典型的协作机器人

（2）基于安全皮肤的碰撞防护

安全皮肤是针对机器人本体进行碰撞防护的一种技术，可实现接触及非接触条件下的

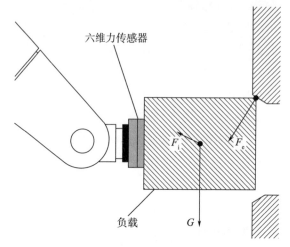

图 10 - 29　机器人末端负载受力情况示意图

碰撞感知预警。2001 年，威斯康辛大学的机器人实验室首先研制出基于阵列红外传感器的敏感皮肤，可实现非接触的碰撞预警。2005 年，哈尔滨工业大学机器人研究所也研究出了基于阵列红外传感器的敏感皮肤。在接触碰撞感知方面，2013 年，合肥工业大学电子科学与应用物理学院研制了基于阵列电阻传感器的敏感皮肤，可实现局部三维力的感知。2015 年，北京科技大学机械工程学院研制了基于阵列压阻传感器的敏感皮肤，使用压敏导电橡胶，柔性化程度较高。2015 年，合肥工业大学电子科学与应用物理学院研制了基于阵列电容传感器的敏感皮肤，设计的皮肤单元具有通用的接口，可任意扩展皮肤面积。图 10 - 30 为基于阵列电容传感器的可拼接敏感皮肤。

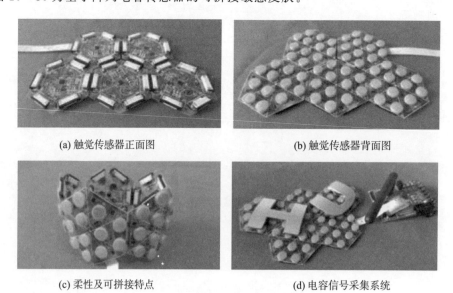

　　(a) 触觉传感器正面图　　　　　　　　　(b) 触觉传感器背面图

　　(c) 柔性及可拼接特点　　　　　　　　　(d) 电容信号采集系统

图 10 - 30　基于阵列电容传感器的可拼接敏感皮肤

（3）基于虚拟工作空间的碰撞预警

　　虚拟仿真与增强现实技术也是保证人机协作安全的手段之一。针对特定的人机协作工况,通过虚拟仿真提前规划人与机器人各自的动作,设置机器人的虚拟工作空间,利用增强现实技术在空间中显示出哪些区域是安全的,操作者可以根据显示进入安全区域进行操作,将危险区域采用高亮颜色进行标识,对操作者进行安全警示,确保工作中的人机协作安全。图 10 - 31 为虚拟环境安全区域示意图。

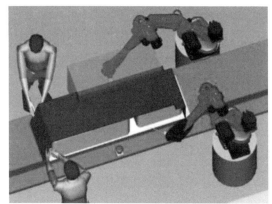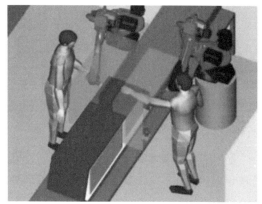

图 10 - 31　虚拟环境安全区域示意图

10.3　发展启示

　　为提升我国航天制造领域整体竞争力,保持可持续发展,实现转型升级,应借鉴欧美制造强国提出的先进制造发展战略理念、目标和制定的路线图,紧密围绕中国航天发展战略以及中国制造 2025 战略,结合当前我国航天器制造领域数字化、信息化、智能化工作基础,全面推进航天领域信息技术与制造技术的融合发展,加强以航天器制造智能化为中心的关键核心技术研发能力。

　　根据国外航天产业和制造业技术发展趋势,智能化技术在航天器总装的应用是一个循序渐进的过程,航天器的单件化主导生产模式及其复杂的制造特征决定了新技术在航天器总装领域应用的难度和极大阻力。从智能制造相关技术的发展应用情况可以判明,未来的发展重心将集中于如下几个方面。

　　(1) 人机协作机器人

　　面向航天器大质量部件的装配需求,研究将传统工业机器人改造成为可用于航天器大质量部件装配的共融机器人。通过柔性防碰撞、增强现实人机交互等技术的研究确保工业机器人在人机共融中的安全性。通过机器人末端动态受力感知、柔顺控制等内容的研究,增强机器人对不同工况的适应性。进一步通过增强现实人机交互技术的研究,实现便捷的人机共融交互。研制出航天器大质量部件装配的共融机器人系统,为我国航天器研制提供高效率、高可靠性的新型装备。

（2）数字孪生技术

数字孪生将成为未来工厂的数据纽带，不仅打通产品、企业生命周期的虚拟数据链条，还将赋予企业更强的控制能力，大幅提高各层面和领域的决策精度和效率。对于航天器总装来说，意味着质量的全面保障和数据向 AIT 现场的高效传递与应用。

（3）增强现实技术

增强现实作为一种人机交互技术，对于以人工操作为主导的航天器装配行业来说具有非常巨大的潜在价值。但该项技术不能单纯地使用，而必须与企业的工程数据链条进行深度集成，妥善解决可视化对象的定义、交互方法、应用流程等问题，使增强现实技术成为企业数字化、智能化的有机载体而不仅仅是作为工具。

10.4　小结

面对未来航天器研制对总装能力提出的新要求以及中国制造 2025 对航天器总装集成的技术发展要求，本章从航天器智能总装车间的角度阐述了技术发展趋势，介绍了国外先进航天公司在智能总装领域的最新进展，梳理出航天器智能总装车间的关键技术，重点分析了航天器智能总装生产体系构建、虚拟/增强现实、数字孪生、共融机器人等技术与装备在航天器总装中的探索研究，最后给出了航天器总装智能车间技术的发展启示。

参 考 文 献

［1］ 孔继利，贾国柱. 考虑搬运时间的多品种，小批量混流制造系统批量加工模式的优化与资源调度［J］. 系统工程理论与实践，2014，34（11）：2801－2807.

［2］ KELLER，B.，BUSCHER，U. Single row layout models［J］. European Journal of Operational Research，2015，245（3）：629－644.

［3］ KECKL，S.，KERN，W.，ABOU－HAYDAR，A.，et al. An Analytical Framework for Handling Production Time Variety at Workstations of Mixed－model Assembly Lines［J］. Procedia CIRP，2016，41：201－206.

［4］ KELLEGÖZ，T.，TOKLU，B. A priority rule－based constructive heuristic and an improvement method for balancing assembly lines with parallel multi－manned workstations［J］. International Journal of Production Research，2015，53（3）：736－756.

［5］ JARAMILLO，J. R.，MCKENDALL，JR. A. R. The generalised machine layout problem［J］. International Journal of Production Research，2010，48（16）：4845－4859.

［6］ SARAVANAN，M.，KUMAR，S. G. Different approaches for the loop layout problems：a review［J］. The International Journal of Advanced Manufacturing Technology，2013，69（9－12）：2513－2529.

［7］ MONOSTORI，L.，ERDÖ，G.，KÁDÁR，B.，et al. A. Pfeiffer and J. Váncza. Digital enterprise solution for integrated production planning and control［J］. Computer in Industry，2010，61（2）：112－126.

［8］ ZHANG，C. X.，CHENG，L. C.，WANG，X. D. Research on Architecture of Intelligent Manufacturing Based on Cyber－physical System［J］. Computer Science，2010，40（6A）：37－40.

［9］ CHEN，G. L.，ZHAO，C. R. Digital Production Line of Precision Forming Aero engine Blade［J］. Aeronautical Manufacturing Technology，2015（22）：78－83.

［10］ ALNAHHAL，M.，NOCHE，B. Dynamic material flow control in mixed model assembly lines［J］. Computers & Industrial Engineering，2015，85（C）：110－119.

［11］ 谢小成，姜莉莉，徐玉枝. 面向 PLC 自动控制生产过程的实时仿真系统设计［J］. 中北大学学报（自然科学版），2012，33（3）：282－287.

［12］ 黄琦，刘丽兰，王森，等. 基于动态数据驱动的钢铁生产仿真系统研究［J］. 制造业自动化，2016，38（7）：14－17.

［13］ GUO，L.，WANG，S. L.，KANG，L.，et al. Agent－based manufacturing service discovery method for cloud manufacturing［J］. International Journal of Advanced Manufacturing Technology，2015，81（9－12）：2167－2181.

［14］ BARENJI，A. V.，BARENJI，R. V.，HASHEMIPOUR，M. Flexible testing platform for employment of RFID－enabled multi－agent system on flexible assembly line［J］. Advances in Engineering Software，2016，91：1－11.

［15］ 邱伊健，涂海宁. 基于 Flexsim 与遗传算法的混流生产线仿真与优化研究［J］. 组合机床与自动

化加工技术，2015，8：120 - 123.

[16] 刘明周，马靖，王强等. 一种物联网环境下的制造资源配置及信息集成技术研究 [J]. 中国机械工程，2015，26 (3)：339 - 347.

[17] BUSCHER，C.，MEISEN，T.，SCHILBERG，D.，et al. VPI - FP：an integrative information system for factory planning [J]. International Journal of Production Research，2016，54 (8)：2215 - 2226.

[18] SENKUVIEN，I.，JANKAUSKAS，K.，KVIETKAUSKAS，H. Using manufacturing measurement visualization to improve performance [J]. Mechanika，2014，20 (1)：99 - 107.

[19] CAMBA，J. D.，CONTERO，M.，SALVADOR - HERRANZ，G.，et al. Synchronous communication in PLM environments using annotated CAD models [J]. Journal of Systems Science and Systems engineering，2016，25 (2)：142 - 158.

[20] 胡松松. 离散制造数字化车间基于 MES 的智能装备集成平台研究与设计 [D]. 重庆：重庆大学，2015，5

[21] 李章锦，刘检花，唐承统，等. 面向复杂产品离散装配过程的电子看板系统实现与应用 [J]. 计算机集成制造系统，2014，20 (2)：313 - 325.

[22] TURGAY ASLANDERE，MARKUS FLATKEN，ANDREAS GERNDT. Simulation of Hard Shadows on Large Spherical Terrains [M]. 3D Research，Volume 7，Issue 4，Springer - Verlag，Berlin - Heidelberg，December 2016.

[23] JOHANNES HUMMEL，JANKI DODIYA，LAURA ECKARDT，ROBIN WOLFF，ANDREASGERNDT，TORSTEN W. KUHLEN. A Lightweight Electrotactile Feedback Device for Grasp Improvement in Immersive Virtual Environments [C]. IEEE Virtual Reality，Greenville，South Carolina，USA，19 - 23 March 2016.

[24] MARKUS FLATKEN，JONAS MERKEL，ANNE BERRES，INGRID HOTZ，ANDREAS GERNDT，HANS HAGEN. Dynamic Scheduling for Progressive Large - Scale Visualisation [C]. EuroVis，Cagliary，Italy，May 25 - 19，2015.

[25] ARTURO GARCIA，DAVID ROBERTS，TERRENCE FERNANDO，CHRISTIAN BAR，ROBIN WOLFF，JANKI DODIYA，WITO ENGELKE，ANDREAS GERNDT. A Collaborative Workspace Architecture for Strengthening Collaboration among Space Scientists [C]. IEEE Aerospace Conference，Yellowstone Conference Center，Big Sky，Montana，USA，Mar. 7 - 14，2015.

[26] MARKUS FLATKEN，CHRISTIAN WAGNER，ANDREAS GERNDT. Distributetd Post - Processing and Rendering for Large - Scale Scientific Simulations In：M. Chen，H. Hagen，C. Hansen，C. Johnson，and A. Kaufman (Eds)，"Scientific Visualization：Uncertainty，Multifield，Biomedical，and Scalable Visualization" [M]. Mathematics and Visualization，Springer，London，pp. 381 - 398，Sept. 2014.

[27] ROBIN WOLFF，CARSTEN PREUSCHE，ANDREAS GERNDT. A modular architecture for an interactive real - time simulation and training environment for satellite on - orbit servicing [J]. Journal of Simulation (JOS)，Palgrave Macmillan，Vol. 8，Issue 1，pp. 50 - 63，Feb. 2014.

[28] JOHANNES HUMMEL，JANKI DODIYA，ROBIN WOLFF，ANDREAS GERNDT，TORSTEN KUHLEN. An Evaluation of Two Simple Methods for Representing Heaviness in Immersive Virtual Environments Proceedings [C]. IEEE Symposium on 3D User Interfaces (3DUI)，Orlando，FL，March 16 - 17，2013.

［29］ JOHANNES HUMMEL，ROBIN WOLFF，TOBIAS STEIN，ANDREAS GERNDT，TORSTEN KUHLEN. An Evaluation of Open Source Physics Engines for Use in Virtual Reality Assembly Simulations Proceedings ［C］，8th International Symposium on Visual Computing（ISVC），Rethymnon，Crete，Greece，July 16 - 18，2012.

［30］ PHILIPP M. FISCHER，ROBIN WOLFF，ANDREAS GERNDT. Collaborative Satellite Configuration Supported by Interactive Visualization IEEE Aerospace Conference，Big Sky，Montana，USA，March 3 - 10，2012.

［31］ MÜLLER R，VETTE M，SCHOLER M. Robot Workmate：A Trustworthy Coworker for the Continuous Automotive Assembly Line and its Implementation ［J］. Procedia Cirp，2016，44：263 - 268.

［32］ SU J，QIAO H，XU L，et al. A method of human - robot collaboration for grinding of workpieces ［J］. 2015：1156 - 1161.

［33］ 高鹏. 人机协作中机器人主动避碰技术研究 ［D］. 华南理工大学，2015.

［34］ WANG H，MA H，YANG C，et al. Simulation of one effective human - robot cooperation method based on kinect sensor and uncalibrated visual servoing ［C］// IEEE International Conference on Robotics and Biomimetics. 2015.

［35］ TSAROUCHI P，MATTHAIAKIS A S，MAKRIS S，et al. On a human - robot collaboration in an assembly cell ［J］. International Journal of Computer Integrated Manufacturing，2016：1 - 10.

［36］ ORE F. Human - Industrial Robot Collaboration ［D］. Mälardalen University，2015.

［37］ MICHALOS G，MAKRIS S，TSAROUCHI P，et al. Design Considerations for Safe Human - robot Collaborative Workplaces ［J］. Procedia Cirp，2015，37：248 - 253.

［38］ 何慧娟，王雷，许德章. 柔性触觉传感器在机器人上的应用综述 ［J］. 传感器与微系统，2015，34（11）：5 - 7.

［39］ 黄英，缪伟，李雷鸣，等. 三维力柔性触觉传感器电极研究与实验 ［J］. 电子测量与仪器学报，2013，27（1）：57 - 63.

［40］ 汪浩鹏. 用于接触压力测量的新型高柔弹性电子皮肤研究 ［D］. 北京科技大学，2015.

［41］ 黄英，郭小辉，刘家俊，等. 可拼接式全柔性电容触觉阵列传感器设计与实验 ［J］. 机器人，2015（2）：136 - 141.

［42］ T. KUBELA，A. POCHYLY，V. SINGULE，et al. Force - Torque Control Methodology for Industrial Robots Applied on Finishing Operations ［M］. Springer Berlin Heidelberg：Mechatronics，2012：429 - 427.

［43］ 索利骞. 力传感器结合机器人实现超长轴精密装配 ［J］. 机械研究与应用，2013，26（4）：1 - 7.

［44］ KIM W Y，HAN S H，PARK S，et al. Gravity Compensation of a Force/Torque Sensor for a Bone Fracture Reduction System ［C］//13th International Conference on Control，Automation and Systems. Gwangju，Korea，2013：1042 - 1045.

［45］ ARTIGAS J，DE STEFANO M，RACKL W，et al. The OOS - SIM：An on - ground simulation facility for on - orbit servicing robotic operations ［C］// Robotics and Automation（ICRA），2015 IEEE International Conference on. IEEE，2015：2854 - 2860.

［46］ 魏秀权，吴林，高洪明，等. 遥控焊接工具装配力控制的重力补偿算法 ［J］. 焊接学报，2009，30（4）：109 - 113.

［47］ 赵磊，刘巍，巩岩. 预紧式 Stewart 结构六维力/力矩传感器［J］. 光学精密工程，2011，19
        （12）：2954 - 2962.

［48］ 林君健. 基于力传感器的工业机器人主动柔顺装配系统研究［D］. 广州：华南理工大学，2013.

［49］ 蔡明君. 基于力融合控制的遥操作机器人同构式手控器研究［D］. 长春：吉林大学，2015.

［50］ 张庆伟，韩利利，徐方，等. 基于打磨机器人的力/位混合控制策略研究［J］. 化工自动化及仪
        表，2012，39（7）：884 - 887.

［51］ MASSA D. Manual guidance for industrial robot programming［J］. Industrial Robot，2015，42
        （5）：457 - 465.

［52］ DU H，SUN Y，FENG D，et al. Automatic robotic polishing on titanium alloy parts with compliant
        force/position control［J］. Proceedings of the Institution of Mechanical Engineers，Part B Journal of
        Engineering Manufacture，2015，229（7）：1180 - 1192.

［53］ 张光辉，王耀南. 末端 F/T 传感器的重力环境下大范围柔顺控制方法［J］. 智能系统学报，2015
        （5）：675 - 683.

［54］ 杨林，赵吉宾，李论，等. 有机玻璃研磨抛光机器人力控制研究［J］. 机械设计与制造，2015
        （4）：105 - 107.

［55］ 盛国栋，曹其新，潘铁文，等. 主从式机器人系统中力反馈的实现［J］. 中国机械工程，2015
        （9）：1157 - 1166.

［56］ 高强，田凤杰，杨林，等. 机器人自动研抛系统平台搭建及重力补偿研究［J］. 工具技术，2015，
        49（8）：47 - 50.

［57］ 缪新，田威. 机器人打磨系统控制技术研究［J］. 机电一体化，2014，20（11）：8 - 14.

［58］ 刘文波. 基于力控制方法的工业机器人磨削研究［D］. 广州：华南理工大学，2014.

［59］ RICHTER L，BRUDER R. Design，implementation and evaluation of an independent real - time
        safety layer for medical robotic systems using a force - torque - acceleration（FTA）sensor［J］.
        International journal of computer assisted radiology and surgery，2013，8（3）：429 - 436.

［60］ 3D Systems Press Release. 3D Systems Receives U. S. Air Force Rapid Innovation Fund Award. 2012.

［61］ MEGAN ROSE DICKEY. Hope You Trust 3D Printers — Boeing Uses Them To 'Print' Parts For Its
        Planes. 2013. http：//www. businessinsider. com/boeing - uses - 3d - printers - for - airplane - parts -
        2013 - 6.

［62］ Lockheed Martin and Sciaky partner on electron beam manufacturing of F - 35 parts. 2013. http：//
        www. 3ders. org/articles/20130117 - lockheed - martin - and - sciaky - partner - on - electron - beam -
        manufacturing - of - f - 35 - parts. html

［63］ PARMY OLSON. Airbus Explores Building Planes With Giant 3D Printers . 2012. http：//www.
        forbes. com/sites/parmyolson/2012/07/11/airbus - explores - a - future - where - planes - are -built -
        with - giant -3d - printers/

［64］ KEVIN GOMEZ. Tasman Machinery to showcase 3D printing technology for aerospace. 2013.
        http：//www. pacetoday. com. au/news/tasman - machinery - to - showcase - 3d -printing -technolog

［65］ FRAZIER，WILLIAM E，MALINDA PAGETT. Additive Manufacturing：Direct Digital Manufacturing
        of Metallic Components. Commercial Technologies for Maintenance Activities（CTMA）Symposium，
        VA，2011.

［66］ BRYCE GADDIS. NASA to launch zero gravity 3D printer into space. 2013. http：//www.

designboom. com/technology/nasas – zero – gravity – 3d – printer/

［67］　THOMAS ANDERSON. How to build a lunar base with 3D printing. 2013. http：//www. tgdaily. com/space – features/69207 – how – to – build – a – lunar – base – with – 3d – printing

［68］　SILVIA BENVENUTI，FABIO CECCANTI，XAVIER DE KESTELIER. Living on the Moon：Topological Optimization of a 3D – Printed Lunar Shelter. Nexus Netw J，15（2），2013

［69］　Pizza from a printer：NASA to spend ＄125，000 funding 3D food production project. 2013. http：//rt. com/usa/nasa – 3d – pizza – printer – 590/

第 11 章 展 望

11.1 引言

随着我国综合国力的不断增强，航天事业必将迎来一个跨越式发展的黄金时期。一方面我国未来将大力发展满足国计民生的民用航天，包括通信卫星、导航卫星、资源普查卫星等，另外一方面，我国也会大力增强军事航天的实力，满足现代化军队建设对航天的需要。此外，针对浩瀚的宇宙以及大量的未解之谜，我国未来一定也会大力发展包括月球探测、火星探测等一系列的深空探测活动，为人类认识宇宙、开发宇宙、利用宇宙贡献中国的力量和智慧。

11.2 航天器研制的发展趋势

从苏联 1957 年 10 月 4 日将人类第一颗人造卫星送入轨道至今，人类航天已经发展 60 多年，研制出了包括导航、通信、气象、深空探测、科学试验、载人登月、空间站等众多类型的航天器。随着人类科技的进步以及社会经济发展的需要，未来航天仍将围绕这些方面进行发展，但是发展方向及趋势会有所变化。

（1）低成本商业卫星的兴起

2016 年 1 月 26 日，空客防务与航天公司和一网（OneWeb）公司宣布合资组建一网卫星公司，负责建造一网公司全球互联网星座所需的约 900 颗卫星，其中包括 648 颗工作星，余下的为备份星。计划最早于 2019 年开始建立低地球轨道卫星星座的通信网络，为世界各地的超过数十亿人提供连接。国际卫星界对此次事件普遍评价很高，认为一网公司开创了利用自动生产、组装流水线进行大规模、低成本卫星生产的全球先例。从目前发布的信息看，每颗卫星成本预计 150 万美金，按照流水线生产方式，预计每天生产卫星 2～4 颗。

美国太空探索技术公司（SpaceX）也提出了低成本的太空互联网星座计划（Starlink）。SpaceX 考虑发射的卫星外形将和现有在轨卫星不同。该公司计划发射卫星的单颗质量约为 386 kg，大小将与一辆宝马品牌旗下的 Mini Cooper 相当。它们将在高度为 1 150～1 275 km 的区间绕地球运行。这一计划将令太空中的卫星数量增加到目前的四倍，并为全世界提供速度可达 1 GB/s 的互联网服务——这相当于目前家庭宽带网速的约 100 倍。SpaceX 在起步阶段将发射约 800 颗卫星，以提高美国（包括波多黎各和美属维尔京群岛）的互联网普及率。图 11-1 为星联星座效果图。

图 11-1 星联星座效果图

中国航天科技集团有限公司提出鸿雁星座计划。鸿雁全球卫星通信星座由数百颗低轨卫星组成，以星间链路实现卫星空间组网，计划在 2018 年下半年发射星座首颗星，预计于 2023 年建设骨干星座系统。鸿雁星座将在 5G 物联网、移动广播、导航天基增强、航空航海监视中，为全球各地的人与物实现移动通信保障与宽带通信服务（见图 11-2）。

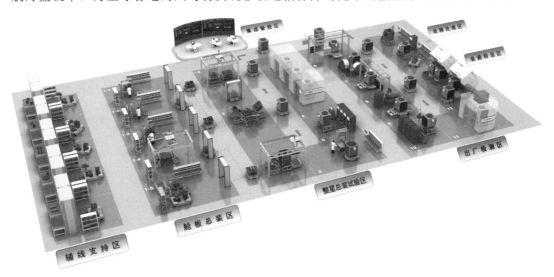

图 11-2 鸿雁星座计划

（2）深空探测仍然是人类不懈探索的方向

中国通过"绕、落、回"三步走月球探测工程的实施，全面开启了深空探测的序幕。未来月球探测仍然是各国深空探测的热点。在未来 30 年规划中，美国、俄罗斯、日本、欧空局等都规划了月球探测任务。月球资源的详细探查和开发利用是月球探测的重点。月球资源可以概括为位置资源、环境资源、物质资源 3 个方面。21 世纪，主要航天国家都在加紧对月球资源的详细探查，以抢占先机，也许有一天，月球会成为各个国家争抢的目标。另外，构建月球无人基地也是一个后续发展的重要方向。早在 20 世纪，美国、苏联等国家就提出了在月球建立长期连续工作的月面设施，实现月球资源的有效开发利用的设想（见图 11 - 3）。近年来各国都在不断发展和完善自己的设想，我国也提出了开展无人月球科研站和载人登月方面的计划和基础研究。

图 11 - 3　月球无人基地设想

（3）空间站仍然是未来进行空间科学实验的重要平台

从 2010 年 9 月 25 日我国中央批准实施空间站工程开始，我国全面启动了空间站工程项目，最终目标是在 2020 年前后建成一个近地载人大型空间站，并计划运营十年以上。空间站被命名为天宫号，该计划共分两个阶段进行，第一阶段为实验室阶段，于 2011 年至 2018 年进行，包括发射天宫一号目标飞行器、天宫二号空间实验室；第二阶段为空间站阶段，在 2018 年之后，开始正式组建常驻的天宫号空间站，预计运营十年以上，最少采用三个轨道舱组成，质量不低于 60 t，最大规模可升级达 180 t。图 11 - 4 为中国空间站工程。

图 11 - 4　中国空间站工程

11.3　航天器装配技术的发展趋势

随着新型复杂航天器研制以及低成本商业航天模式的兴起，未来装配技术将突破传统的手工作业模式，逐步向精密化、绿色化、数字化、智能化、无人工厂的方向发展。

（1）精密化

精密化是现代制造技术发展的主要特征，具体而言便是精密加工技术、超精密加工技术、微细工程乃至纳米技术在高新技术领域乃至各类工业中的广泛应用。纳米技术是制造技术精密化发展的关键所在，包括纳米材料技术、纳米加工技术、纳米测量技术等不同层面的内容，在机电、液压、测量、光学等发展中有着不可多得的作用，是提升制造业整体水平的利器。精密化发展趋势能够提升产品的加工精度，这对产品性能的可靠性、稳定性有着很好的作用，不仅如此，精细化发展趋势还能缩小产品的外形，这对装配生产率的提高以及生产自动化的发展也有着很好的作用。自 20 世纪 50 年代科学家提出微型机械构想以来，制造技术精密化获得了长足的发展，微型齿轮泵、微型加速度计乃至微卫星都是精密化的产物。

（2）绿色化

制造业是中国经济的根基，目前，我国已经是世界第一制造大国，但与此同时，也存在着很多结构性的问题，诸如产业结构分布不合理、产品附加值不高等，最为严重的是制造业污染严重，无论是一次能源消耗占比还是各类型污染气体的排放量，我国均处于世界首位，愈演愈烈的雾霾现象就是制造业污染的结果之一。对此，绿色化则是航天器制造及装配技术发展的必然趋势，也是实现我国经济可持续发展的必然要求。绿色化非常注重环保理念，要求制造技术朝以下两个方向发展：一是新技术。新技术必须以最小的污染实现最大的社会经济效益，这一点日本制造业做得相当不错；二是循环技术。循环技术是降低污染排放，实现循环生产的根本途径，也是我国制造业走资源节约型、环境友好型道路的必然选择。

（3）数字化

基于数字化协同设计模式的快速响应装配技术是未来航天器装配重点发展方向之一。通过航天器三维数字化装配技术研究，突破工艺数字样机构建、三维结构化工艺设计、三维装配实施和三维数据包构建等关键技术；通过增强虚拟现实和智能穿戴设备在卫星装配中的应用技术研究，以相关硬件、软件产品的集成与开发为途径，构建卫星快速装配智能辅助平台原型系统，支撑航天器的快速响应装配。

（4）智能化

信息技术的诞生与发展极大地改变了人类社会的生产生活风貌，对制造技术的革新也起到了不可估量的作用。传统的制造技术虽然也依托于外力，如机械、电力等，但人工仍然扮演着极为关键的角色。信息技术与传统制造技术的融合便是制造技术的自动化，智能化是自动化发展的必然趋势。智能原本是人类所独有的，制造技术的智能化则是指以计算机模拟人类的智能活动，比如在制造环节中实施搜集、整理、分析、判断、决策等任务，部分地取代人的脑力劳动。航天器智能制造系统则是基于智能技术的制造系统，能够将各个航天器装配环节有机串联起来，既能降低因人工导致的生产误差事件，也能够有效地提升生产效率，一举两得。

（5）无人工厂

未来商业低成本卫星不再聚焦单星的可靠性，而是更为关注整个星座的性能和效率。因此，在单星生产方面，需要大幅提升效率，节省成本。在装配环节采用机器人技术、数字化技术，实现装配生产的无人化，从而实现年产几百颗卫星甚至几千颗卫星。目前一网公司的自动化生产线体现出最高的自动化水平，机器人设备在车间内运送卫星部件，并进行组装，由此将消除人为差错。该公司人员将采用专用工具来安装设备，而专用工具将把数据传送给数据采集中心，以用于性能评估。"一旦制造流程确定，理顺供应商和时间进度，我们将采用与其他容易组装的产品同样的方式来操作。尽管卫星从没有这样做过，但既然飞机和汽车可以这样做，卫星没有理由不能做"。该生产线制造的小型通信卫星具有更少的组件、较小的质量、更容易制造、更高的效率四大特点。

参 考 文 献

［1］ 于登云，等．月球软着陆探测器技术［M］．北京：国防工业出版社，2014．

［2］ 刘检华，孙清超，程晖，刘小康，丁晓宇，刘少丽，熊辉．产品装配技术的发展现状、技术内涵及发展趋势［J］．机械工程学报，2018，54（11）：2-28．

［3］ 刘国青，向树红，易旺民，等．继往开来，开拓创新，努力打造国际一流的航天器 AIT 中心［J］．航天器环境工程，2015，32（2）：135-146．